한국 역사 속의 음식

2

지은이 방기철

건국대학교 사학과에서 학부를 마치고, 같은 학교에서 석사·박사 과정을 수료했다. 부천시사편찬위원회 상임연구원을 지냈으며, 지금은 선문대학교 역사·영상콘텐츠학부 교수로 재직 중이다. '역사저널 그날', '역사를 찾아서', '국방TV특강 지식IN' 등의 방송과 여러 강연 등을 통해 역사대중화에 힘쓰고 있다. 앞으로 한국사를 다양한 주제로 엮어낼 계획을 가지고 있다. 대표적인 저서로는 『朝日戰爭과 조선인의 일본인식』, 『한국역사 속의 전쟁』, 『한국역사 속의 기업가』 등이 있다.

한국 역사 속의 음식 2

ⓒ 방기철, 2022

1판 1쇄 인쇄_2022년 06월 20일
1판 1쇄 발행_2022년 06월 30일

지은이_방기철
펴낸이_양정섭

펴낸곳_경진출판
　　　등록_제2010-000004호
　　　이메일_mykyungjin@daum.net
　　　사업장주소_서울특별시 금천구 시흥대로 57길(시흥동) 영광빌딩 203호
　　　전화_070-7550-7776 팩스_02-806-7282

값 20,000원
ISBN 978-89-5996-997-5 03590

한국 역사 속의 음식
2

방기철 지음

경진출판

인간을 비롯한 모든 생명체는 먹지 않고는 살 수 없다. 즉 음식은 생명 유지의 필수 요소인 것이다. 인간이 조리된 음식을 먹기 시작하면서 호모에 렉투스에서 호모사피엔스로 진화했다는 견해는 음식이 인간의 진화 내지는 역사 발전에 지속적으로 영향을 미쳤음을 말해준다.

음식을 먹는 행위는 인간만의 고유한 특징이 아니다. 그런데 동물은 자연 그대로의 먹이를 섭취하는 반면, 인간은 자연의 재료를 조리하여 음식을 만 들어 먹는다. 음식을 만드는 행위는 당연히 그 지역과 사회의 독특한 문화를 함유하게 된다. 이런 점에서 음식에는 그 민족의 역사가 담겨 있다고 할 수 있다. 때문에 국가 간 정상이나 귀빈들을 맞을 때 그 나라를 대표하는 음식을 대접함으로써, 음식을 통해 그 나라의 문화와 역사를 소개하는 것이다.

『예기(禮記)』 예운(禮運)편에는 "예의 시초는 마시고 먹는 데에서 시작되었다 [夫禮之初 始諸飲食]."라는 글이 있다. 조선시대 음식은 '손님을 대접하고 조상을 제사하는[奉祭祀接賓客]' 도구였다. 이런 모습은 지금도 마찬가지이다. 그렇다 면 음식은 그 민족의 역사와 문화의 특징을 규정짓는 요소임이 분명하다.

인간은 배고픔을 면하기 위해서만 먹지 않는다. '食'이라는 글자는 사람[人] 에게 좋은 것[良]을 뜻한다. 즉 먹는 행위는 우리 몸에 유익할 뿐 아니라, 마음으로도 행복감을 느끼게 한다. 특히 함께 음식을 먹는 행위는 중요한 소통 수단의 하나이다. 우리는 제사상을 통해 조상과 소통하고, 제사 후 음식 을 나누어 먹는다. 끼니를 같이하는 사람을 '식구(食口)'로 부른다. 운명공동체 를 '한솥밥을 먹는다', 상대방에 대한 호감을 '밥 한번 먹자' 등으로 표현한다.

이는 모두 음식이 일체감을 확인하는 중요한 수단임을 말해주고 있다.

전 세계에서 한류의 하나로 K-food에 주목하고 있다. 2011년 CNN이 운영하는 문화·여행·생활 정보 사이트 'CNN GO'는 '세상에서 가장 맛있는 음식 50'을 발표했는데, 김치 12위, 불고기 23위, 비빔밥 40위, 갈비 41위 등 우리 음식이 4개나 포함되었다. 이는 태국, 이탈리아에 이어 세 번째로 많은 음식이 포함된 것이다. 우리는 세계에서 가장 맛있는 음식을 먹으면서 살아가고 있는 것이다.

우리의 자연환경은 음식을 제공하는 데 적합하다. 기름진 평야에서는 쌀과 채소가 재배되며, 산에서는 나물을 채취할 수 있다. 삼면이 바다로 둘러싸여 해산물도 풍부하다. 때문에 다양한 음식이 존재하지만, 다른 한편으로는 우리 음식이 무엇인지에 대한 정확한 정의를 내리기 어려운 것도 사실이다.

역사와 마찬가지로 음식문화 역시 끊임없이 발전한다. 우리 역사에서 혼인은 남성과 여성 집안의 음식문화가 합쳐지면서 새로운 음식문화가 재창조되는 소중한 기회였다. 외국과의 교류는 필연적으로 음식물의 교류를 가져왔다. 일제강점기에는 설탕·아지노모도(味の素)·양조간장 등을 근대적 영양식품으로 믿었고, 식민지경험은 전통음식에 대한 열등감으로 이어지기도 했다. 이런 인식은 한국전쟁 이후 상당기간 우리 머릿속에 자리 잡기도 했던 것 같다.

물질문명의 발달은 음식문화에 막대한 영향을 미치고 있다. 냉장고는 찬장의 기능을, 김치냉장고는 땅속의 김칫독을 대신하고 있다. 식용유가 등장하면서 기름을 이용하여 튀기거나 지지는 음식이 증가했다. 김치나 장 등은 담가 먹기보다는 홈쇼핑이나 인터넷을 통해 주문하거나 대형마트에서 사는 경우가 많다. 장맛도 점점 더 단맛으로 변하고 있다. 밥도 무쇠솥을 사용하기보다는 전기밥솥으로 짓고, 화학조미료의 맛과 자극적인 맛에 익숙해져 가고 있다.

생활수준 향상에 따라 웰빙(well-being)을 중요시 여기게 되면서, 먹거리에 대한 관심이 높아지고 있다. 신토불이(身土不二)와 로컬푸드(locai food)가 강조되고, 음식의 양보다는 질을 중요시하는 시대가 되었다. 생활협동조합 중 상당수는 먹거리와 관련 있고, 건강식품이 인기를 끌고 있다. 기후변화와 코로나19(COVID-19)라는 재앙 속에서 식량안보(food security)와 식량주권(food sovereignty)도 크게 주목받고 있다.

우리는 음식으로 질병을 예방하고, 질병이 생기면 음식으로 건강을 다스릴 수 있다고 생각했다. 이것이 식치(食治)이며, 질병을 예방하기 위해 약선(藥膳)을 생각했다. 음식이 약이라는 뜻의 약식동원(藥食同源) 내지는 의식동원(醫食同源) 역시 같은 뜻을 담고 있다. 조선시대에도 마음의 병을 치료하는 심의(心醫)를 최고로, 그 다음이 음식으로 병을 낫게 하는 식의(食醫), 약으로 치료하는 약의(藥醫)였다. 히포크라테스(Hippocrates)는 음식으로 못 고치는 병은 누구도 고칠 수 없다고 했다. 잘 먹는 것이 잘 사는 것이라는 생각은 동·서양이 똑 같았던 것이다.

조선시대 전공자가 우리의 음식문화에 관심을 가지는 것이 이상하게 보일지 모르지만, 사실은 당연한 것이라 할 수 있다. 그 이유는 음식에는 그 민족의 역사가 담겨 있기 때문이다. 전쟁과 외교를 공부하면서 등장하는 여러 음식을 접할 때마다, 우리 음식의 역사가 궁금했다. 선학들의 연구 성과들을 정리했지만, 조리법이나 영양성분, 음식 관련 용어들은 낯설기만 했다. 여러 방송에서 경쟁적으로 음식 관련 프로그램을 제작하고 방영하는 모습들을 보면서, 음식에 대한 공부가 시류에 편승하는 것으로 비춰지는 것은 아닌지 하는 염려도 있었다.

우리 음식의 역사에 관한 공부는 보람이 컸다. 우리 음식문화의 공부를 통해 음식도 음양오행과 밀접한 관련이 있음을 알게 되었다. 우리는 양의 성질의 칼로 음의 성질인 도마 위에서 음식을 만든다. 그 음식을 양의 숟가락과 음의 젓가락을 사용하여, 양의 밥과 음의 국을 함께 먹었다. 밥상에 차려진 반찬은 오행을 상징한다. 음과 양이 조화된 간장과 된장, 오행의 요소가 골고루 갖춰진 탕평채와 무지개떡, 음양오행이 구현된 오곡밥과 비빔밥 등을 먹었다. 혼례를 치를 때 합환주를 마시고, 개장국과 삼계탕을 먹는 이유도 음양오행과 밀접한 관계가 있다. 우리는 음양이 조화된 밥상을 대하면서 역사를 발전시켜 왔던 것이다.

일제강점기 교자상과 한정식이 등장했다. 일제는 우리의 땅에서 쌀을 수탈했듯이 바다에서 천일염을 생산하고, 강에서는 연어를 잡아 갔다. 조선시대 오징어는 일제강점기 갑오징어, 진이는 느타리가 되었다. 파래를 뜻하는 해태는 김을 가리키는 말이 되었고, 불고기라는 명칭이 등장했다. 마른멸치가 만들어지기 시작했고, MSG와 빙초산이 등장했다. 이 시기 설탕은 문명화의 척도였다. 다대기[たたき], 로스(ロース)구이, 세꼬시[せごし], 오뎅(おでん), 짬뽕[ちやんぽん], 빵[パン], 고로케(コロッケ), 소보로(そぼろ), 건빵[カンパン], 포항의 모리(もり)국수, 통영의 술집 다찌[たちのみ] 등은 용어자체가 일본어에 기원을 두고 있다. 삼계탕이 등장하고, 잡채에 당면이 들어가고, 제육볶음과 육개장이 매운 음식으로 변한 것도 일제강점기부터이다. 일제의 강제점령은 우리 음식문화에도 일정한 영향을 미쳤던 것이다.

백반, 설렁탕, 순대, 여러 밀가루 음식, 부대찌개, 초당순두부, 따로국밥, 족발, 떡만두국, 상수리, 부산과 제주도의 여러 향토음식, 김치의 판매, 오뎅과 달걀의 대중화 등을 통해 전쟁과 음식의 상관성을 알게 되었다. 숭늉과 누룽지, 쌈 문화, 게국지 등을 통해서는 배고픔의 역사를 확인할 수 있었다. 외국에서 전래된 짜장면과 짬뽕, 돈까스와 카레라이스, 라면, 치킨, 빵과 오뎅 등이 우리 음식이 되는 과정도 이해하게 되었다. 무엇보다 인간의 음식에 대한 욕심은 끝이 없다는 사실을 알게 되었고, 이는 곧 역사가 발전하는 것과 마찬가지임을 깨달을 수 있었다.

음식에 관한 공부를 하면서 가장 아쉬웠던 점은 북한 음식에 대한 접근이 쉽지 않다는 사실이었다. 탈북자들이 운영하는 식당에서 먹어본 북한 음식은 문헌에서 확인한 바와 다른 경우가 많았다. 그 이유가 무엇인지, 현재 북한에서 먹고 있는 음식이 우리가 먹는 북한 음식과 같은 것인지 확인하는 것도 쉽지 않았다. 때문에 이 책은 북한의 음식은 거의 다루지 못했다는 한계가 있다.

전쟁, 기업가에 이어 음식이라는 주제를 통해 한국사를 조망한 이 책은 가급적 쉽게 역사에 접근하는 것에 목적을 두었다. 때문에 책에 수록된 내용의 상당 부분이 지금까지 축적되어 온 중요한 학문적 기반에 의거했지만, 번잡함을 피하기 위해 일일이 출처를 밝히지는 않았다. 하지만 참고문헌을 통해 필자가 참고한 글들을 빠짐없이 소개했다.

이 책을 준비하면서 여러 음식을 먹어보는 호사를 누리기도 했다. 음식을 먹으면서 지금의 맛이 우리 음식의 전통 맛인지 의문이 들었고, 맛의 평가는 철저히 주관적임을 깨닫게 되었다. 맛집은 대개 손님이 많아 혼자 가기 힘들었다. 강요 아닌 강요에 의해 함께 음식을 먹어준 장훈종·오동일 교수님께 감사드린다. 문한별 교수님은 우리말 어원과 관련된 귀찮은 질문을 일일이 확인하고 답해 주셨다. 귀중한 사진자료를 제공해 주신 충북대학교 사학과 김영관 교수님, 미라크의 김동찬 대표님, 충북대학교박물관과 선문대학교박물관 관계자분들께도 깊은 감사의 말씀 올린다.

우리 역사를 사랑하는 30년 친구 한상용과 후배 이승배는 항상 필자와 고민을 함께 해 주었다. 처 김명지, 이제는 훌쩍 커 버린 채현과 승찬에게도 고마움을 전한다. 상업성이 떨어지는 인문학 서적의 출간을 허락해 주신 경진출판 여러분들께도 진심으로 감사드린다.

이 책은 특정 주제로 한국사를 엮어낸 세 번째 책이다. 나름대로 노력했지만, 음식의 역사를 단순 나열한 것에 그친 것이 아닌가 하는 아쉬움이 남는다. 음식에 대해 무지한 것과 마찬가지로, 아직도 필자는 우리 역사의 상당 부분을 제대로 이해하지 못하고 있다. 그런 만큼 이 책의 출간을 역사 공부의 또 하나의 계기로 삼고 싶다.

2022년 1월

방기철

차 례

PART 12 과일

PART 1
쌀

전래와 농경의 시작

쌀은 씨와 알을 합한 씨알에서 온 말이다. 씨와 알은 우리에게는 생명 그 자체였다. 이수광(李睟光)은 『지봉유설(芝峰類說)』에서 "음식의 정이 몸에 스며들어 기를 보하며, 정은 곧 영양분인데, 기와 정 두 글자는 모두 쌀 미자에서 비롯된다[飮食之精熟者益氣 華美者精 故氣精二字皆從米]."고 설명했다.

세계 인구의 약 40%가 주식으로 이용하는 쌀에는 우리가 주로 먹는 자포니카 (japonica), 안남미(安南米)로 알려진 인디카(indica), 중간형인 자바니카(javanica) 등이 있다. 자포니카는 아밀로스와 아밀로펙틴의 함량에 따라 멥쌀(秔米; 粳米; 粳白米; 秔白米)과 찹쌀(糯米; 粘米; 黏米; 黏稻)로 구분된다. 구체적으로는 아밀로스 함량이 적을수록 찰기가 많아진다.

껍질을 까지 않고 수확한 쌀이 전미(田米)이다. 도량 정도에 따라 조미(糙米; 造米; 粗米), 경미(更米), 백미(白米)로 구분하기도 했다. 조미는 볍씨의 외피만 벗긴 것으로, 우리말로는 매조미쌀·매조미·매미라 했고, 추미(麤米)·려(穭)·탈속(脫粟) 등으로도 적었다. 최근에는 현미(玄米)라고 부르는데, 현미는 일본에서 들어온 말이다. 쌀겨를 벗겨 밥을 지어 먹을 수 있는 상태가 경미, 경미를 한 번 더 도정한 것이 백미이다. 백미는 백립(白粒)·백찬(白粲)·옥립(玉粒) 등으로도 표기했다. 최근에는 겨층을 30% 벗겨낸 3분도미, 50% 벗겨낸 5분도미, 70% 벗겨낸 7분도미, 완전히 벗긴 정백미 등으로 나뉜다. 가공별로는 더운 바람으로 수분을 8% 이하로 말린 알파미와 비타민·무기질·아미노산 등을 첨가한 강화미로 구분된다.

우리에게 쌀이 전래된 과정은 명확하지 않다. 인도의 아삼(Assam)과 중국의 위난(雲南) 지방에서 양쯔강(揚子江)을 거쳐 북상하여 산둥(山東) 및 랴오둥(遼東)반도를 통해 도입되었을 것이라는 북방설, 양쯔강 또는 산둥반도에서 서해를 통해 유입되었을 것이라는 서해횡단설, 아삼과 위난 지역에서 타이와 오키나와(沖繩)를 지나 쿠로시오(黑潮)해류를 타고 큐슈(九州)와 우리의 남부지

소로리볍씨 출토 모습
(충북대학교 박물관 제공)

역에 들어왔다는 남방설, 북방과 서해를 횡단하는 길 두 지역으로 동시에 전래되었다는 견해 등이 있다.

1998년 충청북도 청원군 소로리 구석기유적에서 볍씨 18톨이 발굴되었다. 이 볍씨는 1만 5천 년 전의 것으로 추정되는 세계에서 가장 오래된 것이다. 소로리볍씨는 야생벼와 달리 돌칼을 이용하여 인위적으로 수확한 흔적이 있어, 야생벼와 재배벼의 중간 단계인 순화벼일 가능성이 높다. 세계에서 가장 오래된 볍씨가 출토되었다고 해서 벼농사가 우리나라에서 시작되었다고 말할 수는 없다. 그러나 구석기시대 이미 우리가 쌀을 먹었을 가능성이 있는 것이다.

우리나라 전역에 있는 신석기유적에서는 괭이·뒤지개·낫 등의 농경과 관련된 유물이 출토되고 있다. 따라서 신석기시대 농경이 행해졌음은 분명하다. 하지만 이때의 농경은 한 번 개간한 땅을 2~3년 연속 경작한 뒤 10년 이상 묵히는 장기 휴경단계였다. 이런 점에서 이 시기 농경은 수렵채집경제를 보조하는 역할에 불과했다고 할 수 있다.

청동기시대 유적지인 여주 흔암리와 부여 송국리 등에서 탄화미(炭化米)가 발굴되었다. 광주 미사리와 울산 대곡리 등에서는 볍씨 자국이 찍혀 있는 토기들이 발견되었다. 밀양 금천리 유적에서 보(洑), 울산 옥현 유적에서 수로, 논산 마전리 유적에서 수로와 우물 보[井堰], 안동 저전리 유적에서 저수지와 수로 등이 확인된다. 이는 청동기시대 물을 끌어들인 형태의 농경이 이루어졌음을 말해 준다. 청동기시대를 대표하는 도구인 반달돌칼[半月形石刀]은 벼의 이삭을 따는 수확용구이다. 그렇다면 청동기시대 벼농사가 크게 확대되었음이 분명하다.

기원전 4~3세기경 철제농기구가 등장하지만, 대부분은 나무로 만든 농기구에 의지했다. 그러나 4세기에는 철제 농기구의 수와 종류가 급격하게 늘어난다. 『삼국사기(三國史記)』에 신라에서 502년 우경(牛耕)을 실시했다는 사실이 기록된 것으로 보아, 철기시대에는 벼 농사가 일상적인 모습이었던 것 같다.

벼의 이삭을 딸 때 사용한 반달돌칼

벼에는 밭에 뿌려 가꾸는 밭벼[陸稻]와 논에 심는 논벼[水稻]가 있다. 밭벼는 수확량은 적지만 알이 굵고 재해에 잘 견딘다. 반면 논벼는 물이 충분한 곳에서 자란다. 때문에 물벼라고도 하는데, 수확량이 많지만 수해나 가뭄에 약하다.'

처음 우리가 경작한 벼는 밭벼이다. 밭벼에서 논벼로 옮아온 시기는 분명하지 않지만, 단군신화에 바람을 관장하는 풍백(風伯)·비를 관장하는 우사(雨師)·구름을 다스리는 운사(雲師) 등이 등장하는 것으로 보아 고조선에서는 논벼를 중심으로 한 계획된 농경이 행해졌을 가능성이 높다.

고구려건국신화에서 유화부인(柳花夫人)은 부여를 탈출하는 주몽(朱蒙)에게 오곡의 씨앗을 주었다. 이때의 오곡이 무엇인지는 확실하지 않지만, 삼[麻]·기장·피·맥·콩으로 추정되고 있다. 쌀이 제외되었지만, 적어도 주몽신화를 통해 유화부인이 농업신인 사실과 고구려에서 이미 농경을 알고 있었음을 확인할 수 있다.

우리는 고대국가 단계 이미 토지의 신인 사(社)와 곡식의 신인 직(稷)에게 국가의 안녕과 함께 풍요를 기원하는 사직제(社稷祭)를 올렸다. 백제가 가장 먼저 2년(온조왕 20) 사직단을 세웠고, 이어 고구려도 391년(고국양왕 8) 사직단을 설치했다. 783년(선덕왕 4)에 사직단을 설치한 신라는 입춘 후 선농(先農), 입하 후 중농(中農), 입춘 후 후농(後農)에서 제사를 지내 풍년을 기원했다.

고구려·백제·신라에서 농경에 관심을 가졌다고 해서 이 시기 모든 사람들이 쌀로 지은 밥을 먹을 수 있었던 것은 아니었다. 『삼국지(三國志)』 위지동이전(魏志東夷傳)에는 오곡을 삼·기장·조·보리·콩으로 설명하고 있다. 여기에서 주목할 것은 삼국시대 주된 곡물 중에 쌀이 빠져 있다는 사실이다. 『삼국사기』에는 21년 고구려의 대무신왕은 부여를 공격할 때 솥으로 밥을 지어 군사들에게 먹인 사실이 기록되어 있다. 그러나 박제가(朴齊家)가 『북학의(北學議)』에서 신라의 통일 이후에야 한강 이북에서 논농사가 시작되었다고 한 것으로 보아, 대무신왕대 고구려군이 먹은 밥은 쌀로 지은 밥이 아니었을 가능성이 높다.

『해동역사(海東繹史)』에도 신라의 주곡을 보리로 기록하고 있다. 『삼국사기』에 백제는 33년(다루왕 6) 도전(稻田)을 만들도록 한 기사가 있고, 비류왕대인 330년 벽골제(碧骨堤)를 건설했다. 백제의 경우 비옥한 평야가 있었기에 쌀농사가 다른 지역보다 광범위하게 행해졌을 것으로 여겨진다. 그러나 쌀밥이 주식은 아니었던 것 같다.

쌀이 주식으로 자리 잡은 것은 6세기경으로 여겨지고 있다. 신라의 경우 지증왕대 철제농기구가 보급되고 우경이 실시되었다. 신라의 발전이 가장 늦었음을 감안하면, 고구려와 백제는 이미 철제농기구의 보급과 우경이 실시되었을 가능성이 크다. 지역적 특성을 감안하면 백제나 가야에서 쌀의 재배가 가장 빨랐을 것이다. 철제농기구의 보급과 우경의 실시는 쌀 생산을 증대시켰을 것이며, 아마도 이때부터 귀족들은 쌀을 주식으로 먹었을 것이다.

벽골제의 수문 장생거(長生渠)

고려~조선시대 권농정책

고려시대 3대 곡물은 쌀·보리·조였다. 정월 보름에 열렸던 연등회(燃燈會)는 새해 농사의 풍년을 기원하는 기곡제(祈穀祭)였고, 10월에 개최되었던 팔관회(八關會)는 추수감사제의 성격을 가졌다. 이는 국가적으로 농경에 많은 관심을 기울였음을 보여준다.

광종대 등장하는 평농서사(評農書史)나 사농경(司農卿) 등의 관원 명칭은 고려 정부 내에 권농을 담당하는 기구가 있었음을 보여준다. 고려는 991년 사직단을 세웠는데, 1052년 개성 서쪽에 새로운 사직단을 만들었다. 성종은 적전(籍田)에서 농사를 행하는 친경(親耕)을 행했으며, 신농(神農)에게 제사하고 후직(后稷)을 배향했다. 친경은 왕이 직접 다섯 차례 쟁기를 밀면서 농사를 짓는다는 의미를 상징적으로 나타내는 것이다. 국가재정 확보를 위해서는 조세수입이 증대되어야 했고, 이를 위해서는 농민생활이 안정되어야 한다. 따라서 국왕이 농경을 중요시하며 풍년을 기원하는 것은 당연한 일이었다.

원 간섭기 고려는 원으로부터 쌀을 수입하기도 했다. 1274년 4월 원은 쌀 2만 섬[石]을 보내왔는데, 이는 일본 정벌을 위해 군량미를 보조한 것이었다. 아마도 이것이 우리 역사에서 최초의 쌀 수입일 것이다. 1291년 6월 원은 다시 쌀 10만 섬을 보내왔는데, 고려가 원의 일본 정벌을 돕다가 농사를 짓지 못해 민들이 굶주렸기 때문이었다. 1292년 6월에도 원은 쌀 10만 섬을 보내왔다. 그런데 1294년 12월 원에서 기근이 들어 강화도에 두었던 쌀 10만 섬 중 5만 섬을 가져갔다는 기록이 『고려사(高麗史)』와 『고려사절요(高麗史節要)』에 기록되어 있다. 이로 보아 원에서 고려에 보낸 쌀 대부분은 일본 정벌을 위한 군량미였던 것 같다.

고려 말 농업에서 획기적인 변화가 있었다. 고려시대까지 농경은 농사를 지은 후 지력 회복을 위해 1~2년 경작을 쉬는 휴한농법(休閑農法)이었고, 논농사보다 밭농사의 비중이 더 컸다. 그런데 호미와 보습 등 제초를 위한 농기구가 개량되고, 가축의 분료와 풀과 나무를 태운 재뿐 아니라 인분(人糞)을 거름으로 활용하면서 연작상경(連作常耕)이 가능해졌다. 연작상경의 결과 농업 생산력은 이전에 비해 4~5배나 늘어났다.

조선 역시 농업을 근본으로 삼았던 만큼 권농정책을 펼쳤다. 농사를 장려하기 위해 호조에 판적사(版籍司)를 두었다. 고려시대와 마찬가지로 적전을 설치하여 운영했고, 이를 관장하기 위해 전농시(田農寺)를 두었다. 1395년 한양 인달방(仁達坊)에 사직을 건설하기 시작했고, 1416년에는 사직에 제실(齋室)이 설치되었다. 사직은 한양뿐 아니라 지방 군현에도 설치되었다. 사직제는 2월[仲春]과 8월[仲秋] 첫 번째 무일(戊日)에 거행되었다. 한양의 사직에서 전체 토지와 곡물신에게 제사를 지낸 반면, 지방 사직에서는 해당 지역의 토지와 곡물신에게 제사지냄으로써 풍년을 기원했다. 숙종대부터는 사직에서 풍년을 기원하는 기곡제(祈穀祭)를 거행하였다. 영조는 친경뿐 아니라 적전에서 곡식을 수확하는 의식인 관예례(觀刈禮)를 행했다. 이를 통해 농사의 중요성을 일깨우며 풍년을 기원했던 것이다.

가뭄이 들면 국왕은 자신의 잘못을 반성하는 의미에서 반찬을 줄였다. 술을 삼가고 춤과 노래도 금했다. 기우제를 올리기도 했는데, 이때는 용과 비슷한 모양의 도마뱀[蜥蜴]을 이용했다. 가뭄의 원인을 음양의 조화가 깨졌기 때문으로 여겨 노처녀와 노총각을 혼인시키고, 궁녀의 출궁을 허락하기도 했다. 이러한 모습들은 농사를 얼마나 중요시 여겼는지를 잘 보여준다.

조선의 사직단

조선시대에는 쌀을 화(禾)·조(租)·도(稻)·미(米) 등으로 구분했다. 화는 벼를 뜻하며, 쌀을 열매로 맺는 식물 전체를 나타낸다. 조는 타작한 벼를 일컫는데, 쭉정이·검불·모래 등이 섞인 벼를 황조(荒租), 정제된 벼를 정조(正租)라고 하였다. 도는 벼에서 낟알을 하나씩 떼어낸 상태이며, 미는 벼를 절구에 넣고 빻아 껍질을 벗겨내어 먹기 직전 상태이다.

『설문해자(說文解字)』에서는 米를 곡물 알갱이가 줄기의 상화좌우에 매달려 있는 모양으로 풀이했다. 그러나 조선시대인들은 米를 八+十+八이라고 해서 추수까지 88번의 손이 가야 하는 것으로 여겼다. 즉 쌀은 많은 노동력이 투입되어야 하는 귀한 존재였던 것이다. 이처럼 쌀이 귀했기 때문에 17세기까지 쌀은 화폐의 기능도 가졌던 것이다.

가공하지 않은 벼는 저장 기간이 길었기 때문에 국가에서는 벼를 장기간 다양한 용도로 사용할 수 있었다. 이런 이유로 조선시대에는 세금을 벼로 거두어 들였다. 전세 외에도 공물 대신 바친 대동미(大同米), 삼수병을 양성하기 위한 삼수미(三手米), 군역을 대신했던 결작미(結作米) 등 다양한 용도의 세금 역시 벼로 받았다. 때문에 세금을 가리키는 말 조세(租稅)의 한자어에는 모두 벼[禾]가 들어 있는 것이다.

원이 고려에 쌀을 공급한 것은 일본과의 전쟁을 위한 것이었다. 그러나 조선시대에는 기근을 해결하기 위해 쌀을 수입하기도 했다. 1695년부터 흉년이 계속되자, 조선은 청에 곡식유입을 정식으로 요청했다. 1698년 강희제는 무상 1만 섬, 유상 2만 섬의 곡식을 평안도에 공급했다. 숙종은 후원에 대보단(大報壇)을 설치하여 조일전쟁 때 조선에 원병을 파견한 명 신종에게 제사를 지낸 국왕이다. 그랬던 그가 청에게 곡식을 요청한 사실은 쌀이 얼마나 중요한지를 보여주는 하나의 예라 할 수 있을 것이다.

일제의 쌀 수탈

1876년 개항 이후 우리의 쌀은 일본으로 유출되기 시작했다. 1891년에는 생산량의 1/3이 일본으로 수출되면서 쌀값이 폭등했다. 1889년 5월 황해도관찰사 조병철(趙秉轍)과 10월 함경도관찰사 조병식(趙秉式), 1890년 2월 황해도관찰사 오준영(吳俊泳) 등이 방곡령(防穀令)을 내려 그 지역 쌀을 다른 지역이나 다른 나라에 유출하지 못하게 했다. 그러나 방곡령은 일본과의 외교 갈등만 가져왔을 뿐 쌀 부족은 해결되지 않았다.

1901년에는 부족한 쌀을 수입해야만 했다. 이것이 바로 안남미였다. 안남미는 알량하다고 해서 알량이, 색깔이 붉다고 해서 피쌀, 튀밥 같다고 해서 튀밥쌀로 불리는 등 외면받았다. 특히 농민들은 안남미 수입을 강하게 반대했다. 그 이유는 쌀농사를 망칠 것이라는 우려도 있었지만, 쌀 자체를 국가의 정체성으로 여겼기 때문이었다.

1911년 일제는 토지조사사업을 통해 조선인의 토지를 강탈했다. 이는 일본에 쌀을 안정적으로 수급하기 위한 조처였다. 1918년 3월 러시아가 독일과 강화를 맺자, 미국·캐나다·이탈리아 등은 체코슬로바키아군의 구출을 명분으로 시베리아에 군대를 파견하였다. 일본 역시 7만 5천여 명의 군사를 시베리아에 파견하면서 군량미를 대규모로 차출했다. 그 결과 일본의 쌀값이 폭등하면서 폭동으로 이어졌다. 그러자 일본은 식량문제 해결을 위해 조선의 쌀을 수탈했다.

일제는 조선의 쌀을 체계적으로 수탈하기 위해 1920년 산미증식계획을 세웠다. 그 결과 1911년 1천만 섬이었던 쌀 생산량은 1930년대 말 2천 5백만 섬을 넘어섰다. 재배 면적은 16% 증가했지만 생산량은 40% 증가해서, 단위면적당 생산량은 96%나 증가했다. 그러나 일제강점기 쌀의 생산이 늘어났다고 해도, 이는 일제의 필요에 의한 것이었지 조선인의 삶의 질 향상과는 무관한 것이었다. 실제로 일본으로의 쌀 수출이 늘어난 반면, 조선인의 쌀 소비량은 오히려 줄어들었다.

산미증식계획을 추진하면서 일제는 수리조합사업, 토지개량사업 등의 비용을 농민에게 전가했다. 소작료는 올라가고, 조합비와 비료 대금 등을 부담하면서 농촌의 생활은 갈수록 악화되었다. 또 쌀 생산만을 강요하여 우리 농촌은 논농사 중심의 농업구조로 바뀌었다. 소출량이 적은 붉은색의 적미(赤米)에 의도적으로 낮은 등급을 부여했다. 그 결과 적미가 사라졌고, 흰색 쌀만 남게 되었다.

1920년부터 15년 계획으로 추진된 산미증식계획은 920만 섬 증산이라는 무리한 목표를 설정했기 때문에 증산량을 달성하지 못했다. 그러자 일제는 토지개량사업을 통한 증산을 꾀했지만, 역시 목표를 달성할 수 없었다. 하지만 미곡 수탈은 목표대로 수행하여 우리 농촌 경제를 파탄에 빠트렸다. 식민지 한국의 부족한 식량을 만주의 값싼 잡곡으로 충당하려 했지만 근본적 해결책이 되지 못했다. 때문에 기아선상에서 허덕이던 농민들은 농촌을 떠나 만주나 일본 등지로 삶의 터전을 옮기거나 화전민으로 전락할 수밖에 없었다.

조선시대에는 대개 현미를 먹었는데, 일제강점기 백미를 먹으면서 그 맛에 길들여지기 시작했다. 1939년 가뭄으로 식량난을 겪자 조선총독부는 고구마·감자·콩 등을 섞는 혼식을 장려했다. 이와 함께 11월 1일 '정백미 금지령'을 발표하여 8분도 이상의 정백미 도정을 금지시켰다.

태평양전쟁이 발발하면서 일제는 쌀의 강제 공출에 나섰다. 때문에 쌀이 있어도 드러내놓고 먹을 수 없었다. 쌀을 배급하면서는 창씨개명을 하지 않으면 배급에 불이익을 주었고, 황국신민서사(皇國臣民誓詞)를 제창하는 조선인에게만 배급표에 도장을 찍어 주었다. 쌀을 통해 내선일체(內鮮一體)를 추구했

황국신민서사(1942년)
(배화여고졸업사진첩 내)

던 것이다. 1943년에는 '조선식량관리령'을 내려 쌀 외 보리와 조 등 식량 전반에 걸친 통제를 강화했다. 일제가 조선을 강제로 통치했던 도구 중 하나 가 쌀이었던 것이다.

해방과 혼분식

1945년 해방을 맞아 대풍년을 맞았다. 미군정은 10월 5일 '미곡의 자유시장' 정책을 도입했다. 그러자 쌀은 투기의 대상이 되어 매점매석이 성행했고, 일본으로 쌀을 밀수출하는 현상이 일어났다. 당시 교사의 월급보다 쌀 1섬의 가격이 4배 이상 높았다. 이에 대해 미군정은 "쌀값이 폭등하는 것은 한국인 이 쌀만 선호하기 때문이다. 왜 고기나 과일을 주식으로 하지 않는가."라며 책임을 전가시켰다.

1946년 1월 25일 미군정은 미곡수집령을 공포하여 일제강점기의 쌀 공출제 도를 부활시켰고, 가정에서 쌀로 술과 엿을 만드는 것을 금지시켰다. 5월부터 쌀의 배급이 이루어졌지만, 양은 너무나 부족했다. 11월 1일에는 양조정지령 의 시행을 발표하여 쌀로 술을 빚지 못하게 했다. 이에 앞서 조선노동자전국평 의회는 9월부터 총파업을 벌였다. 9월 총파업은 좌익세력이 미군정에 대한 태도를 수정한 전술의 일환이었지만, 근본적인 원인은 쌀 부족 때문이었다.

1948년 10월 9일 대통령 이승만(李承晩)은 양곡매입법을 발표했다. 양곡매 입법은 공출을 통한 배급이라는 점에서는 미군정의 정책과 유사했지만, 정부 가 매입 가격을 결정한다는 차이점이 있었다. 그러나 정부가 제시한 매입 가격은 시장 가격에 비해 낮았기 때문에 농민들로부터 외면 받았다. 그 결과 식량 수급 역시 원활하지 못했다. 결국 이승만 정부는 공출배급제를 포기하 고, 부분적으로 자유시장 정책을 도입했다.

1950년 서울에서는 쌀값이 6주 동안 2배나 오르는 쌀값파동이 일어났다.

그럼에도 불구하고 이승만 정부는 한국전쟁 직전 10만 톤의 쌀을 일본으로 수출하는 등 무책임한 행동으로 일관했다. 한국전쟁이 발발하면서 쌀은 더욱 구하기 어려워졌고, 밥을 먹기 위해 군에 자원입대하는 사람이 늘어나기 시작했다. 서울을 수복한 후 쌀을 배급하기도 했지만, 배급은 얼마 후 중단되었다.

한국전쟁 정전(停戰) 후 이승만 정부는 인플레이션을 해결하기 위한 방편으로 쌀값을 통제했다. 1961년까지 쌀 수매가격은 평균생산비의 74%에 불과한 저미가 정책을 고수했고, 이로 인해 농촌은 파탄에 이르고 있었다. 1956년부터는 탁주에 40% 이상 잡곡을 쓰게 하고, 쌀로 엿과 떡을 만드는 행위를 금지하는 등 절미운동을 시작했다.

4·19혁명으로 집권한 장면(張勉) 역시 쌀 부족 현상을 해결하지 못했다. 5·16군사쿠데타로 정권을 장악한 박정희(朴正熙)는 혁명공약에서 "기아선상에 헤매는 절망적인 민생고를 시급하게 해결한다."며 "국민을 굶기지 않겠다."고 약속했다. 쌀 부족을 해결하여 정당성을 확보하려 했던 것이다. 이를 위해 쌀의 매점행위자를 극형에 처하겠다며 매점매석 근절에 나섰고, 무상으로 쌀 배급을 재개했다. 하지만 역시 쌀 부족을 해결하기에는 역부족이었고, 국민들에게 쌀의 절약을 호소할 수밖에 없었다.

쌀의 소비를 줄이기 위한 대표적인 정책이 혼분식의 장려였다. 1953년 이승만 정부는 음식점에서 잡곡을 30% 이상 넣은 밥을 제공토록 하였다. 그러나 이때에는 혼분식을 어겨도 경위서만 쓰면 별다른 처벌을 받지 않았다. 혼분식의 장려가 강화된 것은 박정희 정부에 의해서이다.

박정희 정부가 1963년 7월 11일을 첫 무주일(無酒日)을 정하여 술 판매를 금지한 것 역시 쌀 소비를 줄이기 위한 방편이었다. 1964년 1월 24일 모든 음식점에서는 25% 이상의 보리나 밀가루를 혼합하는 것이 법으로 정해졌다. 수요일과 토요일 오전 11시부터 오후 5시까지는 쌀로 만든 음식을 판매하지 못하도록 했다. 8월부터는 육개장·곰탕·설렁탕 등에는 쌀 50%, 잡곡 25%,

국수 25%를 혼합토록 하였다. 아마도 이때부터 각종 탕에 국수가 들어가기 시작한 것 같다.

1969년 매주 수요일과 토요일 점심은 밥을 판매하지 못하는 무미일(無米日)로 정했다. 1973년 3월 14일 모든 음식점에서 잡곡혼식을 20%에서 30%로 늘리는 '혼식의무제'가 시행되었다. 혼분식을 강제하면서 쌀 소비 감소를 유도하기 위해 종래의 밥그릇보다 작은 스테인리스스틸 밥공기를 보급하였다. 1974년 7월부터 서울시는 지름 10.5cm, 높이 6cm의 공기에 밥을 담는 것을 의무화하였다. 그러면서 밥공기에 담긴 밥을 '공기밥'으로 부르게 되었다.

혼분식은 학교에서도 시행되었다. 국민학교에서 빵을 급식했다. 학생들에게 빵을 급식한 이유는 쌀의 소비를 줄이기 위한 것이며, 다른 한편으로는 어린 학생들의 입맛을 빵에 맞추기 위한 방편이었을 것이다. 1977년 9월 16일 한 국민학교에 제공된 급식용 빵을 먹고 7,872명의 어린이들이 집단 식중독에 걸리고, 그 중 1명이 사망하면서 빵의 학교급식은 사라졌다. 이 시기 점심 시간에는 담임선생님이 도시락을 검사하여 잡곡이 섞여 있지 않으면 밥을 먹지 못하게 했다. 학교에 따라서는 이를 어기면 가정 조사를 받고 부모가 소환되거나, 학생에게 벌점을 주어 도덕 과목 점수에 반영하기도 했다.

쌀의 자급자족

쌀농사는 고온다습한 기후에서 적당하다. 그런데 우리나라는 기온도 낮고 건조하며, 가뭄도 잦은 편이다. 때문에 혼분식으로 쌀 소비를 줄이면서, 쌀 생산을 늘리기 위해 다양한 노력을 기울여야만 했다.

박정희 정부는 쌀 생산을 늘리기 위해 산을 일구어 밭에 벼를 심었다. 이곳에서 생산된 쌀이 '산두쌀'이다. 쥐잡기 운동 역시 쌀 확보를 위한 것이었다. 1960년대 초반 쥐가 먹어치우는 쌀이 300만 섬이나 되었는데, 이 양은 연

생산량의 10%에 해당하는 것이었다. 때문에 '쥐는 살찌고 사람은 굶는다'는 구호 아래 쥐잡기 운동을 펼쳤다. 잡은 쥐의 털로는 밍크코트를 만들어 외국에 수출할 수도 있었다. 때문에 학생들에게 잡아야 할 쥐를 할당하기도 했다.

박정희 정부는 쌀 생산 증대를 위해 법씨 개량에도 주목했다. 1964년

부천 소사공업고등학교 학생들의 쥐잡기 캠페인

중앙정보부는 이집트에서 나다(Nahada)라는 법씨를 몰래 가져왔다. 중앙정보부장 김형욱(金炯旭)은 자신을 제2의 문익점(文益漸)이라고 자랑했다. 박정희는 이 법씨에 자신의 이름 '희'를 따서 '희농1호'로 부르며 기적의 법씨로 소개했다. 하지만 우리의 기후와 풍토에 맞지 않아 희농1호의 재배는 실패로 끝났다.

1960년 미국의 록펠러재단과 포드재단은 벼농사 연구를 위해 필리핀에 국제미작연구소(IRRI)를 설립하였다. 한국 정부는 국제미작연구소에 서울대학교 농과대학에 재직 중이던 허문회(許文會)를 파견하여 선진기술을 배워오고자 했다. 허문회는 인디카와 자포니카의 서로 특성을 교배시킨 원연교잡(遠緣交雜)을 통해 생산성이 높고 한국의 병충해에 강한 'IR667' 개발에 성공했다. 이 법씨가 바로 '통일벼'이다. 박정희는 1970년 연두기자회견에서 통일벼를 "진짜 기적의 법씨"라고 소개했다. 이는 '희농1호'의 실패를 의식했기 때문이었다.

통일벼는 다른 품종보다 수확량이 30% 정도 많았다. 그러나 볏짚이 짧고 힘이 없어 농한기의 부수입원인 가마니를 짜거나 새끼를 꼴 수 없었고, 소의 여물로도 적당하지 않았다. 탈곡 과정에서 낱알이 잘 떨어져 손실이 컸고, 냉해에도 약했다. 면역성도 약해 농약을 많이 써야 했고, 그 결과 메뚜기와

미꾸라지 등이 사라지는 일이 발생했다. 무엇보다 찰기가 적어 푸석푸석한 밥맛 때문에 사람들이 잘 먹지 않았다. 때문에 통일벼는 다른 쌀보다 현저히 낮은 가격에 거래되었고, 농민들은 통일벼를 외면했다.

박정희 정부는 농가마다 통일벼의 할당량을 정해 주면서 책임생산제를 시행하는 한편, 상금을 걸고 증산왕을 뽑는 등 '통일벼 행정'을 실시했다. 심지어 일반 벼를 심은 논을 갈아엎고 통일벼를 심게 하였다. 통일벼를 재배하는 농민에게 영농자금 융자와 농약배급 등 각종 혜택을 제공했고, 추곡수매로 통일벼를 사들여 수입을 보장해 주었다.

통일벼의 우수성을 유지하면서도 단점인 밥맛 문제를 해결하기 위한 신품종 계열의 벼를 개발했다. 이것이 바로 '유신'이다. 유신은 병충해에 심각한 약점을 드러냈지만, 정부는 "통일벼로 통일, 유신벼로 유신"이라는 구호를 외치며, 통일벼와 유신을 더 많이 심기 위해 노력했다.

1976년 드디어 쌀의 자급에 성공했다. 1977년에는 14년 만에 쌀 막걸리 제조를 허가했고, 북한에 쌀 지원을 제의하였다. 떡을 만들 때 의무적으로 보리쌀을 섞어 쓰는 것도 해제되는 등 쌀 절약을 위한 각종 제도들이 사라졌다.

1978년 통일계 신품종 '노풍'이 도열병(稻熱病; Pyricularia oryzae)으로 큰 타격을 입었다[노풍파동]. 농민들은 노력은 많이 들어가지만 가격이 낮은 통일계 벼의 재배를 점점 더 기피했다. 유신정권이 무너지면서 증산체제를 밀어붙이는 억압적인 모습도 사라져 갔다.

쌀의 자급자족은 잠깐이었다. 1980년 대흉작이 들어 쌀이 부족해지자 쿠데타로 등장한 전두환(全斗煥) 정부는 긴장하지 않을 수 없었다. 1981년 미국과 일본으로부터 쌀을 수입하고, 보리혼식을 적극 장려했다. 그러나 쌀밥에 입맛이 길들여진 국민들은 이를 외면했다. 1981년 쌀농사는 평년작을 유지했지만, 미국은 계속해서 쌀 수입을 강요했다. 미국의 지지가 필요했던 전두환으로서는 미국의 요구를 무시할 수 없었고, 역사상 최대 양인 225만 톤의 미국 쌀을 시세보다 높은 가격에 구입했다.

1980년대 이후 '정부미'로 일컬어지던 통일계열 벼는 소매시장에서 완전히 외면당했다. 정부가 사주어도, 다시 팔 곳이 없었다. 때문에 정부는 통일벼의 퇴출을 유도했고, 1992년에는 통일벼 추곡수매를 중단했다. 이로써 통일계열 벼는 완전히 사라졌다.

1995년 경기도 최초의 브랜드쌀인 '임금님표이천쌀'이 등장했다. 이천과 여주에서 조선시대 왕실에 쌀을 진상했던 것은 사실이다. 그런데 이 지역 쌀을 진상했던 이유는 맛 때문이 아니라, 이 지역의 자채(紫彩)쌀이 가장 일찍 수확되었기 때문이다. 즉 이천에서 생산된 쌀로 종묘(宗廟)에 제사를 지냈기 때문에 왕실에 진상되었던 것이다. 최근 여주에서 자채쌀을 생산하고 있지만, '임금님표이천쌀'과 '대왕님표여주쌀'은 왕실에 진상되던 자채쌀이 아닌, 일본의 아키바레(秋晴れ)나 고시히카리(コシヒカリ) 등을 재배한 것이다. 어찌되었건 쌀의 양보다는 질이 보다 중요한 가치를 지니게 되면서, 이제는 쌀의 브랜드화가 일반화된 것 같다.

1995년 세계무역기구(WTO)체제가 출범하면서 농산물이 개방되었다. 쌀은 20년 간 유예를 받아 수입이 자유롭지 않았지만, 2005년 10월 27일 '쌀 협상 비준안'이 국회를 통과함으로써 쌀의 수입이 공식화되었다. 아직까지는 외국에서 수입된 쌀은 맛이 떨어져 시장 개방의 여파가 크지는 않다.

1990년 1인당 연간 쌀 소비량은 119.6kg이었는데, 2020년에는 절반에도 미치지 못하는 57.7kg으로 줄어들었다. 이를 하루 기준으로 환산하면 158g으로 밥 한공기 반 정도에 불과한 것이다. 외식의 증가, 식생활의 서구화 등으로 쌀 소비량은 점차 감소하고 있다. 2019년 우리의 식량자급률은 45.8%, 곡물자급률은 21%

노랗게 익은 벼

에 불과하다. 그런데 쌀의 자급률은 92.1%이다. 우리의 식량자원 중 유일하게 자급자족이 가능한 것은 쌀뿐이라는 사실을 기억해야 할 것이다.

PART 2

밥

쌀밥

우리의 주식은 밥이다. 그런데 고기나 회 등을 먹은 후 다시 밥을 먹기도 한다. 탕이나 볶음 요리를 먹은 후 다시 밥을 볶아 먹는다. 주식인 밥이 후식이 되기도 하는 것이다.

동학의 2대 교주 최시형(崔時亨)은 "밥이 한울님이다"라고 했다. 동학에서는 '사람이 곧 하늘[人乃天]'인 만큼 밥은 삶이면서 하늘인 것이다. 밥은 쌀을 끓여 만든 것이지만, 음식 자체를 가리키기도 한다. '밥술깨나 뜬다'는 말에서 밥은 권력이나 재력을 상징한다. 어른을 만나면 '진지 드셨습니까?'라는 인사에서 밥은 그 사람의 편안함을 상징하며, "한솥밥을 먹는 사이"라는 말에서 관계가 설정된다. '밥값 했다'라는 말에서 밥은 능력을 나타내며, '밥벌이'나 '밥줄'이라는 말은 생계를 표현한다. '밥이 보약이다'라는 말을 통해 밥이 곧 건강유지의 근원임을 나타내기도 했다.

우리에게 밥은 삶의 원천이었다. 그런데 사람이 죽으면 사자밥을 차렸다. 흔히 죽은 이가 먹는다고 해서 사자(死者)밥으로 아는 경우도 있는데, 사자밥은 후 저승세계로 갈 때 이를 인도하는 사자(使者)에게 대접하는 밥이다. 저승 사자에게 밥을 대접했다는 사실은 우리가 이승뿐 아니라, 저승에서도 주식을 밥으로 여겼음을 보여준다.

밥에는 두 가지 뜻이 있다. '밥을 짓다'라는 표현이 '음식을 하다'라는 의미를 가지듯이, 밥은 음식 전체를 나타내기도 한다. 좁은 의미로는 곡식을 익힌 음식이 밥이다. 그런데 우리는 밥 하면 당연히 쌀로 짓는 것으로 알고 있다. 때문에 쌀이 아닌 보리가 들어가면 보리밥, 콩이 들어

사자밥
(온양민속박물관)

가면 콩밥, 그 외 다른 식재료가 들어가면 그 식재료의 이름을 따서 ○○밥으로 부르는 것이다.

우리가 쌀밥을 좋아하는 이유는 어디에 있는 것일까? 쌀은 밀보다 단위 면적당 5배 이상의 소출을 낸다. 쌀에는 백여 가지 휘발성 성분이 있어서 밥을 지으면 독특한 향이 난다. 즉 좁은 경작지에서 많은 사람이 먹을 수 있는 곡물이 쌀이었고, 또 맛이 좋기 때문에 우리는 쌀밥을 주식으로 삼았던 것이다.

쌀밥에도 여러 이름이 있다. 임금께 올리는 밥은 몽골어 술련(sülen)에서 유래하여 정착된 수라(水刺)이다. 궁중에서, 그리고 제사상에 올리는 밥은 메라고 표현했다. 재미있는 것은 밥의 높임말인 진지(進支)가 존재한다는 사실이다. 우리는 밥을 하나의 인격체로 여겼던 것이다.

제주도에서는 쌀밥을 고운 밥이라고 하여 곤밥으로 불렀지만, 대개는 쌀밥을 이밥이라고 한다. 입쌀밥이 이밥이 되었다는 이야기도 있고, 이팝나무에 달린 꽃이 흰 쌀밥과 같다고 해서 이밥이 되었다는 이야기도 있다. 또 이씨의 밥에서 유래되었다고도 한다. 조선시대에는 벼슬을 해야만 이씨 국왕이 주는 흰쌀밥을 먹을 수 있다는 것이다. 조선시대 쌀밥을 옥식(玉食) 또는 옥미(玉米)로도 표현했던 것은 쌀을 옥에 비유할 정도로 맛있지만, 먹기 쉽지 않았음을 표현한 것이기도 하다.

쌀밥 먹기가 쉽지 않았던 상황은 쌀뜨물에서도 확인할 수 있다. 쌀을 씻을 때 나오는 뽀얀 물이 쌀뜨물이다. 요즘에는 이 물을 버리지만, 1970년대까지만 해도 쌀뜨물은 국이나 찌개를 끓일 때 사용했고, 끓여서 숭늉 대신 마시기도 했다.

조선시대 쌀뜨물은 미용재료이기도 했다. 쌀뜨물을 세숫물로 활용했는데, 실제로 쌀뜨물에는 비타민B와 전분이 녹아 있어 피부미용에 좋다고 한다. 또 체했을 때 쌀뜨물을 마시면 좋다고 하여 약으로도 이용했다. 얼마 전부터 쌀뜨물을 주방세제 주원료로 사용하기 시작했다. 아마 앞으로 쌀뜨물은 보다 다양한 방면에서 활용될 것 같다.

우리는 '밥 먹으로 가자'고 하면서 면을 먹기도 하고, 메뉴는 반찬으로 정한다. 또 맛집으로 선정된 곳은 부식이 맛있는 곳이지 밥이 맛있는 집은 거의 없는 것 같다. 사실 주식인 밥이 맛있어야 맛집이 아닐까?

『증보산림경제(增補山林經濟)』에는 밥을 지을 때 돌솥이 최고이며, 다음이 무쇠솥이라고 했다. 때문인지 왕의 수라는 새옹이라 부르는 돌솥으로 지었고, 양반들도 돌솥에서 별도로 지은 밥을 먹었다. 돌솥에 밥을 지으면 뜸이 골고루 들고 잘 타지 않으며, 먹을 때 쉽게 식지도 않는다. 또 누룽지와 숭늉도 구수하다.

돌솥밥은 궁중에서 손님을 접대하기 위해 처음 지었다는 이야기, 궁중에서 법주사(法住寺)에 불공을 드리러 갔다가 구하기 쉬운 재료를 돌솥에 담아 밥을 지은 데에서 유래했다는 이야기 등이 전해지고 있다. 그 외 조선 숙종대 장수 지역의 최씨 문중에서 왕실에 진상품으로 곱돌솥을 올려 사용하면서부터라는 이야기도 전한다. 위의 이야기들 모두 궁중과 관련 있는 만큼, 돌솥밥은 왕실과 일정한 관계가 있는 것 같다.

전근대시대에는 대개 가마솥에서 밥을 지었다. 가마솥은 통일신라시대에 개발되었을 것으로 여겨지고 있다. 가마솥으로 밥을 하면 무거운 뚜껑이 내부의 공기와 수증기를 빠져나가지 못하게 하여 물의 끓는점을 상승시킨다. 또 둥근 바닥 전체로 열이 전해져 열전달이 빠르다. 따라서 밥알은 급속한 열 변화를 받고, 둥근 바닥으로 대류(對流)가 일어나 밥알이 물과 함께 돌면서 잘 익게 된다. 그래서 가마솥에서 한 밥에는 구수한 맛이 나고 밥이 탱글탱글한 것이다.

쌀은 곡물 중 저장성이 가장 약하다. 또 밥을 짓기 위해서는 쌀을 씻고, 열을 가하는 등 많은 과정이 필요하다. 그런데 1993년 천일식품에서 냉동식품 형태의 볶음밥을 생산했다. 1995년에는 비락과 빙그레에서 레토르트공법을 적용한 즉석 밥을 판매하기 시작했다. 1996년 CJ제일제당은 무균 포장하여 끓는 물이나 전자레인지에 데워 먹을 수 있는 즉석밥을 개발했다. 즉석밥 수요가 점차 증가하면서 잡곡밥과 현미밥 등 다양한 제품이 등장하고 있다. 쌀밥을 간편하게 먹을 수 있다는 점에서는 환영할 만한 일이지만, 이젠 주식 마저도 즉석식품이 되었다는 사실이 조금은 씁쓸하기도 하다.

보리밥과 콩밥

본격적으로 농경이 시작된 것으로 여겨지는 신석기시대 주요 곡식은 피·기장·조·수수 등이었다. 역사적으로는 쌀이 아닌 잡곡류가 오랫동안 우리의 밥상을 차지해 왔던 것이다. 고대사회 귀족들은 쌀밥을 먹었지만, 민의 일상식은 조였다. 때문인지 조는 한자로 속(粟)이지만, 소미(小米)로도 표기했다.

고려시대 녹봉으로 조를 지급한 사실은 고려시대에도 조가 중요한 곡물의 하나였음을 보여준다. 『임원경제지(林園經濟志)』 정조지(鼎俎志)에는 "남쪽 사람들은 쌀밥을 잘 지어먹고, 북쪽 사람들은 조밥을 잘 지어 먹는다[南人善炊稻飯 北人善炊粟飯]."고 설명했다. 실제 조선시대 북쪽 산간지역에서는 쌀과 조를 반씩 섞은 상반, 쌀·팥·조를 섞어 지은 세아리밥을 먹기도 했다. 그 외 메밀밥[木麥飯], 율무밥, 팥밥, 기장밥, 기장과 쌀을 섞은 서미밥[黍米飯] 등도 먹었다.

잡곡밥을 대표하는 것은 보리밥이다. 보리는 대맥(大麥) 또는 모맥(牟麥)으로 표기하는데, 원산지가 어디인가에 대해서는 여러 학설이 있다. 대개 여섯줄보리는 양쯔강 상류의 티베트지방, 두줄보리는 카스피해 남쪽의 터키 및 인접지역을 원산지로 보고 있다.

부여를 떠나는 주몽에게 유화부인이 비둘기 목에 보리씨를 달아 보냈다는 『삼국유사(三國遺事)』의 기록은 고대국가 성립 이전 이미 보리농사가 시작되었음을 보여준다. 『삼국사기』에는 90년 백제에서 가뭄으로 보리가 자라지 않은 사실이 기록되어 있다. 114년 신라는 우박으로 보리농사를 망쳤고, 272

년 고구려는 여름에 서리가 내려 보리농사의 피해가 많았다. 이처럼 고대국가에서 보리농사는 일상적인 모습이었던 것이다.

서유구(徐有榘)는 보리를 "오곡의 으뜸[爲五穀長]"이라고 했지만, 보리밥은 가난의 상징이며 배고프고 서러운 음식이었다. 조선의 영조가 맥수라(麥水刺)를 좋아했다고 하지만, 이는 별미를 즐긴 것에 불과했을 것이다. 영조처럼 쌀밥을 매일 먹지 못하는 민은 꽁보리밥을 먹어야만 했다. 꽁보리밥은 깡보리밥이라고 했는데, 여기서 '깡'은 완전히, 전부라는 의미이다.

추수 후 저장했던 곡식이 모두 떨어지고 3~4월 햇보리가 나오기 직전까지의 기간이 보릿고개[麥嶺]이다. 보릿고개를 넘기기 위해서는 보리의 낟알이 덜 익은 민대보리로 밥을 해먹기도 했다. 그런데 민대보리밥을 너무 많이 먹으면 보리의 수확량이 줄어들기 때문에 이 역시 마음대로 먹을 수 없었다. 그래도 보릿고개를 넘기고 보리를 수확하면 민의 배고픔은 해결되었다. 민에게 보리는 쌀보다 더 소중한 곡식이었던 것이다.

1970년대에는 미국에서 보리를 수입했다. 쌀이 절대적으로 부족했기 때문이다. 혼분식운동이 한창이던 때 보리밥은 크게 주목받았다.

꼬꼬댁 꼬꼬 먼동이 튼다
복남이네 집에서 아침을 먹네
옹기종기 모여앉아 꽁당보리밥
꿀보다 맛좋은 꽁당보리밥
보리밥 먹는 사람 신체 건강해

보리밥 소비를 촉진하기 위해 보리밥을 예찬하는 '꽁당보리밥'이라는 노래가 보급될 정도였다. 그러나 어리석은 사람을 '보리범벅', 싱겁고 재미없는 사람을 '보리죽에 물 탄 것 같다', 어울리지 못하는 사람을 '꾸어다 놓은 보릿자루', 성격이 까다로운 사람을 '보리가시랭이', 심하게 때리는 것을 '보리타작' 등으로 표현했듯이 보리는 귀한 대접을 받지는 못했다.

1975년 보리의 1인당 연간 소비량이 37kg이었다. 그러나 1977년 쌀의 자급을 이룬 후 보리의 소비량은 급격히 감소했다. 2012년 보리 수매제도가 폐지되면서, 보리는 식량으로서의 수명은 다했다고 할 수 있다. 그러나 쌀의 대용식에 불과했던 보리밥이 이제는 별미로 주목받고 있다. 보리에는 비타민B와 섬유질이 많아 비만과 성인병에 좋기 때문이다.

보리밥은 맛이 거칠기 때문에 된장이나 청국장 등에 여러 채소를 넣고 비벼먹는다. 그러나 보리밥은 맛으로 먹는 밥은 아닌 것 같다. 입으로는 구수하면서도 거친 맛의 보리밥을 씹지만, 머릿속으로는 과거의 향수를 되씹기 때문이다.

콩[大豆; 菽] 원산지는 만주지역으로 약 4천 년 전부터 재배된 것으로 알려져 있다. 6세기 중국 북위(北魏)의 가사협(賈思勰)이 편찬한 『제민요술(齊民要術)』에는 "황고려두 흑고려두 연두 비두는 대두의 종류이다[黃高麗豆 黑高麗豆 鷰豆 豍豆 大豆類也]."라고 기록하고 있다. 콩을 설명하면서 노란색과 검은 색 콩에 고려라는 설명을 붙인 것은 고구려가 콩의 기원지이거나, 고구려에서 좋은 콩이 생산되었음을 나타내는 것이다. 만주는 고조선·부여·고구려의 영토다. 땅에 떨어질 때 '콩'이라는 소리가 나서 콩이라는 이름이 붙여졌다는 이야기는 콩이 우리 역사와 밀접한 관련이 있음을 말해준다.

이익은 『성호사설(星湖僿說)』에서 콩으로 두부를 만들고, 남은 비지로 국을 끓여 먹을 수 있으며, 싹을 틔워 콩나물을 만들 수 있다고 설명했다. 또 이익은 콩으로 쑨 죽과 콩나물로 만든 김치나 장아찌, 콩으로 만든 장을 함께 먹는 삼두회(三豆會)라

보리밥

는 모임을 만들기도 했다. 이처럼 콩을 여러 음식에 활용했지만, 조선시대에는 콩을 넣고 지은 콩밥은 먹지 않았던 것 같다.

1894년 조선을 방문한 혼마 큐스케(本間九介)가 쓴 『조선잡기(朝鮮雜記)』에는 경상·전라·충청·경기 지역의 여관은 손님에게 콩밥을 주지만, 그 외 지역은 조밥을 제공한다고 설명하고 있다. 즉 쌀의 양을 줄이기 위해 남쪽에서는 콩, 북쪽지역에서는 조를 섞어 밥을 지었던 것이다. 이는 콩이 조와 함께 매우 흔했던 곡물이었음을 보여준다.

콩을 넣어 지은 콩밥은 부정적 이미지가 강하다. 그 이유는 교도소에서 수감자에게 제공한 밥이 콩밥이었기 때문이다. 일제강점기 교도소에서는 쌀 10%, 좁쌀 50%, 콩 40%의 콩밥을 재소자에게 먹였다. 대한민국 건국 이후에는 쌀 30%, 보리 50%, 콩 20%의 콩밥을 제공했다. 콩은 싼 값에 충분한 양을 지급할 수 있었기 때문에 콩밥을 주었던 것이다. 하지만 1986년 이후 교도소에서 콩밥이 사라졌고, 쌀과 보리를 섞은 밥이 제공되고 있다고 한다.

교도소에서도 콩밥을 제공하지 못할 정도로 콩의 가격이 비싸졌지만, 최근에는 건강을 위해 콩밥을 먹는 사람들이 늘어나고 있다. 우리 역사의 오랜 기간 민의 배고픔을 해결해 주었던 콩이 지금이라도 귀한 대접을 받는 것은 다행이다. 하지만 2020년 콩의 자급률은 20% 전후 수준에 불과하다. 콩의 원산지인 우리나라에서 외국산 콩이 그 자리를 대신하고 있는 것이다.

국밥

우리 음식의 특징 중 하나는 국물음식이 발달했다는 점이다. 서양의 수프도 국물음식에 해당하지만, 이는 식사 전 입맛을 돋우기 위해 먹는 음식일 뿐이다. 일본의 미소시루(味噌汁)는 우리의 국과 비슷하지만, 우리처럼 미소시루에 밥을 말아 먹는 경우는 드문 것 같다.

『삼국사기』에는 고구려 동천왕이 즉위하던 해 시중드는 사람이 "왕의 옷에 국을 엎질렀으나 화를 내지 않았다[陽覆羹於王衣亦不怒]."는 사실을 기록하고 있다. 그렇다면 227년 이전 이미 밥과 함께 국을 먹었음이 확실하다. 어쩌면 우리는 토기를 만들기 시작하면서부터 국물음식을 먹었을지도 모른다.

우리에게 국물음식이 발달한 이유는 어디에 있는 것일까? 이에 대해서는 여럿이 함께 먹으면서 공동운명체로서 동질성을 확인하는 수단이었기 때문, 음식을 맛있게 하고 맛에 변화를 주기 위한 방법이 국물이었다는 견해, 양을 늘리기 위해 물을 넣어 음식을 했다는 이야기 등이 있다. 유목민족의 경우 이동을 자주해야 하는 만큼 물기 있는 음식은 운반과 보관이 불편하다. 반면 우리는 정착생활을 한 농경민족이다. 국물음식이 발달한 이유는 우리가 농경민족이라는 점과도 일정한 상관이 있을 것이다.

국은 한자어 갱[羹]에서 비롯되었다. 대개 국을 갱이라고 했지만, 고기가 들어간 국은 확(臛)으로 구분하기도 했다. 그 외 탕(湯)이라는 말도 사용한다. 반드시 그런 것은 아니지만 시금칫국·배춧국·콩나물국·아욱국처럼 채소가 주재료인 경우 국으로 표현하는 것 같다. 또 국은 간장으로 간을 한 맑은 장국[淸湯], 된장으로 간을 한 토장국, 재료를 푹 고은 뒤 소금으로 간을 하는 곰국, 끓이지 않고 차게 먹는 냉국 등으로 구분할 수 있다.

우리의 밥상은 밥과 국, 그리고 반찬으로 차려진다. 『조선무쌍신식요리제법(朝鮮無雙新式料理製法)』에는 "국은 밥 다음이요, 반찬의 으뜸이라."고 적고 있다. 반찬의 으뜸인 국을 다른 반찬 없이 밥과 함께 먹을 수 있는 음식이 국밥이다. 물론 반찬이 있다고 해서 국밥을 먹지 않는 것은 아니다. 우리는 흔히 밥을 국에 말아 먹는다. 이는 반찬의 유무와 상관이 없다. 이러한 습관이 어떤 필요에 의해 국밥이라는 형태의 음식으로 나타났을 것이다.

국밥은 국에 밥을 만 음식이다. 조선시대에는 국밥을 탕반(湯飯)으로 적었고, 다른 말로는 장국밥·국말이라고 불렀다. 그렇다면 우리는 언제부터 국밥을 먹었을까? 1487년 편찬된 『동문선(東文選)』에는 유순(柳洵)의 시 '십삼산도 중(十三山途中)'이 수록되어 있다. 이 시에는 "내가 국밥을 사먹으려고[我要素湯飯]"라는 구절이 있다. 그렇다면 늦어도 15세기에는 국밥이 존재했음을 알 수 있다. 어쩌면 우리는 국과 밥이라는 음식의 등장과 함께 국밥을 먹었을지도 모른다.

15세기 이전 국밥이 존재했다고 해도 국밥의 대중화는 시간을 아껴야 하는 사정과 관계 있을 것 같다. 밥 먹는 시간을 아껴야 하는 경우는 전쟁과 장사 등 두 가지 경우를 떠올릴 수 있다. 조선은 1592~1598년까지 일본과 전쟁을 치렀고, 1627년과 1636년에는 청의 침략을 받았다. 하지만 전쟁 중 국밥이 등장했을 것 같지는 않다. 국밥은 손이 많이 가는 음식이고, 다양한 식재료가 들어간다. 무엇보다 국물음식은 전투식량으로는 적합하지 않다. 때문에 전쟁과 국밥의 탄생은 상관성이 낮다고 생각한다.

국밥의 탄생과 관련한 다른 한 가지 가능성은 상업의 발전이다. 조선시대 장시가 처음 선 것은 1470년 전라도 지역에서이다. 장시는 지방에서 열린다고 해서 향시(鄕市), 사람들이 거래를 마친 후 흩어지고 나면 텅 빈다고 해서 허시(虛市)라고도 불렀다. 처음 장시는 한 달에 두 번 열리는 15일장이었지만, 18세기 이후에는 대개 5일장으로 변해 갔다. 5일장은 지역의 4~5개소에서 서로 다른 날짜에 번갈아 열렸으므로, 판매자나 수요자 모두에게 상설시장과 같은 역할을 했다. 시장이 열리면 많은 사람들이 모인다. 파는 사람도 사는 사람도 시간을 아끼기 위해서는 빨리 끼니를 해결해야 한다. 음식을 판매하는 입장에서도 이미 해 놓은 식은 밥을 뜨거운 국물로 데워 주는 토렴[退染]을 하는 편이 효율적이며, 설거지도 줄어든다. 실제 지금도 시장에는 대개 국밥집이 있다. 그렇다면 국밥의 대중화는 상업의 발전과 관계있다고 할 수 있다.

시장에서의 국밥을 시작이 아닌 대중화로 표현했다. 그 이유는 시장에서 국밥이 판매되기 전 이미 국밥의 형태인 설렁탕이 존재했기 때문이다. 설렁탕의 유래에 대해서는 여러 이야기가 전해지고 있다. 일반적으로 조선시대

조선시대 국왕이 신농(神農)과 후직(后稷)에게 제사를 지내며 풍년을 기원했던 선농단

왕이 선농단(先農壇)에서 제사를 지낸 후 적전에서 경작하고 민들과 함께 제물로 쓴 소를 잡아 국을 끓여 먹은 데에서 유래했다고 한다. 이와 유사한 이야기로 세종이 선농단에서 친경하던 중 비가 내려 걸음을 옮기기 힘들고, 신하들이 배가 고파 못 견디게 되자, 친경 때 쓴 소를 잡아 끓이고, 고기 끓인 국물에 소금을 넣어 먹은 것이 설렁탕이라고도 한다.

선농탕(先農湯)·설농탕(設農湯) 등의 표기는 선농단 제사와 관련이 있다. 그러나 1739년 1월 영조는 친경례 후 행해진 주연인 노주례(勞酒禮)에서 농사를 권장하면서 농사짓는 소를 도살할 수 없다며 돼지로 대신토록 했다. 그렇다면 세종이 국법을 어기고 소를 잡아먹었을지 의문이다.

개성에 살던 설령(薛鈴)이라는 사람이 고려가 멸망한 후 한양으로 옮겨 탕반장사를 시작하면서, 설령이 만든 탕이라는 의미에서 설렁탕으로 불렸다는 이야기도 있다. 그 외 오랫동안 푹 끓여 국물이 '눈처럼 뽀얗다'고 해서 설농탕(雪濃湯), 또는 '눈과 같이 무르녹는다'는 뜻에서 설농탕(雪農湯)이라고 했는데, 이것이 변해 설렁탕이 되었다는 이야기도 전한다.

우리는 불교의 영향으로 육식을 삼갔다. 우리가 다시 고기를 먹기 시작한 것은 원 간섭기이다. 그렇다면 설렁탕 역시 몽골과 관련 있을 가능성이 크다. 몽골인들은 물가에 이르면 소를 잡아 고기를 양파와 함께 끓여 소금과 후추로 간을 해서 먹었다. 이 음식이 슐루[空湯]이다. 슐루가 설렁탕, 슐루의 한자 표기인 공탕이 곰탕이 되었을 가능성이 높다. 즉 원 간섭기에 슐루라는 음식을 접했기에, 조선시대 설렁탕이 탄생할 수 있었을 것이다.

조선 정부는 우금정책을 펼쳤다. 물론 많은 사람들이 소고기를 찾았지만, 소고기는 귀한 음식이었다. 그런 만큼 조선시대 설렁탕은 일상적으로 먹을 수 있는 음식은 아니었을 것이다. 설렁탕의 대중화는 일제강점기에 이루어졌다. 일제는 군인들을 위해 소고기 통조림을 만들었다. 통조림을 만들고 남은 소의 부속물을 활용하게 되면서 설렁탕을 판매하는 가게가 늘어난 것이다. 예전 설렁탕은 소의 좋은 부위가 아닌 뼈·내장·고기 등을 사용했다. 때문에 설렁탕의 이름이 소를 제대로 손질하지 않고 설렁설렁 삶아 먹었기 때문이라는 견해도 있다. 일제강점기 설렁탕은 대표적인 배달음식이기도 했다.

설렁탕에는 파를 넣어 먹는 것은 중국 화교들이 파를 썰어 고기의 누린내를 없애는 것의 영향을 받았다고 전한다. 그런데 고려시대 활약했던 이규보(李奎報)는 '가포육영(家圃六詠)'에서 파에 대해 "비린 국에 썰어 넣으면 더욱 맛있네[荃切腥羹味更嘉]."라고 하였다. 고려시대 이미 국이나 탕에 파를 넣어 먹었던 것이다. 그렇다면 설렁탕은 처음 등장하면서부터 파를 넣고 소금으로 간을 맞춰 먹는 형태의 음식이었을 것이다.

설렁탕과 유사한 음식이 곰탕이다. 곰탕이라는 이름은 앞에서 언급한 바와 같이 슐루의 한자음 공탕에서 유래되었다고도 하고, 고음(膏飮) 즉 기름을 우려내 마시는 국물이라는 뜻에서 유래된 것이라고도 한다.

1403년 조선 태종은 조준(趙浚)에게 육즙(肉汁)을 하사했고, ≪조선왕조실록≫에는 몸이 허할 때는 육즙을 먹어 몸을 보한다는 내용이 상당수 기록되어 있다. ≪조선왕조실록≫에 등장하는 육즙이 무엇인지 명확하지 않지만, 고기의 즙을 내려면 고아야 했을 것이다. 그렇다면 육즙은 오늘날의 곰탕일 가능성이 크다.

설렁탕은 소의 고기와 내장 등과 함께 뼈를 우려낸 음식이지만, 곰탕은 소의 사태·허파·양·곱창·고기 등을 넣고 끓인다. 설렁탕은 소금으로 간을 하지만, 곰탕은 간장으로 간을 하는 것도 차이점이다. 양곰탕·꼬리곰탕·우족탕·도가니탕 등과 같이 특정 부위를 사용하여 곰탕을 끓이기도 한다. 닭곰탕과 돼지곰탕 등 식재료에도 제한이 없다.

곰탕의 대중화도 설렁탕과 마찬가지로 일제강점기에 이루어진 것 같다. 곰탕으로 유명한 나주의 경우도 다케나카 센타로(竹中仙太郎)에 의해 소고기 통조림공장이 설립되면서, 통조림에 사용하지 않은 소머리와 내장을 싼 가격으로 공급받아 곰탕을 만들었다고 한다.

설렁탕 및 곰탕과 유사한 음식이 소머리국밥이다. 소머리국밥은 주막에서 술과 겸하여 판매했던 음식인 것 같다. 1937년 1월 14일 '조선일보'에는 소고기와 관련하여 "제일 좋은 부위는 등심이고, 그 다음 뱃살 다리 꼬리 순서로 제일 나쁜 데가 두부고기입니다."라고 보도했다. 두부(頭部)고기는 지금의 머릿고기이다. 선호하지 않는 소머리는 상대적으로 가격이 저렴했을 것이며, 때문에 서민을 상대로 한 국밥에 적합한 식재료였을 것이다.

일제강점기 '경성일보' 기자를 지낸 우스다 잔운(薄田斬雲)의 『조선만화(朝鮮漫畫)』에 의하면 소머리국밥은 가마솥에 소머리·껍질·뼈·우족까지 함께 넣고 끓인 후 국물을 퍼서 간장으로 간을 하고 고춧가루를 뿌려 내는 음식이다. 조선의 문화를 폄하하던 일본인 기자가 소머리국밥의 국물을 최고의 자양식품이라며 칭찬한 것을 보면, 저렴한 부위로 만든 소머리국밥이지만 맛은 뛰어났던 것 같다.

소머리국밥하면 떠오르는 지역이 곤지암이다. 곤지암에서 소머리국밥이 유명해진 것은 1970년대의 일이다. 곤지암에서 포장마차를 운영하던 한 여인은 몸이 약한 남편을 위해 사골을 고아 먹이곤 했다. 그녀를 눈 여겨 본 이웃이 소머리를 달여 먹이면 좋다며 소머리를 주었다. 그녀는 소머리를 고아 남편에게 주었지만 노린내가 심해 먹지 못했다. 그러자 그녀는 소머리를 고는 방법을 연구하여 포장마차 손님에게 내어 놓았는데, 맛이 좋아 식당으로 발전하게 되었다. 그녀는 자신의 비법을 이웃과 나누었고, 그러면서 곤지암 지역의 소머리국밥이 유명해진 것이라고 한다.

장국밥은 간장으로 간을 한 국에 밥을 말아 먹는 음식이다. 장국은 양지머리로 삶아낸 육수에 채소를 넣고 갖가지 고명을 한 소고기산적을 올린다. 장국밥을 장터국밥으로 생각해서 서민의 음식으로 알고 있지만 실제로는 상당히 고급 음식이었다. 장국밥이 제사를 지낸 후 남은 음식을 먹기 위해 고안한 음식이라는 이야기는 장국밥이 민의 음식이 아닌 양반가 음식에서 유래되었음을 말해주는 것이다. 고급 음식이던 장국밥이 시장에서 국밥이 팔리면서 지금의 장터국밥으로 변하게 된 것 같다.

시장 국밥을 대표하는 것 중 하나가 수구레국밥이다. 수구레국밥으로 유명한 현풍에서는 소구레국밥이라고 부른다. 소가죽과 근육 사이의 껍질 부분의 지방질이 수구레인데, 질기고 손질하기 힘들어 버려지다시피 한 부위였다. 고기보다 값싼 수구레로 끓인 국에 밥을 말아 먹는 수구레국밥은 민들에게 고깃국을 먹는다는 만족감을 줄 수 있다는 점에서 매력적이었을 것이다.

국밥은 대개 소고기를 이용하지만 돼지고기를 이용한 국밥도 있다. 대표적인 것이 순대국밥이다. 순대국밥은 엄밀한 의미에서는 돼지국밥이다. 순댓국은 한자로 저숙탕(猪熟湯)인데, 여기에는 순대가 아닌 돼지의 내장이 들어간다. 순대가 들어가면서 순댓국으로 부른 것 같은데, 돈장탕(豚腸湯)으로 표현되기도 했다. 순대국밥으로 유명한 용인·천안·칠곡 등은 모두 예전 장이 서던 곳이거나 교통의 요충지였다. 이런 점에서 순대국밥은 장터국밥의 전형적인 예라 할 수 있다.

평양온반

북한에도 국밥 문화가 존재한다. 평안도 지역에서는 닭이나 꿩을 고아 우려낸 뜨거운 국물을 밥에 부어 먹는 온반(溫飯)이 있다. 온반에는 닭고기나 녹두지짐 등을 넣기도 하는 만큼 고급 음식이라고 할 수 있다. 실제로 평양의 온반은 잔칫날이나 설날 세배 오는 손님에게 대접하는 특별한 음식이었다. 함경도 지역의 경우 밥 위에 고기 삶은 것을 얹고 육수를 부어 먹는 가리국밥이 유명하다.

비빔밥

밥과 반찬이 만나 이루어진 비빔밥은 우리뿐 아니라 전 세계인들이 즐겨 찾는 음식 중 하나이다. 맛뿐 아니라 여러 식재료들이 색깔의 조화를 이룬 시각적 효과도 비빔밥을 찾게 하는 이유 중 하나인 것 같다. 실제로 비빔밥은 동물성 식품인 음과 식물성 식품인 양이 조화를 이루며, 다양한 색깔의 오방색과 다양한 맛의 오미가 조화를 이룬 음양오행이 구현된 음식이다.

비빔밥은 한자로 골동반(骨董飯; 汨董飯)이다. 『동국세시기(東國歲時記)』에서는 여러 가지를 섞어 놓은 것을 골동이라고 설명하고 있다. 즉 골동반은 다양한 식재료를 썩은 밥인 것이다. 그 외 혼돈반(混沌飯)이라고도 했고, 부빔밥으로 부르면서 부배반(抒排飯)으로 표기하기도 했다.

비빔밥의 유래에 대해서는 여러 이야기들이 전해지고 있다. 가장 많이 이야기 되고 있는 것은 제사 후 제물로 올린 음식을 신과 인간이 함께 먹는 신인공식(神人共食)의 전통에 따라 제사상에 차려진 음식들을 비벼 먹었다는 것이다. 식인풍속이 있었던 시기에는 조상의 육신을 후손들이 나누어 먹으며 단합을 다짐했다. 그렇다면 제사 후 밥을 비벼 함께 나누어 먹는 것은 후손들의 결속수단이었을 가능성이 높다.

왕실과 관련해서는 고려시대 몽골의 침략을 맞아 왕이 피난가면서 마땅한 반찬이 없어 밥과 나물을 비벼 먹었다는 이야기가 있다. 또 궁중에서 음식이 떨어질 때 손님이 찾아오면 밥과 함께 남은 반찬을 대접에 넣어 올린 데에서 유래했다는 이야기도 전해진다.

살생을 금하는 불가에서 공양그릇인 발우(鉢盂)에 나물과 밥을 함께 넣어 먹는 것이 민가에 퍼져 비빔밥이 되었다는 이야기, 세시풍속과 관련하여 입춘날 오신채(五辛菜)를 밥 위에 얹어 먹는 풍속에서 비빔밥이 탄생했다는 이야기도 있다. 그 외 섣달그믐날 저녁 음식이 해를 넘기지 않게 남은 음식을 모두 모아 비벼먹었다는 이야기, 농번기 밥을 이고 갈 때 밥과 반찬을 따로 담아 갈 수 없어 큰 그릇에 밥을 담고 그 위에 찬을 놓고 고추장을 넣어 가져갔다는 이야기, 1894년 농민전쟁 중 농민군이 밥과 반찬을 담을 그릇이 충분치 않아 여러 음식을 한꺼번에 넣고 비벼 먹은 데에서 시작되었다는 이야기 등도 전해지고 있다.

비빔밥을 수탈과 관련하여 설명하기도 한다. 즉 양반에게 모든 것을 빼앗긴 민이 밥·국·반찬을 모두 차려 놓고 식사를 할 수 없어 밥과 반찬을 비벼서 먹었다는 것이다. 반면 비빔밥에는 다양한 부재료가 들어가는 만큼 명절·제사·잔칫날 등에 먹는 별식이었다는 주장도 있다. 또 비빔밥의 한자어가 골동반인 만큼 중국에서 유래되었다는 견해도 있다.

비빔밥의 기원에 대해 여러 이야기들이 전해지는 것은 비빔밥이 여러 곳에서 자연적으로 발생했기 때문일 수도 있다. 밥과 반찬을 함께 먹는 우리 음식문화의 특징상 밥만 먹으면 싱겁고, 반찬만 먹으면 맵고 짜다. 때문에 밥과 반찬을 입에 넣고 함께 먹는다. 때에 따라서는 밥의 일부에 반찬을 얹은 형태로 먹기도 한다. 이러던 것을 밥 전체를 반찬과 함께 비빈 것이 비빔밥이다.

그렇다면 그릇이나 시간이 부족할 때, 남은 음식을 한꺼번에 처리할 때 등 여러 이유에서 자연스럽게 밥과 반찬을 함께 비볐을 것이다.

중국이나 일본은 덮밥문화가 발달했다. 『오주연문장전산고(五洲衍文長箋散稿)』에는 입춘과 입추 후 닷새째 되는 날인 사일(社日)에 고기와 채소를 밥에 덮어서 먹는데, 이것을 사반(社飯)이라고 했다. 지금의 덮밥인 셈이다. 그러나 중국의 까이판(蓋飯)이나 일본의 돈부리(どんぶり)처럼 소스를 얹은 것이 아닌 밥 위에 반찬을 얹은 것이다. 엄밀한 의미에서 사반 역시 덮밥이라기보다는 비빔밥에 가깝다고 할 수 있다.

중국의 차오판[炒飯], 스페인의 빠에야(paella), 이탈리아의 리조또(risotto), 중동지역의 꾸스꾸스(couscous), 인도네시아의 나시고렝(Nasi goreng) 등은 밥을 볶은 것이다. 그러나 우리의 경우 볶음밥의 형태는 거의 찾아볼 수 없다. 볶음밥은 기름이 밥알을 씌워 서로 붙지 않아야 맛을 살릴 수 있다. 그런데 우리의 쌀은 끈기가 많아 볶음밥에 어울리지 않는다. 또 강한 불에 순간적으로 밥을 볶아야 하는데, 이 역시 우리의 전통 조리법과는 거리가 있다. 때문에 우리의 전통음식에서 볶음밥과 같은 형태는 나타나지 않은 것 같다.

1930년대 프라이팬이 도입되었다. 아마도 이때부터 우리도 기름에 볶는 음식이 유행하기 시작했을 것이다. 1980년대부터 고기나 국물요리를 먹은 후 여기에 김치나 김가루 등을 넣고 밥을 볶아 먹는 것이 크게 유행했다. 이 역시 볶음밥이라기보다는 비빔밥의 전통이 가미된 것이라 할 수 있다.

밥과 반찬을 비비기만 하면 비빔밥이 된다. 때문에 비비는 식재료에 따라 산채비빔밥·열무비빔밥·콩나물비빔밥·미나리비빔밥·멍게비빔밥·성게알비빔밥·게살비빔밥·재첩비빔밥·꼬막비빔밥·육회비빔밥 등 비빔밥의 종류는 셀 수 없을 정도로 많다. 또 지역의 특산물이나 지역적 요리법에 따라 평양비빔밥·해주비빔밥·전주비빔밥·경상도의 헛제삿밥·진주비빔밥·통영비빔밥 등의 지역 별미가 존재한다.

비빔밥 중 가장 유명한 것은 전주비빔밥이다. 전주비빔밥의 유래 역시 여러 이야기가 함께 전해지고 있다. 첫째, 전주는 조선왕실의 발상지인 만큼 제사가 많았고, 때문에 제사 후 사람들에게 음식을 대접하는 과정에서 비빔밥이 탄생했다는 것이다. 둘째, 1894년 농민전쟁 당시 농민군이 먹었던 음식이라는 이야기, 셋째, 농번기 새참이 비빔밥으로 발전했다는 이야기 등이 전한다. 마지막으로 17세기 전주의 시장에 몰려든 상인들에게 팔았던 콩나물 비빔밥이 전주비빔밥으로 발전했다는 견해도 있다.

일제강점기 전주 남문시장에서는 커다란 양푼을 손에 들고 숟가락으로 밥을 비볐는데, 흥이 나면 양푼을 허공에 돌려가며 비비기도 했다. 때문에 남문시장의 비빔밥을 뱅뱅돌이비빔밥이라고 불렀다. 뱅뱅돌이비빔밥은 큰 양푼에 밥을 비벼서 한 그릇씩 퍼주는 방식으로 판매되었다.

1953년 전주의 '한국집'에서 뱅뱅돌이비빔밥과 달리 육회를 올리고, 손님이 직접 비벼 먹게 하는 등 시장에서 판매되는 음식과는 차별화된 비빔밥을 선보였다. '한국집'의 비빔밥이 큰 인기를 끌자 주변 식당들도 이런 형태의 비빔밥을 판매하기 시작했다. 한편 1960년 '성미당'은 '한국집'과 달리 초벌볶음을 한 후 고명을 올린 형태의 비빔밥을 판매하기도 했다. 즉 지금과 같은 형태의 전주비빔밥의 역사는 그리 길지 않은 것이다.

진주비빔밥의 유래에 대해서도 여러 이야기가 전해지고 있다. 전주비빔밥과 마찬가지로 제사를 지낸 후 제물을 모아 비벼서 나눠 먹은 데에서 유래했다는 이야기가 있다. 이와 달리 조일전쟁에서 유래를 찾기도 한다. 일본군의 침략을 맞아 진주성을 지키던 군사와 민들은 최후의 결전을 앞두고 소를 잡아 큰 솥에 밥과 함께 비벼 먹었다. 진주비빔밥은 선짓국이 함께 나온다. 전투로 힘든 병사들

한국집의 비빔밥

진주비빔밥

에게 나물만 먹일 수 없어 소를 잡아 고기로는 육회를 만들어 비빔밥에 넣고, 피로는 선짓국을 끓였기 때문이라는 것이다. 또 다른 이야기로는 진주성을 지키는 군사와 민을 위해 부녀자들이 밥을 지어 나르면서 번거로움을 피하기 위해 밥에 나물 등을 얹어 비벼 먹은 데에서 비롯되었다는 이야기도 전한다.

진주비빔밥은 육회가 들어간다는 점, 바지락을 다져 참기름에 볶아 육수를 낸 보탕국을 비빔밥에 부어 먹는다는 점, 고추장이 아닌 엿꼬장이라는 특별한 장으로 비벼 먹는다는 점이 특징적이다. 여러 가지 나물과 고명을 화려하게 얹었기에 화반(花飯) 또는 일곱 색깔의 꽃밥이라는 뜻에서 칠보화반(七寶花飯)이라고도 한다.

경상도 지역에서 많이 먹는 헛제삿밥의 유래에 대해서도 여러 이야기가 전해지고 있다. 먹을 양식이 부족한 춘궁기(春窮期) 쌀밥을 먹기 미안한 양반들이 가짜로 제사를 지낸 후 제사 음식을 먹은 데에서 유래되었다는 이야기, 제사를 지낼 수 없는 민이 한을 풀기 위해 제사도 지내지 않고 제삿밥을 만들어 먹은 데에서 시작되었다는 이야기가 전해지고 있다. 유생들이 밤에 글을 읽다 출출해지면 하인들에게 제사를 지내야 한다며 상을 차리게 했는데, 제사는 지내지 않고 밥만 먹는 것을 보고 하인들이 헛제삿밥이라고 불렀다고도 한다. 그 외 유생들이 서원에 모여 식사를 하는데, 상차림이 제사상과 비슷해서 붙여졌다는 이야기도 전해진다. 헛제삿밥은 안동·대구·진주 등 조선시대 사림의 세력이 강했던 곳에서 주로 먹었다. 그런 만큼 유생이나 서원과 관련 있을 가능성이 높다.

헛제삿밥은 고추장이 아닌 간장에 비벼 먹는데, 아마도 최초의 비빔밥은 이런 모습이었을 것이다. 비빔밥에 고추장이 들어가게 된 것은 육회비빔밥 때문인 것 같다. 식용 소가 유통되던 대규모 우시장에서 육회비빔밥이 등장했다. 그런데 육회를 간장에 비벼먹기는 힘들다. 아마도 이 때 고추장이 양념역할을 하게 된 것 같다. 하지만 헛제삿밥은 고추가 수입된 이후에도 간장으로 비볐다. 그

헛제삿밥

이유는 붉은 색은 귀신을 쫓는 색으로 제사상에는 고추장이 등장하지 않기 때문인 것 같다.

통영비빔밥은 지리적 이유 때문인지 굴·새우·조개·톳 등 각종 해산물과 방풍나물이 들어간다. 또 고추장이 아닌 두부탕국을 넣어 비빈다. 그 외 통영과 거제 지역은 멍게와 톳·세모가사리 등의 해초를 넣어 비빈 멍게비빔밥도 즐겨 먹는다.

북한의 경우 개성에서는 제사를 지낸 후 제사상에 올렸던 나물과 전 등 모든 음식을 밥과 함께 넣어 비벼 먹는 차례비빔밥이 있다고 한다. 특이한 점은 고추장이 아닌 고춧가루를 넣고 다시마나 튀각을 부셔 비빈다는 점이다. 평양비빔밥과 해주비빔밥도 유명한데, 평양지역의 비빔밥은 소고기를 일부는 채 치고 일부는 다져서 볶고 고사리·미나리·도라지·숙주나물·버섯 등을 얹고 양념한 고추장에 비벼 먹는다. 해주비빔밥은 볶은 밥에 버섯·도라지·고사리·해삼·전복·조개·닭고기 등을 얹어 간장으로 비벼 먹는다. 들어가는 재료가 고급인 것으로 보아 민이 쉽게 먹을 수 있는 음식은 아니었던 것 같다. 해주비빔밥의 가장 큰 특징은 밥을 볶는다는 점이다. 그런데 탈북민들로 구성된 북한전통음식문화연구원에서 만든 해주비빔밥은 밥을 볶지 않은 형태이다. 시간이 지나면서 밥을 볶지 않는 형태의 비빔밥으로 변형된 것인지,

북한전통음식문화연구원의 해주비빔밥

남쪽 사람들의 입맛에 맞춰 볶지 않은 형태의 밥을 제공하는 것인지는 명확하지 않다.

비빔밥은 지역마다 특성이 있지만 어떤 식재료를 주로 사용하는지에 따라 나뉘기도 한다. 산채비빔밥은 스님들이 산나물을 밥에 얹어 비벼 먹은 데에서 유래했다고 한다. 조선시대 억불숭유정책에 의해 사찰이 산으로 옮겨지면서, 스님들의 식사는 자연스럽게 산나물이 되었을 것이다. 하지만 스님들의 조촐한 식사에 지금의 산채비빔밥처럼 다양한 산나물이 등장하지는 않았을 것이다. 아마도 스님들의 식사를 보고 민가에서 만들어낸 것이 산채비빔밥일 가능성이 높다.

회덥밥도 일종의 비빔밥이다. 흔히 회덥밥을 일본 음식으로 알고 있지만, 조선시대에도 숭어회·갈치회·준치회 등을 비벼 먹었다는 기록이 있다. 다만 조선시대에는 초고추장이 아닌 겨자장을 넣어 비볐다는 차이점이 있다. 지금의 알밥처럼 새우알을 넣어 비벼 먹기도 했다. 그 외 전어로 비비는 전어비빔밥, 새우젓을 넣고 비비는 새우젓비빔밥, 게살을 발라 양념을 넣고 비벼 먹는 게살비빔밥도 있다. 바닷가에서는 성게알과 해초 등을 함께 비벼 먹는 성게알비빔밥을 먹기도 했다.

비빔밥은 어떤 식재료를 주로 사용하느냐에 따라 나누지만, 어떤 그릇을 사용하느냐에 따라 구분하기도 한다. 양푼비빔밥은 말 그대로 양푼에 비벼 먹는 것이다. 반면 돌솥에 비빌 음식을 넣고 데워 먹는 것이 돌솥비빔밥이다. 1965년 전주의 '중앙회관'에서 비빔밥을 따듯하게 먹기 위해 곱돌그릇을 개발했고, 이때부터 돌솥비빔밥이 시작되었다고 한다.

돌솥비빔밥은 다른 비빔밥과 어떤 차이가 있는 것일까? 비빔밥에 들어가는 여러 나물에는 참기름이나 들기름 등이 들어간다. 뜨겁게 달궈진 돌솥에 나물과 밥을 비비게 되면 자연스럽게 볶는 효과가 나면서 밥이 꼬들꼬들해져 식감이 좋아진다. 즉 비빔밥과 볶음밥의 장점이 모두 나타나는 것이 돌솥비빔밥이다. 돌솥은 볶음밥의 효과가 골고루 나타나기 힘들다. 이를 보완하기 위해 등장한

돌판비빔밥

것이 돌솥보다 넓은 형태의 돌판비빔밥인 것 같다.

비빔밥뿐 아니라 쌀·팥·대추·밤으로 지은 밥도 혼돈반이라고 했다. 혼돈반을 별밥으로 부른 것에서도 알 수 있듯이 별미로 먹었을 것이다. 그러나 각종 나물이나 채소, 해산물 등을 함께 넣고 지은 밥은 대개 부족한 곡식을 대신해 양을 불리기 위한 것이 목적이었다. 식물의 열매를 넣은 고구마밥[藷飯]·감자밥·밤밥·도토리밥 등은 그렇지 않지만, 나물이나 해산물 등을 넣은 밥은 대개 간장과 함께 비벼 먹기에 일종의 비빔밥이라고 할 수 있다.

나물을 넣어 지은 밥 중 가장 널리 알려진 것은 곤드레밥이다. 곤드레의 원래 이름은 고려엉겅퀴인데, 도깨비엉겅퀴·고려가시나물·구멍이라고도 부른다. 바람에 흔들리는 모습이 술에 취한 사람처럼 '곤드레만드레'하다고 해서 곤드레라는 이름이 붙여졌다고 한다.

곤드레나물은 강원도에서는 구황음식이었다. 곡식이 떨어진 화전민들은 굶주림을 면하기 위해 산나물인 곤드레를 따다 밥에 넣어 양을 부풀려 먹었다. 평창아라리에는 이런 모습이 잘 나타나고 있다.

한치 뒷산의 곤드레 딱죽이 임의 맛만 같다면

올 같은 흉년에도 봄 살아나지

지금의 곤드레밥은 쌀밥에 곤드레나물을 넣은 후 양념장 등에 비벼 먹는다. 하지만 춘궁기에 먹었던 곤드레밥은 곤드레나물에 콩나물을 잘게 잘라 섞어 죽을 쑤어 먹는 것이었다. 곤드레밥 외에도 무 채 썬 것을 솥 밑에 깔고 그 위에 쌀을 얹어 지은 무밥, 콩나물을 넣은 콩나물밥, 시레기나물을 넣은 시레기밥, 도라지밥, 쑥밥, 칡밥 등의 나물밥이 있다.

나물이 아닌 해산물을 넣고 밥을 짓기도 했는데, 대표적인 것이 굴밥이다. 굴밥은 알이 너무 굵어 맛이 떨어지는 굴을 버리기 아까워 밥에 넣어 먹기 시작한 데에서 유래되었다고 한다. 그 외 새우·굴·전복·각종 버섯 등을 넣은 해산물밥, 간장뿐 아니라 김칫국물에 비벼 먹기도 하는 조개밥, 울릉도의 홍합밥과 따개비밥, 쌀이나 좁쌀에 톳이나 파래를 넣은 제주도의 톳밥과 파래밥 등도 있다.

비빔밥은 다양한 형태로 진화하고 있다. 해외교류가 활발해지면서 비행기에서 기내식으로 제공되기도 한다. 돈과 시간이 부족한 학생들을 위해 컵에 밥을 담고 반찬을 올려놓은 컵밥의 형태로 변하기도 했다. 중국 음식과 만나서는 잡채밥과 중화비빔밥을 탄생시켰다. 행사가 있을 때에는 모든 사람들이 밥을 비비는 행사를 통해 화합을 강조하기도 한다. 이런 점에서 비빔밥의 발전과 변화는 우리 역사의 과거와 현재를 잘 알려준다고 할 수 있다.

주먹밥과 김밥

밥과 반찬 등을 넣은 그릇과 거기에 담긴 음식이 도시락이다. 우리의 주식인 밥은 영양학적으로 우수하지만, 수분함량이 높아 가지고 다니기에는 다소 무겁다. 또 반찬과 국도 함께 먹어야 하는 만큼 별도의 용기도 필요하다. 휴대용 음식으로서는 불편함이 있는 것이다.

전근대시대에도 지금의 도시락처럼 밥을 가지고 이동해야 하는 경우가 있다. 아마도 최초의 도시락은 주먹밥이었을 것이다. 주먹밥은 밥을 손으로 쥐어 주먹처럼 뭉쳐놓은 밥으로 한자로는 단반(團飯)이라고 했다. 『삼국유사』에는 신라의 승려 진정법사(眞定法師)가 길을 떠나면서 전대에 넣은 밥[裹飯]을 가져간 사실을 기록하였다. 전대에 넣은 밥은 아마도 주먹밥이었을 것이다. 1592년 일본의 침략을 맞아 선조의 비 의인왕후(懿仁王后)가 피난 중 주먹밥을 먹었다고 한다. 즉 주먹밥은 이동 중 먹었던 지금의 도시락이었던 것이다. 『선조실록』에는 1593년 11월 정무경(鄭懋卿)이라는 사람이 콩을 삶아 만든 주먹밥[烹太裹飯]을 굶주린 사람들에게 나누어 준 사실도 기록하고 있다. 이 역시 도시락의 한 형태로 보아야 할 것이다.

1980년 5월 주먹밥이 다시 역사의 전면에 등장했다. 광주시민들이 민주화항쟁을 펼치자, 신군부세력은 공수부대를 동원해 광주시민을 학살했다[5·18민주화항쟁]. 이때 대인시장·양동시장·남광주시장 등의 시장상인들과 광주의 부녀자들은 쌀을 모아 주먹밥을 만들었다. 광주시민들이 만든 주먹밥은 신군부세력이 동원한 군에 맞선 시민들에게 제공되었다. 광주에서 주먹밥은 아픈 기억과 훈훈한 정을 함께 담고 있는 음식인 것이다.

주먹밥 외 누룽지로 도시락을 대신하기도 했다. 고리버들이나 대나무껍질로 엮은 도시락도 있었다. 그러나 도시락으로 가장 많이 활용했던 것은 연잎이었다. 윤선도(尹善道)가 지은 어부사시사(漁父四時詞)에는 "연잎에 밥 싸두고 반찬이랑 장만 마라"는 구절이 있다. 조선시대 연잎은 도시락의 역할을 했던 것이다. 그렇다면 왜 연잎으로 밥을 쌌을까? 연잎은 크고 튼튼한 만큼 쉽게 찢어지지 않아 밥을 담을 수 있다. 뿐만 아니라 연잎에 밥을 싸면 밥이 쉬지 않는다고 여

5·18민주화항쟁 당시 시민군을 위해
주먹밥을 만들고 있는 광주시민들

연잎밥

겼다. 때문에 연잎을 도시락으로 활용했던 것이다. 지금도 별미로 연잎밥을 먹는다. 아마도 연잎에 싼 밥은 연잎의 향이 베어 더욱 맛이 좋은 것 같기도 한다.

1998년 전국의 모든 초등학교에서 급식을 실시하기 전까지, 학생들은 어머님이 싸 주신 도시락으로 점심을 먹었다. 도시락을 흔히 '벤또'라고도 불렀다. 중국 남송에서 그릇에 넣어 다니던 휴대용 음식을 편리하다는 뜻의 비엔당(便当)으로 부른 것이 일본에 전해져 벤또(べんとう; 弁当)가 되었다고 한다. 일제강점기 이후 벤또가 도시락을 대신한 말로 사용되었던 것이다.

학교에서 급식이 이루어지면서 도시락은 이제 추억 속에 사라져 가고 있다. 도시락과 주먹밥은 컵밥과 밥버거 형태로 변형되었다. 물론 일본식 도시락 전문점이 인기를 끌기도 하고, 편의점이나 기차에서도 도시락을 판매하고 있다. 그러나 지금 가장 사랑받고 있는 휴대용 밥은 김밥인 것 같다.

김밥은 말 그대로 밥을 김으로 싼 것이다. 세계에서 김을 먹는 민족은 우리와 일본뿐이었는데, 지금은 중국·베트남·타이완 등에서도 김을 먹는다. 김은 한자로 해의(海衣) 또는 감태(甘苔)이다. 흔히 해태(海苔)를 김으로 알고 있지만, 이는 일제강점기 일본어 노리(のり; 海苔)에서 비롯된 것이다. 우리는 김은 해의, 파래를 해태라고 불렀다. 또 김은 여성들의 얼굴을 예쁘게 한다고 하여 옥조(玉藻)로 불리기도 했다.

'김'이라는 이름은 광양에서 특산품으로 바친 음식을 먹은 후 왕이 음식의 이름을 물었는데, "광양 땅에 사는 김 아무개가 만든 음식입니다."라고 답했다. 그러자 왕이 "그러면 앞으로 이 바다풀을 김이라고 하라."라고 해서 김이라는 이름이 붙여졌다고 한다. 그 어부가 바로 김여익(金汝翼)이다.

우리가 사는 곳은 삼면이 바다인 만큼 선사시대 이미 김을 먹었을 것이다. 『태종실록』에 태전(苔田)을 두었다는 기록이 있는 것으로 보아, 조선 초기 이미 김을 양식하거나 대량으로 채취하는 지역이 있었을 가능성이 높다. 성종대에는 조선의 김이 명에 소개되기도 했다. 『선조실록』에는 1601년 암행어사 조수익(趙守翼)이 동해의 민들이 김을 진상하는 것을 고통스럽게 여기고 있음을 보고한 기록이 있다. 『효종실록』에는 영의정 이경여(李敬輿)가 김 1첩의 값이 목면 20필 가격에 이른다고 하자, 효종이 봉진을 금하도록 한 기사가 수록되어 있다. 이러한 사실들로 보아 조선시대 김은 귀한 식재료였음을 알 수 있다.

김은 면역기능을 높이고, 콜레스테롤을 몸 밖으로 배출시키는 성분이 있어 고혈압이나 동맥경화 등 성인병 예방에 탁월하다. 우리는 정월 대보름에 밥에 김을 싸 먹으면 눈이 밝아진다고 여겼다. 실제로 김의 비타민A는 야맹증 예방에 효과적이라고 한다.

김을 밥에 싸 먹는 문화는 김 양식에 성공한 후에 생겨났을 것이다. 김을 양식하는 방법은 가지가 붙은 나무를 바다에 꽂아 김을 부착시키는 섶꽂이[一本簾]법이 가장 먼저인 것으로 여겨지고 있다. 이보다 발달한 방법은 대발을 설치하여 김을 양식하는 떼발[簾簾]법이다.

김 양식의 시작에 대해서는 여러 이야기들이 전해지고 있다. 조약도에 살던 김유몽(金有夢)이 바닷가에 떠밀려온 나뭇가지에 김이 자라는 것을 보고 나뭇가지를 바다에 꽂아 두니 김이 자랐고, 이를 전해 준 것이 김양식의 시초라고 한다. 또 완도의 정시원(鄭時元)이 고기잡이를 위해 쳐 놓은 어살[漁箭]에 김이 붙어 자라는 것을 보고 대나무로 발을 엮은 홍(簾)을 만들어 세운 것이 김양식의 시초라는 이야기도 전한다. 그 외 앞에서 언급했던 김여익이 1640년 태인도에서 김 양식법을 개발했다는 이야기도 있다. 조약도, 완도, 태인도는 모두 전남 지역의 섬이다. 그렇다면 김 양식은 전남 지역의 섬에서 처음 개발되었을 가능성이 높다.

김밥의 원조는 김에 오이·단무지·달걀 등을 넣은 일본의 김초밥 후토마키(大卷き)라고 한다. 그것이 단촛물을 밥에 섞는 과정을 생략하고, 우리의 식재료를 넣어 재편한 것이 지금의 김밥이라는 것이다. 일본의 김초밥은 1829년에 등장한다. 그런데 『오주연문장전산고』에는 구운 김가루로 밥을 뭉쳐 먹는다며 이를 "둥글게 뭉친다[作團]."라고 표현했다. 일종의 김주먹밥인데, 김과 밥이 만난 형태의 음식은 후토마키가 전해지기 전 조선에 이미 존재했던 것이다.

조선 숙종대 이미 김을 종이처럼 만들 수 있었다. 우리는 쌈을 싸서 먹는 것을 좋아한다. 그렇다면 김을 싸서 먹으면서 그 안에 반찬을 넣어 먹었을 가능성도 있다. 그렇다고 해서 지금의 김밥이 후토마키의 영향을 전혀 받지 않았다는 것은 아니다. 밥을 식초로 버무리고, 대나무 발로 밥을 마는 것 등은 일본 김초밥의 영향을 받은 것으로 보아야 한다. 즉 김밥은 우리의 전통 김주먹밥이 일본 김초밥의 영향을 받아 새롭게 탄생한 것으로 보아야 할 것 같다.

1980년대까지 김밥은 소풍이나 운동회 때 먹을 수 있는 귀한 음식이었다. 김밥은 자신이 좋아하는 식재료를 넣어 만들 수 있다. 국이나 반찬도 필요 없고, 젓가락 없이도 먹을 수 있다. 때문에 김밥은 야외에서 끼니를 해결하는 데 있어 매우 편한 음식이었다.

김밥은 먹기에는 편리하지만, 만드는 것은 쉬운 일이 아니다. 때문에 1990년대 김밥전문점이 등장하기 시작했다. 그러면서 내용물에 따라 치즈김밥·참치김밥·소고기김밥·돈까스김밥·제육김밥·야채김밥·계란말이김밥·누드김밥 등 다양한 김밥이 등장했다.

1980년대 일본에서 판매되기 시작한 삼각김밥은 우리나라에서는 1991년 편의점 '세븐일레븐'에서 처음 판매되었다. 주먹밥을 김으로 싼 형태의 삼각김밥은 가격이 저렴하고, 먹기 편리하다. 또 자신의 입맛에 따라 들어가는 내용물을 고를 수 있어 큰 인기를 끌고 있다. 최근에는 접어먹는 김밥도 등장했다.

김밥의 또 다른 형태 중 하나가 충무김밥이다. 충무김밥의 가장 큰 특징은 김밥 속의 내용물을 빼고 밥만 말아 쉽게 상하는 것을 막았다는 것이다. 때문에 충무김밥은 김밥과 반찬을 따로 먹는다. 충무김밥의 유래에 대해서는 고기잡이를 하는 남편을 위해 만들어 준 것이라는 이야기, 통영과 부산을 왕래하는 여객선에서 판매한 데에서 시작되었다는 이야기가 함께 전하고 있다.

밥만 넣어 말은 김밥에 골뚜기와 홍합을 꼬치에 꿰어 고추장 양념으로 구운 것과 무김치를 따로 먹는 것이 충무김밥이다. 이후 골뚜기와 홍합 꼬치 대신 살이 두꺼운 갑오징어를 사용했다. 1970년대 이후 갑오징어의 어획량이 줄고 가격이 오르자, 지금은 오징어와 어묵 무친 것을 내놓고 있다.

쿠데타로 집권한 전두환 정권은 민족문화의 주체성을 고취하고 국학에 대한 젊은이들의 관심을 제고시킨다는 명목으로, 1981년 5월 28일부터 6월 1일까지 여의도 광장에서 '국풍81'을 개최했다. 이때 경상남도관에서 어두리(魚斗伊) 할머니는 충무김밥을 판매하였다. 이를 계기로 충무김밥은 전국에 알려졌다.

김밥의 또 다른 형태인 마약김밥은 너무 맛이 좋아 중독성이 있다고 해서 붙여진 이름이다. 당근·단무지·시금치 등이 들었을 뿐인 마약김밥은 보통 김밥보다 작아 꼬마김밥으로도 부른다. 마약김밥의 특징은 김밥을 겨자소스에 찍어 먹는다는 것이다. 김밥을 겨자소스에 찍어 먹게 된 것은 유부초밥과 관계있다. 유부초밥이 생소한 사람들이 불평을 하자 찍어 먹을 수 있는 겨자소스를 만들었고, 사람들이 김밥도 그 소스에 찍어 먹으면서 마약김밥이 탄생했다고 한다.

김밥을 쉽게 먹을 수 있게 된 것은 당연히 김의 대량생산이 이루어졌기 때문이다. 김 양식 기술이 널리 보급되기 시작한 것은 일제강점기인 1920년대부터이다. 1960년대에는 인공채묘기술의 발달과 김발[網簾]의 보급으로 김

양식장이 크게 확대되었다. 이후 김 양식을 위해 포자(胞子)를 채묘(採苗)하여 냉장 보관하는 기술이 개발되면서 대량 생산체제가 갖추어졌다.

김은 김밥의 재료이자 밥반찬이기도 하다. 예전에는 구운 김에 밥을 얹어 간장에 찍어 먹거나, 집에서 직접 기름을 발라 구운 김에 밥을 싸 먹었다. 지금처럼 마트에서 기름에 구워진 김을 포장해서 팔기 시작한 것은 1980년대의 일이다. 남대문시장에서 김 도매업을 하던 삼해상사는 1982년 4월 국내 최초로 조미김을 개발했다. 이후 야외에서 쉽게 김을 먹을 수 있게 되었고, 도시락에도 김이 빠지지 않게 되었다.

이제 김은 더 이상 집에서 구워 먹는 음식이 아니다. 그러나 집에서 구운 김을 그리워하는 이들도 많다. 아마도 집에서 구운 김에는 참기름이나 들기름, 소금 외 어떤 무엇이 듬뿍 들어 있었기 때문인 것 같다.

죽

곡물로 만든 최초의 음식은 죽일 가능성이 높다. 조·수수·메밀과 상수리·도토리 등은 쉽게 가루로 만들 수 있다. 그렇다면 쌀농사가 대중화되기 이전 곡물이나 열매 등을 돌에 갈아 죽의 형태로 먹었을 것이다. 죽보다 밥이 먼저라는 견해도 있다. 쌀과 보리 등은 가루를 내기 힘들고, 철기가 등장하기 전에는 강한 불에 끓일 수 없는 만큼 시루[甑]에 쪄서 먹었을 가능성이 높다. 때문에 시루에 쪄서 만든 지에밥[强飯]이 먼저라는 것이다. 우리나라에서 출토된 시루 중 가장 오래된 것은 청동기시대 유적인 초도의 조개무지[貝塚]에서 발견되었다. 우리는 신석기시대 이미 농경을 시작했고, 토기를 활용했다. 아마도 곡물의 가루를 토기에 넣고 약한 불에 끓여 죽을 만들었고, 시루가 만들어지면서 곡물을 쪄서 밥으로 먹었을 것이다.

죽에는 밥알이 보일 정도로 끓인 옹근죽, 쌀알을 반 정도 갈아 끓인 원미죽

(元味粥), 곡물을 갈아 곱게 쑨 무리죽, 알곡을 통째 푹 고아 체에 바친 미음(米飮), 곡물이나 식물의 전분을 물에 풀어 묽게 끓인 응이[薏苡] 등이 있다. 곡식가루에 감자·호박·옥수수 등을 섞어 풀처럼 쑨 범벅도 죽의 일종이다.

죽의 기본적 형태는 쌀만 넣은 흰죽[白粥; 粳米粥]이다. 하지만 곡물 외에 다양한 재료를 넣은 죽도 있다. 열매를 넣은 잣죽[果松粥; 海松子粥]·호두죽·녹두죽·흑임자죽[巨勝粥; 苣勝粥]·도토리죽[橡子粥]·개암죽[榛子粥], 채소를 넣은 호박죽·표고죽·아욱죽·방풍죽·야채죽, 과일을 넣은 대추죽[棗粥; 棗米粥]·밤죽[栗子粥]·살구죽[眞君粥], 어패류를 넣은 붕어죽[鯽魚粥]·새우죽·전복죽·홍합죽·조개죽·매생이 굴죽, 육류를 넣은 소고기죽과 닭죽 등이 그것이다.

지금 죽은 영양식이지만, 조선시대 죽은 이른 아침에 먹는 초조반상(初朝飯床)에 올랐던 음식이다. 또 죽은 적은 양의 곡물로 많은 사람이 먹을 수 있으며, 여러 식재료를 혼합하여 양을 늘릴 수 있기에 중요한 구황음식 중 하나였다.

조선시대에는 국왕에게 죽을 올리고 벼슬에 오른 사람도 있었다. 1624년 1월 22일 인조반정에 참여했던 이괄(李适)이 반란을 일으켰다. 2월 8일 밤 이괄의 군대를 피해 도성을 빠져나온 인조는 9일 아침 지금의 양재역 부근에서 김이(金怡) 등이 바친 죽을 먹었다. 때문에 이곳은 지금도 말죽거리[馬粥巨里]로 불리고 있다. 2월 12일 인조는 자신에게 죽을 바친 김이를 의금부도사(義禁府都事)에 임명하여 고마움을 표시했다. 『인조실록』에 인조가 먹은 죽을 두죽(豆粥)으로 표기하고 있는 것으로 보아, 아마도 콩으로 쑨 죽인 것 같다. 또 말위에서 마셨다고 하니, 아마도 지금의 죽보다는 묽은 형태였을 것이다.

말죽거리 표지석

『청장관전서』에 거리에서 죽 파는 소리가 들렸다고 기록한 것으로 보아, 조선 후기에는 죽 파는 행상이 있었음을 알 수 있다. 해방 이후 죽은 환자나 소화력이 떨어지는 어린이와 노인들이 많이 먹는 음식이었다. 최근에는 많은 사람들이 죽을 별미로 찾으면서 죽 전문점이 생겨났다. 또 간편하게 전자레인지에 데워 먹을 수 있는 즉석식품의 형태로도 등장했다.

조선시대 국왕은 우유를 넣은 죽을 먹기도 했다. 이것이 타락죽(駝酪粥)이다. 타락죽은 낙죽(酪粥) 또는 우락(牛酪)이라고도 불렸는데, 찹쌀가루를 약한 불에 볶은 후 물과 우유를 넣고 끓인 죽이다. 최남선(崔南善)은 『조선상식(朝鮮常識)』에서 타락에 대해 돌궐인이 목축을 담당하면서 우유를 타락이라 불렀다고 설명했다. 즉 타락은 돌궐의 '토라크'에서 유래된 말이라는 것이다. 그런데 조선 중종대 김수(金綏)에 의해 편찬된 『수운잡방(需雲雜方)』에는 따뜻한 곳에 둔 우유를 탁주나 식초를 넣어 발효시킨 음식을 타락으로 소개하고 있다. 이는 서양의 요쿠르트와 유사하다. 또 『소문사설(謏聞事說)』에는 우유를 햇볕에 말린 후 가루를 먹는데, 이를 낙설이라고 설명했다. 이는 지금의 분유에 해당한다. 이러한 사실들로 보아 조선시대에는 우유로 만든 음식을 모두 타락으로 부른 것 같다.

우리는 언제부터 타락죽을 먹었을까? 『삼국유사』에 우유가 등장하는 것으로 보아 삼국시대 이미 우유를 먹었음은 확실한 것 같다. 하지만 이때 우유로 죽을 쑤어 먹었는지는 확실하지 않다.

고려 명종대 이순우(李純祐)는 팔관회에 쓸 연유를 만들기 위해 농민의 소를 징발하기 때문에 농경에 쓸 소와 송아지가 상한다며 금해줄 것을 요청하는 상소문을 올렸다. 원간섭기에는 유우소(乳牛所)를 두었다. 고려시대 우유는 귀한 식재료였던 것이다. 또 『고려사』와 『고려사절요』에 지금의 버터 내지는 치즈에 해당하는 수유(酥油)가 등장하는 것으로 보아 유제품이 만들어졌음이 확실하다. 수유는 황해도와 평안도 지역에서 살던 달단족(韃靼族; tatar) 수유치[酥油赤]들에 의해 생산되었다.

조선시대에는 수유치에게 군역을 면제해주었다. 그만큼 수유가 귀했던 것이다. 그런데 이를 악용하여 군역을 피하는 이들이 늘어나자, 1421년 11월 상왕으로 있던 태종은 수유치에게도 군역을 부과했다.

영조가 좋아하는 음식 중 하나가 타락죽이었다고 한다. 그러나 우유는 귀한 식재료였기 때문에 왕이라고 해도 아무 때나 먹는 것이 아니고, 몸이 아플 때 보양식으로 먹었다. 주방을 관할하는 관청 사복시(司僕寺) 내에 우유를 모으는 타락색(駝酪色)을 두었다. 타락색에서는 경기도 각 고을의 우유를 모아 사복시를 통해 내의원에 진상했고, 내의원에서 타락죽을 만들었다. 국왕이 먹는 음식을 수라간이 아닌 약국에서 만들었다는 것은 조선시대 우유는 약재와 같이 취급되었음을 말해주는 것이다.

타락죽을 아무나 먹을 수 없는 이유는 우유가 귀하기 때문이지만, 명분론과도 관계가 있었다. 고려 우왕이 우유를 짜서 수척해진 소를 보고 우유의 진상을 중지시킨 경우가 바로 이에 해당한다. 조선시대 중종 역시 타락죽 먹는 것을 금지했다. 송아지의 주식인 소의 젖을 사람이 뺏어 먹을 수 없다는 이유로 쉽게 먹지 못했던 것 같다.

조선시대에는 나이가 70이 되면 기(耆), 80이 되면 로(老)라고 하여 기로소에 들어갔다. 기로소에는 국왕이 먹던 별식 타락죽을 대접하기도 했다. 그러면서 점차 민가에서도 타락죽을 먹게 된 것 같다. 세조대 어의 전순의(全循義)가 편찬한 『식료찬요(食療纂要)』에는 "자식 된 자는 하루도 빠지지 않고 노인이 매일 우유를 충분히 드실 수 있도록 해야 한다[故爲人子者 當須供之 以爲常食 一日勿闕 恒使恣意充足爲度]."고 기록했다. 이는 우유의 영양을 높이 평가한 것이지만, 다른 한편으로는 민가에서도 우유를 먹었음을 알려준다. 1565년 8월 이탁(李鐸)과 박순(朴淳)은 윤원형(尹元衡)을 탄핵했다. 탄핵문에는 타락죽을 만드는 낙부(酪夫)를 집에 데려가 자신뿐 아니라 자녀와 첩에게까지 타락죽을 먹였다는 내용도 있다. 이를 통해 타락죽은 왕실이 아닌 민가에서 먹는 것이 금지되었음과 함께, 점차 민가에서도 타락죽을 먹었음을 알 수 있다.

숙종대 편찬된 것으로 여겨지는 『요록(要錄)』에는 타락죽을 노인에게 좋은 음식으로 소개하고 있다. 『산림경제(山林經濟)』에서는 "우유를 먹으려면 반드시 1~2번 끓였다가 식혀서 먹어야 하며, 생으로 마시면 설사를 하고, 뜨거울 때 먹으면 막힌다[凡服乳 必煮一二沸 停冷啜之 生飮令人痢 熱食卽壅]."고 설명했다. 구체적 복용법까지 설명한 것으로 보아 17~8세기에는 민가에서도 우유, 더 나가서는 타락죽을 먹었던 것 같다. 일제강점기 출간된 『조선요리제법』과 『조선무쌍신식요리제법』에는 타락죽의 조리법이 소개되어 있다. 여전히 타락죽의 인기가 대단했던 것이다.

최근 죽 전문점이 등장하면서 보다 쉽게 죽을 먹을 수 있게 되었다. 죽 전문점에서는 다양한 죽을 판매하는데, 퓨전이라는 이름 아래 현대인의 입맛에 맞춘 죽이 상당수를 차지한다. 타락죽과 같은 전통죽도 쉽게 먹을 수 있었으면 하는 바람이다.

누룽지와 숭늉

솥에 밥을 하게 되면 바닥에 밥이 눌러 붙는데, 이것이 누룽지이다. 밥을 지으면 누룽지가 만들어지는 만큼, 누룽지는 우리만 먹는 것이 아니다. 중국의 궈바(鍋巴), 일본의 오코게(おこげ), 베트남의 꼼짜이(comsay), 스페인의 소카라트(soccarat) 등도 일종의 누룽지이다.

누룽지는 눌훈지(訥燻止)에서 유래된 것인데, 가마솥에 남은 음식이라는 뜻에서 가마치, 솥을 긁는다는 뜻에서 소꼴기라고도 했다. 그 외 강밥 또는 깡밥이라고도 하는데, 이는 단단히 만들어 놓은 밥이란 뜻의 강반(强飯)에서 비롯된 말이다. 누룽지는 어린이들의 간식이었고, 여행갈 때 필요한 도시락이기도 했다. 최근에는 칼로리가 낮아 다이어트 음식으로도 인기가 높다.

누룽지와 유사한 것이 눌은밥이다. 지금은 누룽지와 눌은밥을 구분하지 않지만, 엄밀한 의미에서 누룽지가 바삭하다면, 눌은밥은 누룽지에 물을 붓고 끓여 부드럽게 만든 것이다. 눌은밥을 중국의 궈바탕, 즉 우리가 말하는 누룽지탕과 비교하는 사람도 있다. 누룽지탕은 우리의 눌은밥과 달리 여러 식재료가 들어가는 고급음식이다. 뿐만 아니라 누룽지를 말려 다시 튀겨낸 것인 만큼 우리의 눌은밥과는 다른 음식이다. 중국뿐 아니라 누룽지를 먹는 다른 민족도 누룽지에 물을 부어 끓인 눌은밥은 먹지 않는다. 그런 점에서 눌은밥은 우리만의 독특한 음식 중 하나이다.

눌은밥을 끓인 후 마실 수 있는 물이 숭늉이다. 숭늉은 한자로 반탕(飯湯) 또는 취탕(炊湯)으로 표기했다. 중국에서는 향약(香藥)을 달여 만든 음료를 숙수(熟水)라고 했는데, 우리는 제사에 올리는 숭늉을 숙수로 표현했다. 누룽지 끓인 물을 식혔다는 의미에서 숙냉(熟冷)이라고도 했는데, 숙냉이 숭늉으로 정착한 것 같다.

예전에는 식사를 마친 후 숭늉을 먹는 것이 식사예법이었다. 때문에 제사를 지낼 때에도 마지막에 숭늉을 올렸다. 밥을 푼 후 물을 붓고 끓인 숭늉에는 전분이 분해되는 과정에서 포도당과 덱스트린이 생기는데, 구수한 맛을 내는 덱스트린은 소화에 도움을 준다고 한다. 때문에 숭늉을 마시지 않으면 속이 더부룩하고 소화가 되지 않는다고 한 것은 과학적으로도 이해가 되는 부분이다.

우리는 언제부터 누룽지와 숭늉을 먹기 시작했을까? 누룽지나 숭늉은 쌀을 찌는 형태가 아닌 강한 불로 끓일 때 만들어진다. 그렇다면 무쇠솥에 밥을 짓기 시작하면서 누룽지와 숭늉을 먹게 되었을 것이다. 우리 역사에서 무쇠 솥으로 밥을 짓기 시작한 것이 늦어도 5세기경인 만큼, 이 무렵 누룽지와 숭늉이 등장했을 가능성이 높다.

'밥은 한 숟갈 주면 정이 없다.'는 말은 우리의 배고픔의 역사를 잘 나타낸다. 누룽지와 숭늉 역시 마찬가지이다. 전근대시기 민은 배고픔에 시달렸다. 때문에 솥에 눌러 붙은 누룽지도 긁어 먹었다. 그러나 솥에 붙어 떨어지지 않는 누룽지도 있었다. 솥에 붙어 떨어지지 않는 누룽지까지 먹기 위해서는 솥에 물을 넣고 끓여 눌은밥을 만들어 먹었을 것이다. 아마도 이런 과정에서 숭늉이 탄생했을 가능성이 높다.

『선화봉사고려도경(宣和奉使高麗圖經)』에는

> 들고 다니는 병은 주둥이가 길고 위는 뾰족하고 배가 크고 바닥은 평평하다. 모양은 팔각형인데 간혹 도금한 것을 사용하며, 속에는 미음이나 숭늉을 넣는다. 나라의 관원과 존귀한 사람은 언제나 가까이 시중하는 자를 시켜 그것을 들고 따라다니게 한다. [提瓶之狀 頭長而上銳 大而底平 其制八稜 間用塗金 中貯米漿熟水 國官貴人 每令親侍 挈以自隨]

라는 기록이 있다. 위 기사에서 민에 대해 언급이 없지만, 귀족들이 수시로 숭늉을 마셨다면, 고려시대 숭늉 마시는 것은 일상적인 모습이었을 것이다.

숭늉을 마실 때는 보통 건더기에 해당하는 눌은밥을 먹게 된다. 이와 비슷한 음식이 물에 밥을 말아 먹는 것이다. 요즘은 쉽게 볼 수 없지만, 물에 밥을 말아먹는 모습은 1980년대까지만 해도 흔히 볼 수 있었다. 주로 대충 끼니를 때울 때, 반찬이 마땅치 않을 때 밥을 물에 말아 먹었다. 그런데 물에 밥을 말아 먹은 역사는 꽤나 오래된 것이다.

고려시대 사료에 수반(水飯)이 등장하는데, 이것이 바로 물에 밥을 말은 것이다. 재미있는 것은 별 것 아닌 것 같은 수반을 고위 관료들이 자주 먹었다는 사실이다. 즉 수반은 손님이 왔을 때 가볍게 차려내는 밥상이고, 식사 때가 아닐 때 부담 없이 먹는 별식이었던 것이다.

조선시대에도 밥을 물에 말아 먹었다. 1470년 성종은 가뭄이 심하자 낮수라로 수반만 올리게 했다. 신하들이 반대하자 성종은 날씨가 더워 수반을 먹는 것이라고 하였다. 이로 보아 조선시대 왕실에서는 감선(減膳)의 의미에서 국왕이 물에 만 밥을 먹거나, 더위가 심할 때 찬 물에 밥을 말아 먹었음을 알 수 있다. 한편 인조반정으로 왕위에서 폐위된 후 광해군은 수반으로 겨우 연명했고, 인조는 몸이 불편할 때 수반을 먹었다. 그렇다면 수반은 밥을 먹기 힘들 때 먹기도 했던 것 같다.

밥을 물에 말아 먹는 모습은 한식날 찬밥 먹는 풍습이 물에 밥을 말아 먹은 것으로 발전한 것으로 보기도 한다. 또 물에 밥을 마는 이유를 식은 밥을 맛있게 먹기 위해 수분을 보충했기 때문으로 여기기도 한다. 앞에서 살펴보았듯이 고려시대 물에 만 밥은 별식이었지만, 조선시대에는 그렇지 않다. 즉 수반은 말 그대로 점점 찬밥신세로 전락한 것이다.

PART 3

면

국수

면(麵; 糆; 麪)을 국물에 말아 먹거나 양념에 비벼 먹는 음식이 국수이다. 국수는 우리말이며, 한자로는 掬水 또는 匊水라고 쓴다. 이는 '삶은 면을 물로 행궈 건진다'는 의미이다. 하지만 '면을 국물에 담가서 먹는다'에서 국수란 말이 생겨났다는 이야기도 있다. 절에서는 스님을 미소 짓게 한다고 해서 승소(僧笑)라고 부른다.

국수는 티그리스강과 유프라테스강 유역에서 발생한 메소포타미아문명에서 탄생하여 실크로드를 통해 중국에 전래되었다고 한다. 하지만 황허(黃河) 유역에서 기원전 2천 년 경 국수를 먹은 흔적이 발견되었기 때문에, 중국에서 가장 먼저 국수를 먹기 시작했다는 견해도 있다. 이탈리아의 파스타나 스파게티도 마르코 폴로(Marco Polo)가 중국에 머물면서 국수를 맛보고 13세기 말 이탈리아로 가져가 만들어졌다고 한다. 반면 이탈리아에서는 1세기 이미 파스타 조리법이 기록된 책이 있다는 사실을 근거로 파스타의 중국 기원설을 부정하고 있다.

우리에게 국수가 전래된 것은 고대 중국을 통해서인 것으로 여겨지고 있다. 중국은 밀가루를 반죽한 후 늘여서 면을 빼는 납면(拉麵) 방식으로 국수를 만들었다. 그러나 우리에게 밀은 귀했던 만큼, 메밀·칡·마·청포·녹두 등을 국수의 원료로 사용했다. 때문에 냉면처럼 반죽을 작은 통 등에 넣어 눌러 뽑는 압면(押麵), 칼국수와 같이 반죽을 얇고 넓게 민 뒤 칼로 써는 도면(切麵) 등의 형태로 국수를 만들었다.

고려시대 연회에는 밀로 만든 국수를 내놓았다. 국수의 긴 면발이 장수를 의미한다고 생각했기 때문이다. 면발을 장수와 연관시켜 생각한 것은 중국의 영향이다. 한무제와 신하들이 장수에 대한 이야기를 할 때 얼굴이 길면 오래 산다는 이야기가 나왔고, 그러면서 얼굴[面]과 발음이 같은 면[麵]도 길면 장수하는 것으로 여겨졌던 것이다. 때문에 중국인들은 잔치 때 먹는 면을 챵쇼우

잔치국수
(김동찬 제공)

미엔(長壽麵)이라고 부른다. 중국에서는 생일날 창쇼우미엔을 먹는데, 우리는 생일날 미역국을 먹기 때문에 국수를 먹지는 않는다.

밀은 삼국시대 초기 재배되기 시작한 것으로 여겨지고 있다. 그런데 『선화봉사고려도경』에는 "고려는 밀이 적어 중국의 산둥지방에서 수입하고, 밀가루 값이 비싸 잔치 때가 아니면 먹지 않는다[國中少麥 皆賈人販自京東道來 故麵價頗貴 非盛禮不用]."고 기록하고 있다. 즉 밀은 잔치 때나 먹을 수 있는 귀한 음식인 것이다. 조선시대에도 평안북도와 함경남도 일부에서 봄밀, 황해도와 경상북도·평안남도·강원도 일부에서 겨울밀[冬小麥]을 재배했을 뿐이다.

17세기 한글조리서인 『음식디미방』에는 국수를 만들 때 주로 메밀이나 녹두가루가 사용되는 반면 밀가루는 부재료로 사용한다고 기록하고 있다. 우리에게 밀가루는 진말(眞末) 즉, 진짜 가루라고 부를 정도로 귀한 식재료였다. 때문에 밀로 만든 국수를 은처럼 희다고 해서 은면(銀麵)으로 불렀다. 때문에 신랑과 신부의 인연이 이어지기를 기원하며, 또 회갑·돌·등과 같이 특별한 날 밀로 만든 국수를 먹었다. 이런 이유로 밀가루로 만든 국수를 잔치국수라 불렀던 것이다.

잔치국수의 다른 이름이 장국수이다. 멸치장국에 국수를 말았기 때문이다. 여기에 채소와 달걀지단 등이 고명으로 오르기도 한다. 지금은 멸치국수라는 이름으로 싼 값에 먹을 수 있지만, 과거에는 잔칫날에나 먹어볼 수 있는 귀한 음식이었다. 제대로 된 국물과 국수를 만들려면 비용이 많이 들기 때문이다.

국수는 면을 마는 방법에 따라 제물국수와 건진국수로 나눌 수 있다. 제물국수는 장국에 국수를 넣어 끓이기 때문에 국물이 걸쭉하다. 반면 삶은 면을 건져낸 후 찬물에 씻어 장국에 말아 먹는 건진국수는 국물이 맑고 담백하다. 잔치국수도 건진국수의 하나이다. 원래 더운 여름에 먹던 음식이 건진국수였지만, 손님이 올 때마다 국물에 말아 내놓으면 되는 이유로 잔칫날 대접하는 음식이 된 것이다.

밀가루 반죽을 길게 늘여서 막대기에 감아 당겨 만드는 소면(素麵)은 일본에서 전래된 것 같다. 일본에서 소면이 만들어진 것은 무로마치바쿠후(室町幕府) 때로 추정되는데, 『세종실록』에는 1423년 규슈단다이(九州探題) 미나모토 요시토시(源義俊)가 소면 30근을 바친 사실을 기록하고 있다.

1748년 통신사(通信使) 종사관(從事官)으로 일본을 다녀 온 조명채(曺命采)의 『봉사일본시문견록(奉使日本時聞見錄)』에는 쓰시마도주(對馬島主)가 통신사 일행에게 소면을 보내고, 소면을 끓여 대접한 사실을 기록하고 있다. 또 『청장관전서』 청령국지(蜻蛉國志)에는 소면제조법이 기록되어 있다. 그렇다면 일본에서 소면이 전래되었고, 그 경로는 통신사를 통했을 가능성이 높다. 그러나 『산가요록(山家要錄)』에는 밀가루를 삶은 후 참기름에 담근 후 얇게 밀어 칼로 썬 후 말려 저장했다가 손님이 올 때마다 끓여내는 창면(昌麵)을 소개하고 있다. 창면의 제조법은 일본의 소면과 거의 유사하다. 그렇다면 조선시대인들이 일본의 소면과 유사한 방법으로 면을 제조하는 방법을 알고 있었을 가능성도 있다.

소면의 한자어는 분명 '素麵'이다. 그런데 언제부터인가 소면을 '小麵'으로 이해하기 시작했다. 1960년대 국수가 유행하면서 소면보다 굵은 면발이 만들어지기 시작했다. 그 면을 중면(中麵)으로 부르면서, 소면을 면발이 가는 면으로 여기게 된 것 같다.

면발이 가는 면이 소면이라면, 면발이 굵은 것이 가락국수이다. 가락국수를 가께우동 또는 각기우동으로도 부르는데, 이는 일본의 가케우동(掛饂飩)을 우리말로 표현한 것이다. 일제강점기 전래된 우동을 국어순화운동 차원에서 우리말 형식으로 바꾼 것이 가락국수이다. 하지만 엄밀하게 말하면 우동과

가락국수는 다른 음식이다. 가락국수는 우동보다 면발이 얇다. 우동이 가쓰오부시(鰹節)로 국물을 내는 반면, 가락국수는 멸치나 디포리로 국물을 만든다. 우동은 시치미토가라시(七味唐辛子)를 뿌리지만, 가락국수는 고춧가루를 뿌린다. 이런 점에서 가락국수는 우동이 한국화된 형태의 음식이라고 할 수 있다.

국수는 따뜻한 국물에 말아 먹는 온면, 찬 육수나 동치미 국물에 말아먹는 냉면이 있다. 잔치국수가 온면이라면, 냉면이나 메밀국수 등은 냉면이라고 할 수 있다. 그런데 국물 없이 비벼 먹는 비빔국수도 있다. 비빔국수는 비빔밥과 마찬가지로 여러 가지를 섞었다고 해서 골동면(骨董麵)이라고 했다.

비빔국수의 연원을 비빔밥과 마찬가지로 제사와 연관시켜 보는 견해가 있다. 즉 신에게 올렸던 국수를 여러 가지 찬과 비벼 서로 나누어 먹은 데에서 유래되었다는 것이다. 비빔국수하면 고추장이나 김치에 비빈 국수가 떠오른다. 그러나 이런 형태는 밀이 흔해진 한국전쟁 이후에 등장했을 것이다. 즉 과거에는 메밀로 만든 면에 간장으로 비빈 국수가 일반적이었을 가능성이 높다.

우리나라에만 존재하는 면이며 음식인 쫄면도 사실 비빔국수의 하나라 할 수 있다. 쫄면은 1970년대 초반 인천에 있는 광신제면이라는 국수 공장에서 냉면을 만들다 잘 못 만들어 굵은 면을 뽑은 것이 시초라고 한다. 반면 광신제면에서는 실수가 아닌 탄력 있는 면을 만들기 위한 연구 끝에 쫄면이 탄생했다고 설명하고 있다.

광신제면 주변에 있던 식당 '맛나당'은 이 면을 가져다 고추장 양념으로 비벼 먹는 새로운 음식을 쫄면이라는 이름으로 판매했다. 아마도 면

비빔국수

발이 쫄깃해서 쫄면이라고 이름 지은 것 같다. 1971년 '신포우리만두'에서 매콤하면서도 단맛을 내는 양념을 만들어 판매하면서 쫄면은 전국적으로 알려지게 되었다.

칼국수와 수제비

밀가루를 반죽한 후 돌돌 말아 칼로 썬 국수가 칼국수이다. 때문에 칼국수를 한자로는 도면(刀麵) 또는 절면(切面)으로 표기했다. 조선시대 학자 조식(曹植)은 '유두류록(遊頭流錄)'에서 지리산으로 향하다가 전도면(剪刀麵)을 대접받은 사실을 기록하였다. 자신이 먹은 음식을 칼로 자른 면으로 표현한 것으로 보아, 전도면 역시 지금의 칼국수였던 것 같다. 냉면이나 막국수 등 북쪽 지역은 대개 국수틀을 눌러 뽑은 면을 먹었던 데 반해, 남쪽에서는 주로 칼국수를 먹었다.

중국은 밀가루로 국수를 만들었지만, 우리는 밀이 귀해 주로 메밀로 국수를 만들어 먹었다. 메밀은 길게 늘이지 못했기 때문에 반죽을 얇게 펴서 돌돌 말아 칼로 써는 방법을 이용했고, 그것이 지금의 칼국수가 되었을 것이다. 메밀로 만든 칼국수를 정선에서는 먹을 때 면발이 콧등을 친다는 의미에서 콧등치기국수, 영월에서는 맛없는 메밀국수가 꼴도 보기 싫다는 뜻에서 꼴두국수로 부른다. 이는 예전 메밀로 칼국수를 만든 모습이 남아 있는 것이다.

다른 밀가루 음식처럼 칼국수 역시 한국전쟁 이후 밀이 구호품으로

메밀로 만든 콧등치기국수

전해지면서 지금의 모습으로 정착했다. 1970년대만 해도 집에서 밀가루 반죽을 홍두깨나 빈병으로 밀고 칼로 썰어 국수를 끓여 먹었다. 집에서 먹던 칼국수가 음식점에서 판매된 것은 혼분식과 관계있다. 혼분식을 장려하던 시절 언론에서 대통령 박정희는 영부인 육영수(陸英修)가 해주는 칼국수를 먹는다고 보도했다. 이와 함께 칼국수 조리법을 소개하고, 칼국수가 건강에 좋고 맛있는 음식임을 알렸다. 이후 칼국수는 식당에서 판매되기 시작했다. 문민정부의 대통령 김영삼(金泳三)은 청와대에서 칼국수를 먹으면서 정치자금을 받지 않는 깨끗한 이미지를 강조했다. 이때 칼국수는 크게 주목받았는데, 칼국수의 대중화는 정치와 밀접한 관련이 있었던 것이다.

우리가 흔히 먹는 칼국수 중 하나가 바지락칼국수이다. 바지락을 넣고 칼국수를 끓인 것은 쉽게 얻을 수 있는 조개가 바지락이었기 때문이다. 바지락은 한자로 소합(小蛤)인데, 얕은 곳에 사는 조개라고 해서 천합(淺蛤)이라고도 했다. 또 합리(蛤蜊)로도 표기한다. 바지락이라는 이름은 발밑에 밟히는 소리가 '바지락 바지락'해서 또는 호미로 갯벌을 긁을 때 조개에 부딪히는 소리가 '바지락 바지락'해서 붙여진 것이라고 한다. 지역에 따라 반지락·반지래기·빤지락·바지랑이·바지라기·참조개 등으로 부르기도 한다.

개펄에서 캐낸 바지락을 넣고 칼국수를 끓여 먹으면서 탄생한 것이 바지락

바지락칼국수

칼국수이다. 집에서 먹던 바지락칼국수는 염전이 개발되면서 염부들이 간편하게 먹을 수 있는 음식의 하나였다. 1980년대 후반 제부도방조제부도방조제공사가 시작되면서 칼국수는 인부들에게 인기를 끌기 시작했다. 방조제가 완공된 이후에는 관광객들에게 별미가 되었다. 이후 바지락칼국수는 전국으로 퍼졌다. 특히 술 마

신 다음날 해장 음식으로 바지락칼국수를 찾는 이들이 많은데, 『동의보감(東醫寶鑑)』에서도 바지락이 술독을 풀어준다고 설명하고 있다.

칼국수는 지역색을 띠기도 한다. 안동의 양반가에서 사골국물에 칼국수를 말아먹은 것이 안동칼국수이다. 안동칼국수는 안동에서는 사용하지 않는 안동국시라는 이름으로 널리 알려졌다. 대구에서는 반죽에 콩가루를 섞어 만든 누른국수를 먹는다. 색이 누렇다고 해서 누른국수로 부른다. 강원도에서는 멸치국물에 된장이나 고추장을 풀어 넣은 장칼국수를 즐겨 먹는다. 고추장뿐 아니라 고추장과 된장을 섞는 경우도 있고, 된장만 넣는 경우도 있다. 서해안 지역에서는 바지락칼국수 외에도 굴을 넣은 굴칼국수를 즐겨 찾는다. 제주도에서는 성게알을 넣은 성게칼국수와 고둥을 넣은 보말칼국수가 인기이다. 보말은 고둥의 제주도 사투리이다.

육개장 국물에 칼국수를 말아 먹은 후 다시 밥을 말아먹는 육개장칼국수는 이제는 면만 먹는 형태로 변했다. 완벽한 칼국수가 된 것이다. 사골국물에 면을 말아 먹는 사골칼국수, 닭고기 육수에 면을 넣은 닭칼국수, 들깨국물에 면을 말아 먹는 들깨칼국수, 팥죽에 면을 말아먹는 팥칼국수 등도 있다. 김치를 넣은 김치칼국수, 매운 맛을 낸 얼큰칼국수, 해장을 위한 복칼국수 등도 인기가 높다. 각종 해물을 넣은 것이 해물칼국수인데, 포항지역에서는 싱싱한 해산물을 듬뿍 넣고 매콤하게 끓인 모리국수가 있다. 일제강점기 일본어로 숲을 의미하는 모리(森)를 구룡포에서는 '많다'는 의미로 사용했는데, 해산물을 많이 넣었기 때문에 모리국수로 부르게 된 것 같다.

반죽된 밀가루를 칼로 썬 것이 칼국수라면, 반죽을 손으로 뜯어내 끓는 장국에 넣어 만든 음식이 수제비이다. 반죽된 밀가루로 국수를 만드는 과정을 거치지 않는 만큼, 수제비는 칼국수보다 먼저 먹었던 음식이었을 가능성이 높다.

조선시대에는 수제비를 불탁(不飥; 不托) 또는 박탁(餺飥)이라 했다. '손으로[手] 접는다[摺]'고 해서 '수접비'라고 부르고, 水低飛로 표기하기도 했다. 그 외 수제비를 구름과 닮았다고 해서 운두병(雲頭餅), 밀가루 반죽이 떠 있는 모습이 마치 물고기가 어우러져 헤엄치는 것 같다고 해서 산약발어(山藥撥魚) 또는 영롱발어(玲瓏撥魚)로도 불렀다.

조선시대 수제비는 지금과 달리 밀가루가 아닌 잡곡 가루로 만든 구황식품 이었다. 때문에 수제비를 만들 가루조차 없는 곤궁한 상황을 무면불탁(無麵不 飥)으로 표현했다. 수제비는 구황음식이었지만, 양반가에서는 별미로 찾는 음식이기도 했다. 물론 칼국수와 마찬가지로 메밀로 만든 수제비였고, 이처 럼 메밀로 만든 수제비를 교맥운두병(蕎麥雲頭餅)이라고 하였다.

수제비가 지금의 모습을 갖춘 것 역시 한국전쟁 이후 미국이 대량으로 밀가루를 원조하면서부터이다. 이때 역시 수제비는 배고픔을 해결해 주는 구황식품이었다. 그러던 것이 1960년대 분식이 장려되면서 수제비가 식당에 서 판매되기 시작했다.

우리는 수제비를 별식으로 먹지만 식량 사정이 여의치 않은 북한에서는 여전히 구황식품으로 많이 먹는다고 한다. 다만 수제비라고 부르지 않고 '뜨 더국'으로 부른다. 밀가루 반죽을 얇게 밀어 뚝뚝 뜯어 넣는다는 말에서 유래 된 것이다.

칼국수와 마찬가지로 수제비는 칡수제비·김치수제비·감자수제비·들깨수 제비 등 다양한 모습으로 변하고 있다. 이는 맛을 내기 위한 것이기도 하지만 부재료로 무엇을 넣느냐에 따라 여러 모습으로 변화할 수 있기 때문이다.

칼국수를 파는 음식점은 대개 수제비도 함께 판매한다. 칼국수와 수제비 모두 밀가루 반죽과 장국을 사용한다. 반죽을 칼로 썰면 칼국수, 손으로 뜯으 면 수제비가 된다. 원주지역에서는 칼국수와 만두가 만나 칼만두, 칼국수와 수제비가 만나 칼제비를 이루기도 했다. 면과 수제비, 면과 만두는 익는 시간 이 다르긴 하지만, 이런 부분만 잘 조절하면 칼국수와 수제비 또는 칼국수와 만두를 동시에 즐길 수 있다. 때문에 많은 사람들이 칼제비와 칼만두를 찾았 고, 이제 칼제비와 칼만두는 어디에서든 맞볼 수 있는 전국구 음식이 되었다.

메밀국수

우리는 밀 외에 마·칡·수수·팥·녹두·율무[薏苡] 등 다양한 식재료로 국수를 만들어 먹었다. 하지만 가장 즐겨 찾았던 것은 메밀국수[蕎麥麪]였다. 메밀의 한자는 교맥(蕎麥; 莜麥) 또는 숙맥(菽麥)이다. 꽃이 무성해서 화맥(花麥)·화교(花蕎), 열매가 익으면 겉껍질이 검게 되어 오맥(烏麥), 줄기가 나무의 마디 있는 것과 비슷하다고 해서 목맥(木麥) 등으로도 표현했다.

메밀이라는 이름은 어떻게 붙여진 것일까? 찰기가 없는 것을 메지다고 표현하는 만큼, 메밀은 찰기가 없는 밀이란 뜻이라고 한다. 그런데 메밀은 다른 곡물에 비해 산골짜기에서도 잘 자란다. 그렇다면 산에서 나는 밀이라는 뜻에서 산의 고어 뫼와 밀이 합쳐졌을 가능성도 있다. 지역에 따라서는 메밀 외에 메물·멧물·미물·모물 등으로도 부른다.

모밀을 메밀의 잘못된 표현으로 알고 있는 경우도 있다. 모밀은 메밀의 강원도와 함경도 지역의 사투리이다. 메밀은 세모 모양이어서 삼각맥이라고도 한다. 때문에 모가 난 밀이라는 의미에서 모밀이라는 이름이 붙여졌다는 이야기도 있다.

메밀의 원산지는 윈난(雲南) 지역으로 추정되는 만큼, 중국에서 수입된 것으로 여겨진다. 그런데 언제 전해졌는지에 대해서는 여러 이야기가 전해지고 있다.

첫 번째 이야기는 진시황이 만리장성을 쌓으면서 우리 민을 동원했는데, 급료를 대신해 메밀을 주었다고 한다. 그 이유는 메밀을 먹으면 힘이 빠지기 때문이다. 즉 우리가 진나라를 넘보지 못하도록 하기 위해 메밀을 전했다는 것이다. 그런데 우리는 메밀과 함께 무를 먹어 오히려 살이 쪘다고 한다.

비슷한 이야기로 진시황이 아닌 여진족이 메밀을 전했다는 이야기도 있다. 여진족이 몸이 나빠지라는 의미에서 메밀을 전했는데, 우리는 무김치를 곁들여 먹어 탈이 없었다는 것이다. 실제로 메밀국수에는 반드시 무김치가 나오는 것을 보면 그럴 듯한 이야기인 것 같다.

메밀의 전래와 관련된 또 다른 이야기는 제주도에서 항전하던 삼별초(三別抄)를 섬멸시킨 몽골인들이 소화가 안 되는 메밀로 제주인들을 골탕 먹이려 했다는 것이다. 그러나 제주도인들은 메밀가루를 반죽하여 얇게 펴서 부치고, 그 위에 무채 소를 넣고 말아서 지진 빙떡을 먹었다. 역시 메밀을 무와 함께 먹어 아무 문제가 없었다는 것이다. 제주도에서 만들어진 빙떡이 강원도에 전해져 메밀전병이 되었다는 이야기도 전한다.

메밀이 우리에게 언제 전래되었는지는 확실하지 않다. 그러나 분명한 것은 우리가 쌀 다음으로 많이 먹었던 곡물 중 하나가 메밀이라는 사실이다.

메밀은 "사돈 영감이 눈만 세 번 흘겨도 자란다."는 말이 있을 정도로 생명력이 강하다. 자라는 기간은 60~100일 정도로 짧다. 김매기도 거의 필요 없고, 병충해에도 강하며, 가뭄에도 잘 견딘다. 무엇보다도 척박한 땅에서도 잘 자라기 때문에 평안도·강원도·제주도 등에서는 메밀을 재배했다.

우리에게 메밀은 꽃은 흰색, 잎은 녹색, 줄기는 빨간색, 열매는 검은 색, 뿌리는 노란색의 오방색(五方色)을 가진 신령스러운 음식이었다. 특히 여성들은 메밀을 신체의 다섯 군데를 예쁘게 하는 미용식이며, 사랑의 묘약으로 여기기도 했다.

메밀은 단백질 함량은 높은 편이지만 찰기가 부족하다. 때문에 가루를 낸 다음 반죽하여 국수틀에 눌러 작은 구멍에 통과시키고, 그 밑에 뜨거운 물을 끓여 국수를 만들었다.

조선시대 궁중에서는 메밀가루를 목말(木末), 메밀국수를 목면(木麵)으로 불렀다. 하지만 민가에서는 메밀을 껍질째로 빻아 만든 음식을 막국수라고 불렀다. 지역에 따라 '땅에서 났다'는 의미에서 토면(土麵)으로 부르기도 하지만, 막국수라는 이름이 더 친근한 것 같다.

막국수라는 이름에 대해서도 여러 이야기가 전해지고 있다. 맛있는 국수인 맛국수가 막국수로 바뀐 것이라고도 하고, 메밀국수의 색이 검은 것과 관련하여 묵[墨]국수가 막국수가 되었다는 이야기도 전한다. 거친 상태에서 면을 뽑아 양념도 없이 국물에 막 말아 먹는 국수, 즉 방금 막 만든 국수라는 데에서 유래된 것이라고도 한다. 또 막걸리·막노동 등과 같이 '막'이 서민을 뜻하는 것이며, 서민이 먹는 국수여서 막국수가 되었다고도 한다. 맷돌로 메밀가루를 만드는 과정에서 선별되지 않은 메밀 알을 별도로 모아 가루로 만들었는데, 이것을 막가루라고 부른다. 메밀가루인 막가루로 만든 국수이기에 막국수로 불렀다는 견해도 있다.

우리가 먹는 막국수는 대개 면이 검은 색이다. 하지만 메밀가루는 흰색이다. 춘천의 막국수의 면이 하얀 이유가 여기 있다. 반면 영동지역의 경우 메밀면은 검은 색에 가깝다. 예전에는 전분 기술이 정교하지 못해 반죽할 때 껍질이 섞여 검은 색이 났다. 그래서 메밀국수하면 검은 색 면이 떠오르는 것이다. 요즘에는 메밀을 볶아 만든 가루로 면에 검은 색을 내기도 한다.

막국수는 조일전쟁 후 흉년이 들자 메밀 재배를 권장하면서 즐겨 먹기 시작한 것으로 알고 있다. 하지만 앞에서도 언급했듯이 우리나라의 경우 밀이 귀해 메밀로 국수를 만들어 먹었다. 『세종실록』에는 1424년 호조에서 내자시(內資寺)와 내섬시(內贍寺)에서 상공(常貢)으로 받아들이는 메밀이 부족하다며 증액할 것을 요청한 기록이 있다. 이는 궁중 내에서도 메밀로 만든 음식이 많았음을 보여준다. 그런 만큼 조일전쟁 이전 이미 메밀국수가 대중화되었을 가능성이 높다.

지금 우리가 먹는 막국수는 1950년대 중반 춘천에서 등장했다고 한다. 막국수의 대중화는 소양강댐 건설과 관계있다. 댐 건설을 위해 전국에서 몰려든 노동자에 의해 막국수가 전국구 음식이 되었던 것이다.

막국수

쟁반국수

앞에서 칼국수도 메밀로 만들어 먹었음을 설명하였다. 하지만 메밀 국수는 뜨거운 물에는 쉽게 풀어지기 때문에 찬 국물에 담가 먹는 것이 효율적이다. 때문에 막국수는 냉면과 마찬가지로 찬 음식으로 발전했고, 냉면과 마찬가지로 비빔막국수와 물막국수의 두 가지 종류가 있다. 여러 사람이 함께 먹는 쟁반국수는 막국수가 서울에 알려지면서 새로운 형태로 등장한 것이다.

냉면

구박받는 처지를 '찬밥 신세'로 표현하는 데에서도 알 수 있듯이 우리는 따뜻한 음식을 좋아한다. 그러나 면은 차갑게 먹기도 했다. 메밀국수와 비빔국수 등은 차가운[冷] 면(麵)이고, 최근에 등장한 냉라면·냉짬뽕·냉우동 등도 차가운 면이다. 그러나 우리에게 냉면은 단순히 차가운 면이 아닌 육수에 다양한 고명을 넣어 말아 먹거나 비벼먹는 특정한 음식이다.

칼국수가 남쪽에서 많이 먹던 음식이라면, 냉면은 주로 북쪽 지역에서 먹던 음식이다. 북쪽은 겨울이 길고 춥기 때문에 간을 약하게 해서 김치를 담는다. 또 최소한의 부재료만 사용하며 국물을 넉넉히 붓는다. 이렇게 담은 김치가 맛이 나기 시작할 때, 김칫국물에 면을 말아 먹던 것이 냉면이다.

냉면을 언제부터 먹기 시작했는지는 명확하지 않다. 북한에서는 고려시대 평양의 찬샘골마을 주막집에 살던 사위 달세가 메밀국수를 찬물에 헹군 뒤 동치미 국물에 말아 먹은 데에서 시작되었다고 한다. 달세부부는 이 음식을 곡수(穀水)라 했고, 이것이 찬곡수가 되어 유명해지게 되었다는 것이다. 그러나 이 이야기는 문헌상 확인되지 않고, 주막은 조선시대에 등장하는 만큼 사실이 아닐 가능성이 높다.

고려 후기 문인 이색(李穡)의 『목은집(牧隱集)』에 수록된 '하일즉사(夏日卽事)'에 "도엽냉도는 시원함이 뼈에 사무치고[桃葉冷淘淸入骨]"의 도엽냉도를 냉면으로 보기도 한다. 중국의 냉도는 연꽃이나 홰나무의 즙 등을 밀가루로 반죽하여 떡을 만들어 잘게 썰어 술에 담아두었다가 식혀서 먹는 음식이다. 그런 만큼 냉도가 우리의 냉면과 같은 형태였는지는 의문이다. 그런데 『향약구급방(鄕藥救急方)』에는 가슴에 통증을 느끼던 여성이 지황(地黃)으로 만든 냉도를 먹고 토한 후 병이 나은 이야기가 수록되어 있는데, "면에 소금 넣는 것을 금한다[麵中忌塩]."고 기록하고 있다. 그렇다면 냉도가 면의 형태로 만들어졌을 가능성도 있다.

냉면과 관련된 보다 구체적인 글은 조선 인조대 활약했던 장유(張維)의 시 '자장냉면(紫漿冷麵)'에서 나타난다.

노을 빛 영롱한 자줏빛 육수	紫漿霞色映
옥가루 눈꽃이 골고루 내려 배었어라.	玉紛雪花勻
입 속에서 우러나는 향긋한 미각	入箸香生齒
몸이 갑자기 서늘해져 옷을 끼어 입었도다.	添衣冷徹身

위 시를 통해 늦어도 17세기에는 냉면을 먹었음을 알 수 있다. 조선시대 문헌에 면을 오미자국물에 말아먹는 조리법이 등장하는 만큼, 자줏빛 육수는 오미자국물이었을 가능성이 높다. 즉 지금의 냉면과는 일정한 차이가 있었던 것이다.

냉면은 기방문화와도 관계가 있다. 냉면으로 유명한 평양·해주·진주 등은 기녀들로 유명한 지역이다. 조선시대에는 기방에서 술을 마신 후 해장 음식으로 냉면을 먹곤 했다. 이런 이유에서 선주후면(先酒後麵)이라는 말이 나온 것 같다. 이는 지금 우리가 술과 고기를 먹은 후 입가심으로 냉면을 먹는 모습과 비슷하다.

냉면은 물냉면·회냉면·비빔냉면과 같이 조리법으로 구분하기도 하지만, 특정 지역의 이름을 냉면 앞에 붙이는 경우가 많다. 대표적인 것이 평양냉면·함흥냉면·해주냉면·진주냉면 등이다. 평양냉면은 메밀과 녹말을 섞어 만든 면을 동치미국물에 말아 먹는 것이다. 그런데 편육을 만들 때 남은 고기 국물을 섞기도 했는데, 요즘에는 동치미국물과 함께 육수를 섞는 것이 일반적이다. 평양냉면이 유명해진 것은 평양의 소와 관계있다. 일제가 소 품종을 통일하기 이전 각 지역마다 특유의 소가 있었는데, 평양에서 키우던 소의 맛이 으뜸이었다고 한다. 평양의 소로 우려낸 육수로 냉면을 만들었기에 맛이 좋았던 것이다.

평양냉면의 면은 메밀과 녹말을 섞은 것이기에 쫄깃하지만 질기지 않다. 때문에 비빔냉면보다는 물냉면으로 발전한 것이다. 평양에서는 냉면을 겨울철 간식으로 먹었지만, 잔칫날에도 먹었다. 또 시원한 국물 때문인지 술을 마신 후 냉면으로 해장을 했다.

평양냉면은 거냉, 민자, 엎어말이 등으로 나뉘기도 한다. 거냉은 냉면 육수를 살짝 데워 미지근하게 먹는 것인데, 어르신들이 많이 찾는다. 민자는 고기 고명을 대신하여 면을 더 넣은 것이고, 엎어말이는 면 사리를 하나 더 얹은 것으로 지금의 곱빼기에 해당한다.

평양냉면

2000년 김대중(金大中), 2007년 노무현(盧武鉉), 2018년 문재인(文在寅) 대통령 등은 북한의 옥류관에서 평양냉면을 먹었다. 2018년 4월 판문점에서 열린 남북정상회담에서 북한은 평양냉면을 제공했고, 9월 평양에서 열린 남북정상회담에서도 문재인대통령과 김정은(金正恩)국방위원장은 함께 평양냉면을 먹었다. 때문에 세계에서 평양냉면에 주목했고, 남한에서도 평양냉면의 인기가 높아졌다. 2005년 6월 열린 제15차 남북장관급회담에서는 남북대표단이 함께 남한의 식당에서 평양냉면을 먹기도 했다. 평양냉면은 남북화해와 교류를 상징하는 음식인 것이다.

평양냉면은 겨울에 몸을 떨면서 먹어야 제맛이라고 해서 '평양덜덜이'로도 불렸다. 반면 함흥냉면은 사시사철 때를 가리지 않고 먹는 음식이었다. 면도 평양냉면과 달리 감자전분으로 만든다. 함경도는 지형이 험해 메밀 재배가 어려워 상대적으로 많이 생산되는 감자를 갈아 녹말을 만들어 면을 뽑았기 때문이다.

함흥냉면의 역사는 그리 길지 않다. 감자는 19세기에 전래되었고, 감자에서 전분을 얻는 것도 쉬운 일이 아니다. 1920년대 일제는 산업용 감자전분을 얻기 위해 함흥지역에 감자 재배면적을 늘리기 시작했다. 이 무렵 기계식 제면기가 등장했다. 그러면서 감자전분으로 만든 함흥냉면이 등장한 것이다.

함흥은 가자미가 많이 잡혀 가자미로 만든 회무침을 많이 먹었는데, 이 회무침을 냉면에 얹어 먹었다. 지역에 따라 가자미 대신 홍어회·가오리회·명태회 등을 얹는 경우도 있다. 때문에 북쪽에서는 함흥냉면을 회국수라고도 부른다. 전분으로 만든 국수여서 농마국수라고도 하는데, 농마는 녹말의 함경도 사투리이다. 전분은 물에 쉽게 불기에 함흥냉면은 주로 비빔의 형태로 먹는다.

함흥냉면은 시간이 지나면서 변했다. 한국전쟁 무렵 감자보다 가격

함흥냉면

이 싼 고구마 전분으로 면을 뽑게 되었고, 마찬가지 이유로 가자미회는 수입산 홍어회 등으로 바뀌었다. 정확한 이유는 알 수 없지만 약간의 국물이 있던 것에서 국물이 사라졌다.

함흥냉면이 유명한 곳은 북한 실향민이 많이 거주하는 속초이다. 서울의 오장동 역시 함흥냉면이 유명한데, 중부시장 상인들 중 상당수가 함경도 출신이다. 함흥냉면이라는 이름도 실향민들에 의해 붙여진 것이다. 한국전쟁 당시 남쪽으로 내려 온 함경도 출신 실향민들은 이미 명성이 높은 평양냉면에 대항하기 위해 고향음식인 회국수 또는 농마국수에 함흥냉면이라는 이름을 붙였던 것이다. 어떻게 보면 함흥냉면은 남북분단의 결과 함흥이 아닌 남쪽에서 만들어진 냉면이라고 할 수 있다.

비빔냉면은 함흥냉면의 회무침 대신 편육을 얹는다. 회냉면을 만들 경우 고기를 삶을 필요가 없다. 그러나 냉면이 대중화되면서 회보다 고기를 선호하는 사람을 위해 고기를 넣기도 했다. 그러면서 고기와 회를 함께 얹은 새끼미가 등장했을 것이다. 새끼미란 '섞는다'의 북한 사투리이다. 한편 물냉면을 판매하는 가게에서 회냉면을 찾는 이들도 있었을 것이고, 이들을 위해 양념장에 편육을 얹어 판매하기도 했을 것이다. 즉 비빔냉면은 냉면의 대중화와 관계있는 것이다. 실제로 비빔냉면이라는 이름은 1970년대 초반에 등장한 것으로 여겨지고 있다.

황해도냉면은 해주와 사리원이 본고장이다. 메밀에 전분을 섞어 평양냉면보다 면발이 굵고 찰기가 있으며, 돼지고기 육수를 많이 사용하는 물냉면 형태이다. 또 소금으로 간을 하는 평양냉면과 달리 간장과 설탕으로 간을 한다.

남북이 분단된 지금 해주냉면을 맛볼 수 있는 곳은 백령도이다. 한국전쟁 당시 황해도에서 월남한 사람들이 백령도로 옮겨 왔고, 이들은 고향에서 먹던 냉면을 만들어 먹기 시작했다. 백령도 냉면의 특징은 간장이 아닌 까나리 액젓으로 간을 한다는 점이다.

육지에서도 해주냉면을 맛볼 수 있다. 1952년 경기도 옥천에 황해도 냉면집이 처음 들어서면서 실향민들이 냉면을 먹기 위해 옥천을 찾기 시작했다. 아예 옥천에서 냉면집을 여는 사람들도 있었고, 그 결과 옥천냉면마을이 형성되었다. 옥천에는 군부대가 많았는데, 근무지를 옮겨 다니는 군인들에 의해 옥천냉면

옥천냉면

은 전국에 알려졌다. 옥천냉면은 돼지육수에 조선간장을 가미한다는 특징이 있다.

진주냉면은 조선시대 양반들이 즐겨 먹던 음식이었다고 한다. 일제강점기에도 진주냉면의 명성은 대단했지만, 1966년 진주중앙시장의 화재로 진주냉면의 명맥이 끊어졌다. 이후 노인들의 기억에 의해 진주냉면이 재현되어, 2004년 진주향토음식축제에 진주를 대표하는 향토음식으로 참가했다. 그러면서 진주냉면은 다시 알려지게 되었다.

진주냉면은 메밀로 면을 뽑는다. 지리산 주위 산간지역에서 메밀이 수확되었기 때문이다. 하지만 평양냉면과 달리 멸치·대합·홍합 등을 우려낸 해산물 육수를 사용한다. 육수를 만들 때에는 뜨겁게 달군 무쇠를 육수에 넣었다 꺼내는 것을 반복하여 해물 찌꺼기를 녹여 육수의 비린내를 없앤다. 고명으로는 전복·문어와 같은 해산물, 석이·오이·배 등의 농산물, 쇠고기육전과 달걀지단 등을 사

진주냉면

용한다. 그러나 이는 모두 기억에 의해 재현된 것인 만큼, 진주냉면의 원래 모습과 맛인지는 확실하지 않다.

칡전분과 밀가루를 섞어 면을 뽑아 양념장과 육수를 부어 먹는 음식이 칡냉면이다. 칡냉면의 유래는 명확하지 않은데, 조선 숙종대 여름철 별미 중 하나가 칡국수였다. 그렇다면 조선시대 칡국수가 칡냉면의 원형일 가능성이 높다.

일제강점기 조선시대인들이 칡뿌리를 먹는 것을 본받아 가뭄에 대비해 칡뿌리 먹는 법을 보급하려는 노력이 있었다. 그런 과정에서 칡가루와 전분을 섞은 칡국수가 탄생했지만, 이때에는 칡냉면으로 발전하지는 않았다. 칡냉면은 1986년 서울에서 처음 판매되었다고도 하고, 지리산을 중심으로 식당이 밀집하면서 전국적으로 유행했다는 이야기도 있다. 칡냉면은 다른 냉면과 달리 고기 고명이 들어가지 않는다. 때문에 비양심적인 업주들은 육수를 만들지 않고 화학조미료로 육수를 만드는 경우도 있다.

1800년 순조가 궁궐에서 냉면을 사와 먹은 사실은 조선 후기 냉면이 한성까지 전파되었음을 보여준다. 그러나 냉면이 보다 일상적인 음식이 된 것은 일제강점기부터인 것 같다. 1931년 2월 평양면옥상조합(平壤麵屋商組合)이 냉면 가격 하락을 이유로 임금을 25% 삭감하자, 평양 시내 24곳의 냉면집 노동자 279명이 파업을 단행했다. 이는 평양에 냉면조합이 존재할 정도로 냉면이 큰 인기가 있었음을 보여준다. 많은 사람들이 냉면을 찾는다고 해서 가격이 싼 것도 아니었다. 1930년대 냉면 값은 15전이었는데, 당시 쌀 한 말이 60전이었다. 비싼 값을 주고도 찾을 정도로 맛있는 음식이 냉면이었던 것이다.

냉면을 먹을 때 많은 사람들이 겨자와 식초를 넣는다. 식초가 대장균의 번식을 막아 식중독을 예방하고, 겨자의 따뜻한 성분으로 메밀의 찬 성분을 막기 위해서라고 한다. 하지만 냉면에 겨자와 식초를 넣었던 가장 중요한 이유는 육수에서 나는 누린내를 없애기 위한 것이었다. 지금은 육수를 만들 때 좋은 고기를 사용하기 때문에 누린내가 나지 않는다. 그러나 냉면을 먹을 때 대부분 겨자와 식초를 친다. 육수와 상관이 없는 회냉면이나 비빔냉면도 마찬가지이다. 즉 냉면을 먹을 때 식초와 겨자를 넣는 것은 강하고 자극적인 맛을 즐기게 된 것과 밀접한 관련이 있다. 조금 심하게 표현하면 겨자와 식초 맛으로 냉면을 먹는 것이다.

　냉면의 면을 가위로 자르면 맛이 변한다고 여기기도 한다. 면에 쇠가 닿으면 맛이 변한다는 것이다. 과연 면의 맛을 그 정도를 구분할 수 있는 사람이 얼마나 될지 의문이다. 냉면의 면을 금속틀로 뽑고, 금속으로 만든 그릇에 담아내고, 금속젓가락으로 먹는 것은 어떻게 설명해야 할까? 중국인들은 긴 면발을 장수와 연관해서 생각했다. 그것이 우리에게도 일정한 영향을 주어 냉면을 자르지 않았던 것이다.

　냉면은 원래 겨울에 먹던 음식이었지만, 더운 여름에 많이 찾는다. 때문에 여름에만 냉면을 파는 가게가 많았고, 1년 내내 냉면을 파는 집은 특별히 '면옥'으로 표현했다. 그러나 이제냉면은 계절에 관계없이 먹는 음식이다. 최근에는 면·육수·양념장 등을 1인분씩 가공한 제품들이 생산되어 집에서도 쉽게 먹을 수 있다. 뉴욕에서는 냉면이 'Cool Noodle'로 불리며 다이어트식품으로 인기를 얻고 있다고 한다. 불고기·갈비·비빔밥 등에 이어 냉면도 K-food로 주목받고 있는 것이다.

당면과 잡채

당면(唐麵)은 '당'이라는 글자에서 알 수 있듯이 중국 음식이다. 잔칫상에 빠지지 않고 오르는 음식 잡채(雜菜)도 원래 오이·숙주·무·도라지 등 각종 나물을 익힌 음식이다. 말 그대로 여러 채소가 섞인 것이 잡채였는데, 이젠 잡채의 주인공은 당면이 된 것 같다.

　『광해군일기』에는 이충(李沖)이 광해군에게 맛을 가미한 채소를 올려 호조판서가 되었는데, 사람들이 그를 잡채판서(雜菜判書)라고 비루하게 여겼다는 기록이 있다. 또 『원행을묘정리의궤(園幸乙卯整理儀軌)』에 도라지잡채[桔梗雜菜]와 숙주잡채[綠豆長音雜菜]가 등장하는 것으로 보아, 조선시대 잡채는 말 그대로 채소로 만든 음식이었음이 확실하다.

탕평채(蕩平菜)는 청포묵·소고기·녹두싹·미나리 등을 넓은 그릇에 담고, 간장·참기름·식초 등으로 버무린 후, 김과 고추를 가늘게 채 썰어 고명을 얹은 음식이다. 청포묵과 소고기가 들어가지만, 여러 채소가 섞였다는 점에서 잡채의 하나라고 할 수 있다.

탕평채는 이름 때문인지 영조의 탕평책(蕩平策)과 관련된 것으로 이해하는 경우가 많다. 즉 푸른색의 미나리나 시금치는 동인, 붉은색의 소고기나 돼지고기는 남인, 흰색의 청포묵과 숙주는 서인, 검은 색의 석이(石耳)나 김가루는 북인을 상징하는데, 이를 섞어 특정 붕당(朋黨)에 치우치지 않겠다는 뜻을 나타냈다는 것이다. 탕평채라는 이름도 영조의 탕평책을 도왔던 이조판서 송인명(宋寅明)이 지었다고 한다.

탕평채와 탕평책이 서로 관련이 있는지는 의문이다. 북인은 인조반정 이후 정계에서 완전히 사라졌는데, 숙종대 북인을 상징하는 검은 음식을 사용할 필요가 있었을까? 오히려 탕평채는 음양오행과 관련 있을 가능성이 더 높다. 붉은색과 노란색은 양, 푸른색·검은 색·흰색은 음의 색이다. 또 붉은색은 심장, 노란색은 비장, 흰색은 폐, 검은 색은 신장, 푸른색은 간의 건강과 관계 있다. 그렇다면 탕평채는 오행의 모든 요소를 골고루 섭취하여 건강을 지키려는 뜻이 담긴 음식으로 이해해야 할 것이다.

『음식디미방』에 기록된 잡채는 채소를 볶은 뒤 밀가루즙을 얹은 것이며, 『규곤요람(閨閫要覽)』의 잡채는 겨자에 무친 음식이다. 그런데 1921년 출간된 『조선요리제법』의 잡채에는 당면이 들어간다. 일제강점기부터 잡채에 당면이 들어가기 시작했던 것이다.

당면은 동면(凍麵)·두면(豆麵)·분탕(粉湯)·호면(胡麵) 등으로도 불렸는데, 중국 산둥성(山東省) 옌타이(煙臺) 지역에서 만들어진 펀쓰(粉絲)라는 면이 전해진 것이다. 녹두의 전분을 주재료로 만들었는데, 최근에는 감자와 고구마 전분을 섞어 만든다. 당면은 화교들에 의해 알려졌으며, 화교에게 당면 제조법을 배운 일본인이 1912년 평양에 당면공장을 설립하였다. 1920년에는 양재하(楊在夏)가 황해도 사리원에 광흥공창(廣興工廠)을 개설하여 당면을 대량생산하기 시작했다.

여러 채소를 함께 무친 음식이 잡채이다. 잡채에 녹두묵이 들어가 탕평채, 탕평채에 청포묵 대신 당면이 들어가면서 지금의 잡채가 된 것은 아닐까? 즉 당면이 대량 생산되면서 탕평채에 들어가는 청포묵의 자리를 당면이 대신한 것 같다. 그러면서 잡채에서 채소의 비중이 줄고 당면의 비중이 늘어나면서 오늘날 잡채의 모습을 가지게 되었을 것이다.

잡채 외에 불고기·찜닭·갈비탕·순대 등에도 당면이 들어간다. 이런 음식에 당면이 들어가게 된 이유는 양을 늘리기 위한 방편이었다. 처음 당면이 만들어질 때에는 녹두 전분으로 만들어서 값이 비쌌지만, 요즘에는 고구마 전분으로 당면을 만드는 만큼 비교적 저렴하다. 따라서 배고팠던 시절 ·갈비탕이나 육개장과 같은 음식에 당면을 넣어 포만감을 느끼게 했을 가능성이 높다.

당면이 여러 음식에 들어가는 또 하나의 이유는 식감과 관계있다. 불고기·찜닭·떡볶이 등의 양념이 밴 당면은 맛이 좋다. 순대에 당면을 넣게 되면 다른 재료를 적게 넣어도 될 뿐 아니라 쫄깃한 식감을 느낄 수 있다. 그렇다면 하필 왜 당면일까? 당면은 다른 면에 비해 쉽게 붇지 않는다. 또 밀이나 메밀로 만든 면보다 육류와 잘 어울린다. 이러한 이유로 여러 음식에 당면을 사용하게 된 것 같다.

당면이 들어간 잡채

PART 4

김치

민족의 음식

김치를 '반양식'이라고도 부른다. 김치만 있으면 밥을 먹을 수 있지만, 진수성 찬이라도 김치가 빠지면 부족한 느낌이 들기 때문이다. 김치와 궁합이 맞는 것은 밥만이 아니다. 라면이나 수육·삼겹살 등을 먹을 때에도 김치는 빠지지 않는다. '떡 줄 사람은 생각도 않는데 김칫국부터 마신다.'는 속담에서 알 수 있듯이 떡을 먹을 때에도 김치를 함께 먹었다. 고구마를 먹을 때에도 마찬 가지이며, 심지어 막걸리를 마실 때 안주로 김치를 찾곤 한다.

1984년 LA올림픽 때 선수단 공식 식단에 김치가 채택되면서, 김치는 국제 적인 식품으로 공인받았다. 1987년 7월 29일 '뉴욕타임즈'는 김치를 "절임 음식의 왕(King of the pickles)"이라고 극찬했다. 2005년 3월 영국의 BBC방송과 11월 미국의 ABC방송에서 김치를 소개하면서, 전 세계에서 건강식품으로 주목받았다. 2008년에는 미국의 건강전문지 『헬스(Health)』가 김치를 5대 건 강식품으로 선정하였다.

2002년 전 세계에 사스(SARS; 중증급성호흡기증후군)가 유행했는데, 우리 국민은 4명이 감염되었고 한 명의 사망자도 나오지 않았다. 그러면서 김치가 사스 예방에 효과가 있다는 이야기가 나왔다. 2019년 발병한 코로나바이러스 감염증-19(Corona Virus Disease 2019)는 전 세계를 공포에 몰아넣었다. 그런데 프랑스의 장 부스케(Jean Bousquet) 연구팀은 김치가 코로나감염증-19를 억제 시키는 효과가 있다고 발표했다. 세계김치연구소에서도 코로나에 대한 김치 의 항바이러스성 효능을 연구하고 있다. 김치의 질병예방 효과는 과학적으로 증명되어야 하겠지만, 분명한 것은 김치는 몸에 이로운 음식이라는 사실이다.

김치는 영어로 'kimchi'이지만 한국식 피클이라는 뜻의 'Korean pickled vegetable', 발효채소라는 의미의 'Fermented vegetables'로 소개되곤 한다. 유사 한 음식으로 중국에는 개채(芥菜)의 뿌리를 그늘에 말렸다가 소금에 절인 자 차이(榨菜)와 배추를 소금에 절인 쏸차이(酸菜)가 있다. 일본에는 무를 소금과

쌀겨 등에 절인 다쿠앙(沢庵), 채소절임인 오싱코(お新香)와 쯔게모노(漬物) 등이 있다. 서양에는 양배추를 소금에 절인 사워크라우트(sauerkraut), 오이와 할라피뇨(jalapeno)로 만든 피클 등이 있다. 소금에 채소를 절여 먹는 것은 인류의 일반적인 문화이며, 기후·환경·식재료에 따라 서로 다른 모습으로 발전했던 것이다.

김치는 양념류의 삼투압에 의해 수분이 교환·배출되면서 채소의 풋내가 사라지고, 미생물과 효소가 작용하여 숙성된 음식이다. 김치는 칼로리는 낮고 섬유소와 비타민류를 다량 함유한다. 발효과정에서 생성된 젖산과 유산균은 항균성과 항암성의 효과를 지닌다. 때문에 여러 채소절임 중에서 김치가 주목받고 있는 것이다.

우리는 왜 채소를 발효시킨 음식을 김치로 불렀을까? 『설문해자』에는 초(醋)에 절인 외를 '저(菹)'라고 했는데, 이것이 김치의 원형인 것으로 여겨지고 있다. 저가 소금으로 처리된 채소라는 뜻의 함채(鹹菜)로 변했고, 함채의 중국 발음 함차이가 옮겨지는 과정에서 감차이 → 감채 → 김채 → 김치로 전화되었다고 한다. 또 침채(沈菜) → 팀채 → 딤채 → 짐채 → 짐치 → 김치로 되었다는 견해도 있다. 이와 함께 한자어 침채와 우리 고유어 딤채가 별도로 존재했다는 주장도 있다.

15세기에 편찬된 『산가요록』에는 채소를 소금물에 절인 것은 침채, 간장이나 소금 또는 각종 향신료를 넣어 담근 채소는 저로 구분하고 있다. 즉 침채와 저는 다른 형태의 음식인 것이다. 그런데 1527년 편찬된 『훈몽자회(訓蒙字會)』에서는 '저'를 '딤치 저'로 설명하여, 한자 '菹'의 음가가 '딤채'인 것으로 설명하고 있다. 시간이 지나면서 딤채와 저의 구분이 모호해졌던 것이다. 그렇다면 저를 딤채라 했고, 딤채의 한자 표기가 '沈菜'이며, 침채가 김치가 된 것 같다.

김치는 언제부터 먹기 시작했을까? 아마도 곡물을 주식으로 하면서 김치를 먹기 시작했을 가능성이 높다. 인간은 생존을 위해 일정한 양의 염분을 섭취해야만 한다. 사냥으로 먹거리를 해결했을 때에는 자연스럽게 동물의 몸에 함유되어 있는 염분을 섭취할 수 있었다. 그러나 농경을 시작하면서부터는 별도로 염분을 섭취해야만 했고, 때문에 소금에 절인 채소를 먹게 되었을 것이다. 그렇다면 왜 소금에 채소를 절였을까? 아마도 수분이 많은 채소를 오래 보관하기 위해 소금에 절였을 것이다. 여기에 양념을 혼합하여 일정 기간 숙성시키면서 김치의 형태가 되었을 것이다.

고추가 전래되기 전 우리가 처음 먹었던 김치는 소금에 절인 백김치 형태였을 것이다. 삼국시대에는 순무·외·가지·박·부추·고비·죽순·더덕 등을 소금에 절인 김치를 먹었던 것 같다. 삼국시대와 통일신라시대에는 채소를 소금과 쌀죽 등에 섞거나 장에 절인 혜형(醯形)김치를 먹은 것으로 여겨지고 있다. 혜형김치는 장아찌로 발전했다. 통일신라를 거쳐 고려시대에 이르는 과정에서 장아찌와 김치의 개념이 분리되기 시작했고, 동치미와 같은 침채류가 새롭게 개발된 것 같다. 그리고 마늘 외에도 천초·산초·생강 등의 양념이 가미된 것으로 여겨지고 있다. 하지만 아직은 김치를 담을 때 젓갈은 사용하지 않았던 것 같다.

『고려사』예지(禮志)에는 미나리김치[芹菹]·부추김치[韭菹]·무우김치[菁菹]·죽순김치[筍菹] 등이 제향음식으로 기록되어 있다. 그 외 오이·아욱·고사리·도라지·토란·상추·파 등 보다 다양한 채소로 담은 김치가 있었던 것 같다. 15세기 조리서인『수운잡방』에는 순무·파·토란줄기·오이 등으로 김치를 담는 법이 기록되어 있다.『쇄미록(瑣尾錄)』에 파김치[蔥沈菜]·토란김치[土蓮沈菜]·오이김치[沈瓜] 등이 기록된 것으로 보아, 16세기에도 이전의 김치가 계속 이어졌음을 알 수 있다. 조선시대에 들어와 오이나 가지 등에 소를 넣어 담는 소박이형 김치가 만들어졌다. 또 보다 다양한 채소들이 김치의 재료로 사용되었을 뿐 아니라, 꿩이나 소의 내장 등이 김치의 재료로 활용되는 등 채소에 육류가 가미된 형태가 나타나기도 했다.

조선 후기 상업이 발달하면서 어업은 먹기 위한 것에서 팔기 위한 것으로 전환되기 시작했다. 이러한 변화는 식생활을 풍족하게 만들었고, 김치에도 해산물을 이용한 젓갈이 사용되기 시작했다. 더욱 맛있는 김치를 먹을 수 있게 된 것이다.

김치는 분명 우리 민족 고유의 음식이다. 하지만 중국은 우리보다 김치를 더 많이 수출하고 있다. 뿐만 아니라 김치가 스촨(四川) 지역의 파오차이(泡菜)와 자차이 등의 표절이라며, 김치의 종주국은 중국이라고 주장하고 있다.

1984년 LA올림픽 때 김치가 공식 메뉴로 채택되자, 일본은 기무치(キムチ)를 세계 시장에 선보였다. 2000년 일본은 국제식품규격위원회에 기무치를 발효식품으로 등록신청 했다. 그러나 2001년 국제식품규격위원회는 한국의 김치를 발효식품국제규격에 부합한다고 밝히고, 이름도 기무치가 아닌 'kimchi'로 확정하였다. 사실 기무치는 단맛이 많고 고추와 마늘이 적게 들어가며 발효되지 않았다는 점에서 우리의 김치와는 일정한 차이가 있다.

김치 맛은 사람의 손맛에 달렸지만, 온도·습도·눈·비·바람·태양 등 자연이 만들어 준다. 4계절이 확실하게 바뀌면서 익어가기 때문에 우리 김치가 맛이 있는 것이다. 2018년 우리 김치는 세계 68개국에 수출되어 8,139만 달러의 수입을 올렸다. 반면 수입액은 1억 3,821만 달러로 4,071만 달러의 김치 무역 적자를 보았다. 중국산 저가김치에 우리 김치가 밀렸던 것이다. 그러나 2019년 김치 수출액은 1억 449만 달러로 증가했고, 2020년에는 82개국에 수출되는 등 한국의 김치는 점점 더 세계인의 식탁을 장악하고 있다.

김장문화

2007년 한국김치협회는 11월 22일을 김치의 날로 지정했다. 재료 하나하나가 모여 스물두가지 효과를 낸다고 해서, 이 날을 김치의 날로 정한 것이다. 사실 찬바람이 부는 이 무렵 우리는 김치를 담았다. 우리는 겨울에 채소가 나지 않기에 초겨울 김치를 담아 햇채소가 날 때까지 먹었던 것이다.

월동용 김치가 한자로 동저(冬菹)이다. 그런데 우리는 흔히 이를 김장으로 표현한다. 김장은 진장(陳藏)·침장(沈藏) 등에서 유래했다고 한다. 『조선무쌍 신식요리제법』에는 보배로 감춘다는 뜻의 진장(珍藏)에서 김장이라는 말이 나왔다고 설명하고 있다. 즉 야채가 나지 않는 추운 겨울 김치가 영양의 주요 공급이었기에 김장이라는 용어가 탄생했던 것이다.

김치는 발효식품인 만큼 온도에 민감하다. 때문에 추운 지역인 북쪽에서는 양념을 적게 하고 국물을 넉넉하게 하여 김치를 담는다. 반면 남쪽은 날씨가 따뜻하기 때문에 양념을 적게 하면 싱겁고 신맛이 일찍 난다. 그래서 남쪽에 서는 간을 세게 하고 양념과 젓국을 많이 사용하여 김치를 담는다.

'김장은 반년 양식'인 만큼 김장 후에는 보관에 각별히 신경을 기울였다. 김치가 공기에 너무 많이 노출되면 맛이 시큼해진다. 때문에 공기의 출입이 적은 땅속에 항아리를 짚으로 싸서 묻었다. 흙은 온도나 습도 변화를 잘 조절 하는데, 겨울철 땅 속의 온도는 −1~5℃이다. 이 온도가 김치 발효에 최적이라 고 한다. 또 김칫독 뚜껑을 단단히 눌러 놓고, 위에는 우거지 등을 얹어 김치가 공기와 직접 접촉하는 것을 막았다. 신라 성덕왕대 설치된 것으로 여겨지는 법주사(法住寺) 석옹(石瓮)은 김칫독으로 활용된 것으로 여겨지고 있다. 8세기 이전 이미 김치를 땅 속에 보관했던 것이다.

독을 묻은 위에는 통나무를 원뿔 모양으로 세우고 짚을 덮어 김치광 을 만들기도 했다. 김치광은 김치각 또는 김치움으로도 불리는데, 눈과 비 등을 피하고 땅 속을 일정한 온도 로 유지시켜 김치의 숙성과 장기 보 존을 돕는다.

모든 김치를 땅에 묻은 것은 아니 었다. 일찍 먹을 김칫독은 응달에 두

김칫독으로 활용되었던 것으로 여겨지는 법주사 석옹

었고, 겨울에 먹을 김칫독은 흙으로 만든 보관 가옥인 도장(堵墻)에 두었다. 마지막으로 겨울이 지나 봄에 먹을 김칫독만 땅에 묻었던 것이다. 여름에 김치를 저장하기 위해서는 석정(石井)과 겹항아리를 사용했다. 석정은 냇가나 우물가에 돌을 쌓고, 그 안에 항아리를 넣어 물이 독을 타고 흘러 일정한 온도가 유지하게 만든 것이다. 또 항아리 어깨 부분에 턱을 만들고, 턱 안쪽에 한군데 구멍을 뚫어 고인 물이 흘러내릴 수 있도록 한 것이 겹항아리이다.

김치를 담는 옹기는 바람이 통하고 숨을 쉴 수 있도록 제작되었다. 김치를 담기 전 고춧대·고추씨·닥종이 등을 태워 그 연기로 소독하여 미생물의 번식을 막았다. 때문에 발효음식을 오래 저장해도 쉽게 상하지 않았던 것이다. 옹기의 모양도 지역마다 달랐다. 추운 지역인 평안도와 함경도의 김칫독은 키가 작고 옆으로 퍼진 형태다. 경기도와 충청도 등은 키가 크고 폭이 좁아 날씬한 느낌이 든다. 경상도는 굽이 좁고 배가 불룩한 형태이며, 전라도는 밑이 좁고 배 부분이 둥글고 풍만하다. 김치의 저장에 각별히 신경을 기울였기에 지역마다 김칫독의 모양이 달랐던 것이다.

『태종실록』에 의하면 1414년 침장고(沈藏庫)와 빙고를 혁파했지만, 2년 후 다시 침장고를 설치한다. 침장고는 세조대인 1466년 사포서(司圃署)에 병합되었다. 침장고는 채소의 재배와 공급을 관장하던 관아로 알려져 있다. 그러나 침장고가 빙고와 함께 혁파되었다는 기록으로 보아 침장고가 지금의 김치냉장고에 해당하는 것일 가능성도 있다.

김칫독을 묻을 수 없는 아파트가 늘어나고 냉장고가 대중화되면서 김치는 냉장고에 보관되었다. 하지만 냉장고에 넣어 둔 김치는 맛이 떨어졌다. 그 이유는 김치의 맛은 −1℃

김칫독 움막인 김치광

정도를 유지해야 하는데, 냉장고의 냉장실 온도는 3℃ 정도였기 때문이다. 이를 해결하기 위해 개발된 것이 김치냉장고이다. 1984년 금성사에서 기존의 냉장고를 개량한 방식의 김치냉장고를 개발했지만, 주목을 받지 못했다. 그러다가 1994년 만도기계가 출시한 김치냉장고가 큰 인기를 얻었다. 김치냉장고의 등장으로 땅에 묻지 않아도 김치를 신선하게 보관할 수 있게 되었고, 지금은 김치냉장고가 생활필수품의 하나가 되었다.

김장 김치는 겨울 내내 먹어야 하는 만큼 많은 양의 김치를 담을 수밖에 없다. 그러다보니 이웃들은 돌아가며 김장 품앗이를 했다. 여러 사람이 함께 김치를 담으면서 서로의 비법을 공유했다. 먼저 김치를 담근 집에서 사용하고 남은 소금물은 돌려가며 사용했다. 함께 돼지고기를 삶아 막 담근 김치에 싸 먹는 운치도 있었다. 김장을 마치고 나면 품삯 대신 김치를 받아 가는 '김치돌림'을 통해 정을 나누었다. 유네스코가 김장(Kimjang)을 "김치를 만들고 나누는[Making and sharing kimchi]" 문화로 인식한 것은 이런 점을 염두에 둔 것이다.

최근에는 김장을 담지 않고 김치를 사먹는 경우가 많다. 문헌상 김치 판매가 처음 이루어진 곳은 우리나라가 아니었다. 김창업(金昌業)의 『연행일기(燕行日記)』에는 조청전쟁 때 피로인(被擄人)으로 끌려 간 노파와 손녀가 청나라에서 김치와 장을 담아 팔면서 생계를 이어가는 모습이 기록되어 있다. 즉 김치는 외국에서 우리 음식을 잊지 못하는 사람들에게 팔렸던 것이다. 이러한 모습은 일제강점기 하와이로 이주했던 한인들 역시 마찬가지였다. 1949년 하와이에는 김치회사가 56개나 있었고, 이곳에서 만들어진 김치는 미국으로 수출되기도 했다.

베트남전쟁에 파병된 국군에게 남베트남은 쌀과 소금·설탕 등을, 미군은 자신들의 전투식량을 지급했다. 그러나 참전 군인들은 김치·고추장·된장 등을 찾았다. 미국은 하와이에 있는 일본인 공장에서 만든 김치를 제공했지만, 군인들은 우리 김치를 요구했다. 한국형 전투식량의 필요성이 대두되면서

1966년 9월 1일 대한종합식품이 설립되었다. 1968년 1월부터 김치가 포함된 전투식량이 베트남전에 참전한 군인들에게 공급되었다. K-레이션이 탄생한 것이다.

1970년대 산업체의 단체급식용으로 김치가 대량공급 되면서 김치는 기업적으로 생산되기 시작했고, 1973년부터 중동 건설현장에 파견된 노동자들을 위해 김치통조림이 수출되었다. 1987년 '종가집'에서 세계 최초로 김치의 진공포장 방법의 특허를 획득했고, 1988년에는 일본에 김치를 수출했다.

외국에 있는 한인들이 김치를 찾으면서 김치 판매가 이루어졌지만, 이제는 김치를 사먹는 모습은 일상적이다. 김장을 담는 집도 절인배추를 사는 경우가 늘고 있다. 물론 이러한 변화는 아파트 등 주거환경의 변화와 여성의 사회활동 참여를 감안하면 이해가 되는 것도 사실이다. 2013년 유네스코가 김장을 무형문화유산으로 지정했다는 사실은 김장문화가 인류 역사에 의미가 있음을 인정한 것이다. 그러나 다른 한편으로는 김장문화가 사라질 위기에 처했음을 말해주는 것일 수도 있다.

김치의 종류

김치의 종류는 336가지라고 한다. 하지만 같은 김치라고 해도 집집마다 맛이 다르며, 지역마다 다른 김치가 존재한다. 예를 들면 평안도에서는 김치를 담을 때 젓갈을 사용한다. 그 이유는 추운 지방이라서 김치가 빨리 익지 않기 때문이며, 다른 한편으로는 김치의 국물 맛을 살리기 위해서이다. 고춧가루 역시 조금 넣고 대신 소고기 삶은 육수를 김치에 붓는다. 반면 전라도는 날씨가 덥고 습해서 음식에 소금을 많이 넣지 않으면 쉽게 상했다. 때문에 김치에도 소금과 고춧가루를 넣어 상하는 것을 막고자 했다. 고추에 포함된 캡사이신 성분이 세균 번식을 억제시키는 것이다. 전라도의 김치가 전국에 퍼져 지금의 일반적인 김치로 자리 잡았다.

마늘·생강·파·고춧가루·여러 젓갈 등을 배추와 버무리고, 발효를 통해 새로운 맛을 만들어낸 음식이 배추김치이다. 지금은 1년 내내 배추김치를 먹지만, 원래 배추김치는 동치미와 함께 겨울을 대표하는 김치였다. 그 외 봄에는 봄동·미나리·얼갈이 등으로 김치를 만들었고, 여름에는 열무·부추·오이·가지 등으로 김치를 담았다. 가을에는 총각김치를 먹었고, 고들빼기김치·콩잎김치·깻잎김치를 담았다.

지금의 배추김치는 19세기 후반에야 등장했다. 배추는 중국에서 들어온 채소인데, 추운 겨울에도 시들지 않고 푸르러서 소나무[松] 풀[++]이란 뜻에서 숭(菘)이라고 했다. 숭은 줄기가 희다고 해서 바이채(白菜)로 불렸다. 바이채가 민가에서 배초(拜草)로 불려지면서, 배추가 된 것 같다. 『향약구급방』에 숭이 등장하는 것으로 보아, 고려시대에는 배추가 약용으로 쓰였음을 알 수 있다.

『중종실록』에는 1553년 2월 6일 이산송(李山松)이 명에서 배추씨를 밀무역한 사실이 기록되어 있다. 1778년 편찬된 『북학의』에도 옌징(燕京)에서 수입한 배추씨로 키운 배추가 맛있다는 사실을 기록하고 있다. 이처럼 배추는 중국에서 종자를 수입했던 만큼 쉽게 먹을 수 없었다. 뿐만 아니라 지금의 배추처럼 크거나 풍성하지도 않았다.

1882년 임오군란(壬午軍亂)이 발발하면서 청군이 조선에 파견되었다. 이때 청군과 함께 온 청인들 중 김포에 거주하는 이들이 배추농사를 시작했다. 이때 기존 배추와 다른 품종의 배추가 들어왔는데, 그것이 바로 지금 김치를 담을 때 사용하는 결구(結球)배추이다.

결구배추는 청인들이 가져왔다고 해서 호배추로도 불렸는데, 재래종 배추에 비해 수확량이 많아 일제강점기 조선총독부에서는 결구배추의 재배를 적극 권장하였다. 그러나 결구배추는 조선배추에 비해 감칠맛이 적고 우거지가 많이 나오지 않아 큰 인기를 얻지는 못했다. 때문에 설날 전에 먹을 김치는 결구배추로, 그 이후 먹을 김치는 조선배추로 담곤 했다.

배추

결구배추가 조선배추를 대신한 것은 한국전쟁 이후의 일이다. 1954년 우장춘(禹長春)이 우리 토양에 맞는 결구배추 '원예1호'를 개발했다. 신품종의 결구배추는 조선배추보다 재배가 쉽고 무게가 많이 나가 값을 잘 받을 수 있었다. 이후 김치는 당연히 결구배추로 담는 것이 상식이 되었다. 때문에 2012년 국제식품규격위원회에서는 우리의 결구배추를 'Kimchi cabbage'로 명명하였다.

결구배추에 고춧가루를 넣으면서 지금의 배추김치가 등장했다. 김치에 고춧가루를 넣은 것은 소금이 부족했기 때문인 것으로 여겨지고 있다. 김치가 빨리 시어지는 것을 막기 위해서는 소금이 많이 필요한데, 비싼 소금 대신 고춧가루를 넣었던 것이다. 고춧가루가 들어가면서 김치가 시는 것을 막게 되었고, 고춧가루의 빨간 색으로 식욕을 자극했던 것이다.

김장김치는 봄이 되면 떨어지는 경우가 많았다. 이때에는 가을에 나는 배추가 아닌 다른 배추로 김치를 담아야만 했다. 봄이나 여름 배추는 가을배추에 비해 알이 차지 않아 얼갈이배추라고 했고, 얼갈이배추로 담은 김치가 얼갈이김치이다.

배추로 만든 김치 중에는 일반적인 김치와 다른 것도 있다. 그 중 하나가 겉절이다. 겉절이는 즉시 만들어 먹기 때문에 '벼락김치'라고도 한다. 그러나 김치의 특성인 발효의 과정을 거치지 않는 만큼 엄밀한 의미에서는 김치로 볼 수 없다. 김치라기보다는 배추를 고춧가루로 버무린 일종의 무침이라 할 수 있다.

보쌈은 돼지고기 수육을 김치와 함께 싸 먹는 음식이지만, 보쌈을 싸먹는 김치를 가리키기도 한다. 여러 재료를 배춧잎으로 감싸 담는 김치가 보쌈김치인데, 쌈김치 또는 보김치라고도 한다. 보쌈김치는 소금에 절인 넓은 배춧잎에 새우나 낙지 같은 해산물과 밤·잣·파·마늘·생강·실고추 등을 넣고 새우젓으로 간을 하여 담는데, 개성에서 많이 먹었다. 배춧잎으로 보자기를 싸듯이 만들어서 보쌈김치라는 이름이 붙은 것 같다. 보쌈김치는 떡국상이나 손님접대 등 특별한 때 내놓는 귀한 김치였다.

보쌈김치는 수라상에 올렸던 김치인데, 왕족이나 궁궐을 출입하던 고관대작의 집에서 배워 담으면서 민간에 전해진 것이라고 한다. 또 보쌈김치가 개성김치로 정착되었던 것은 개성에 부자가 많았기 때문이라고도 한다. 즉 고려시대 왕실에서 먹던 김치가 고려 멸망 후 관직에 나가지 못해 상업에 종사했던 개경 사람들에 의해 정착된 것이 보쌈김치라는 것이다. 남쪽에도 넓고 푸른 배춧잎을 절여 그 안에 청각(靑角)이라는 바닷말과 전복·소라·사과·배·석류·마늘·생강을 넣고 싸서 담근 보김치가 있다.

양념에 고춧가루를 절반만 넣어 담은 김치가 반지이다. 반지라는 이름은 고춧가루를 절반만 넣었기 때문에 붙여진 것이라고 한다. 그런데 고춧가루가 귀하던 시절 양반들만 김치에 고춧가루를 넣어 먹었기 때문에, 양반이 먹는 김치라고 해서 반지라는 이름이 붙여졌다는 이야기도 전한다. 물론 양반들이 먹었던 김치도 고춧가루가 귀해 지금의 절반 정도 밖에 넣지 못했다고 한다.

배추김치 이전 많이 먹었던 것은 무김치이다. 무로 만든 김치 중 가장 일반적인 것은 깍두기일 것이다. 깍두기는 정조의 딸 숙선옹주(淑善翁主)가 처음 만들어서 정조에게 올렸고, 이것이 민가에 전해진 것이라고 한다. 조선시대에는 궁중에서 연회가 끝나면 남은 음식을 사찬(賜饌)이라고 하여 참가자들에게 싸 주기도 했다. 깍두기 역시 이러한 경로를 통해 궁중에서 민가로 전해졌을 것이다.

깍두기는 무를 깍둑깍둑 썰어 만들었기 때문에 붙여진 이름으로 아는 경우가 많다. 그러나 깍두기의 처음 이름은 각독기(刻毒氣)였다. 아마도 무가 독기를 제거해 준다고 해서 붙인 이름인 것 같다. 각독기가 변해 깍두기가 되었을 가능성이 높다.

영조대 편찬된 것으로 여겨지는 『소문사설』에는 깍두기의 전신으로 볼 수 있는 청해(菁醢)가 수록되어 있다. 청해는 무로 만든 식해인데, 새우젓을 물에 끓인 후 체로 찌꺼기를 걸러낸 후 여기에 썬 무를 담그고 고춧가루를 섞은 것이다. 아마도 젓갈이 들어갔기 때문에 '해'로 표현한 것 같은데, 지금의 깍두기와 거의 유사하다.

1924년 발간된 『조선무쌍신식요리제법』에 처음 깍두기라는 표현이 등장하는데, 젓무[紅菹]라고 병기했다. 아마도 양반집에서는 깍두기를 젓무로 불렀던 것 같다. 궁중에서는 된소리 발음을 하지 않으며, 입을 크게 벌리지 않고 작게 말하기 때문에 깍두기라고 하지 않고 송송이로 불렀다고 한다. 임산부들은 몸과 마음이 반듯한 아이를 출산하라는 기원을 담아 무를 정사각형으로 썰어 만든 깍두기를 먹었다고 하는 것으로 보아, 깍두기는 일제강점기에는 쉽게 먹을 수 있는 김치 중 하나였던 것 같다. 치아가 좋지 않은 어르신들을 위해 무를 찐 후 깍두기를 담는 숙깍두기도 있다.

나박김치[片沈菜]는 무를 네모 모양으로 썰어 담근 김치이다. 무를 네모지게 잇달아 썬 것을 나박이라고 해서 나박김치로 불렀다고도 하고, 무의 옛말 나복이 들어간 김치라고 해서 나박김치라 했다는 이야기도 전한다. 나박김치는 식사뿐 아니라 떡·약식·다과 등을 먹을 때 곁들여 먹었다. '떡 줄 사람은 생각도 않는데, 김칫국부터 마신다.'는 속담에서 김칫국이 바로 나박김치의 국물이다. 나박김치는 동치미와 비슷한 것 같지만 동치미는 담가서 오래 두고 먹는 김치인 데 반해, 나박김치는 그때그때 담가 먹는다는 차이점이 있다.

무김치하면 빼놓을 수 없는 것이 동치미이다. 동치미라는 이름은 겨울[冬] 또는 얼음[凍]과 김치를 나타내는 침(沈)에 접미사 이가 붙여진 것으로, 한자로는 동침저(冬沈菹; 凍沈菹; 童沈菹) 또는 동침이(冬沈伊)로 표기했다. 동침이란 말이 겨울을 나는 침채인 만큼 지금 우리가 먹는 맑은 국물의 동치미뿐 아니라, 겨울을 나기 위한 모든 김치를 동침으로 불렀을 가능성도 있다. 지역에 따라서는 소금을 많이 넣은 짠지에 비해 싱거운 김치라는 뜻에서 싱건지로 부르기도 한다.

이규보는 '가포육영'에서 무에 대해 "소금에 절이면 긴 겨울을 넘긴다[漬鹽堪備九冬支]."라고 노래했다. 무를 소금에 절여 겨울을 넘긴다는 것은 동치미를 표현한 것일 가능성이 높다. 그렇다면 이규보가 태어난 12세기 이전 이미 동치미를 먹었을 것이다. 조선시대에는 배추와 무를 반반씩 섞어 담근 동치미를 교침채(交沈菜), 배추만으로 담은 동치미를 숭침채(菘沈菜)로 구분하기도 했다.

무를 소금과 함께 항아리에 넣어 두면 무에 소금이 배면서 무의 수용성 성분이 빠져나와 톡 쏘는 맛을 낸다. 때문에 동치미는 소화제 역할도 했다. 무에는 디아스타제라는 효소가 있는데, 소금에 절이면 디아스타제가 동치미 국물에 녹아 나와 소화에 도움을 준다고 한다. 또 시원한 탄산 맛을 주면서 무기질·비타민·유기산 등이 들어 있어 이온 건강음료 역할까지 했다. 연탄을 연료로 많이 사용하던 1960~1970년대에는 연탄가스를 마셔 정신이 혼미할 때 동치미 국물을 마시는 민간요법이 성행하기도 했다.

총각김치도 무로 만든다. 총각김치의 어원에 대해서는 여러 이야기가 전하고 있다. 첫째, '총각'은 원래 '청각(靑角)'이었다는 것이다. 김치의 모양을 좋게 하고 섞으면 맛이 좋아진다고 해서 김치 위에 해조류인 청각을 얹었는데, 때에 따라서는 청각 대신 덜 자란 무청을 올리기도 했다. 그 결과 '청각김치'로 불린 것이 '총각김치'가 되었다는 것이다. 둘째, 무의 모양이 결혼하지 않은 남성의 머리 모습 즉 상투를 틀지 않고 땋은 모습과 유사하다고 해서 총각김치로 불렀다는 이야기도 전한다. 마지막으로는 남성의 성기를 닮았기 때문에 생긴 이름이라는 이야기도 있다. 때문에 예전에는 처녀들은 총각김치를 먹지 않았다고 한다.

섞박지[骨薄菹]는 젓갈과 주재료를 섞어[交] 만들기에 한자로는 교침채(交沈菜) 또는 교침저(交沈菹)로 표기했다. 원래 섞박지는 배추와 무 등 각종 채소를 소금 대신 젓갈로 간을 맞추고, 낙지·전복·소라 등의 해산물을 넣어 담은 고급 김치였다. 그러던 것이 시간이 지나면서 김장하고 남은 무와 배추를 한데 섞어 담는 김치로 변했고, 이제는 무를 크게 썰어 담근 무김치의 명칭으로 변용되었다.

비늘김치[鱗沈菜]도 무가 주재료이다. 무를 세로로 길게 쪼개 겉으로부터 엇비슷하게 칼집을 내고, 그 안에 고명을 넣고 배춧잎으로 싼다. 비늘김치는 주로 김장을 담글 때 많이 만드는데, 무에 칼집 낸 것이 물고기의 비늘과 같다고 해서 비늘김치라고 부른다.

무와 무청이 달린 채 단지에 넣은 후 소금과 고춧가루를 조금만 뿌린 허드레 김치도 무김치의 일종이다. 그 외 무를 말려 만든 무말랭이김치, 무를 채 썰어 고춧가루로 버무린 무채김치, 무청으로 만드는 무청김치 등도 모두 무김치에 해당한다.

무의 잎이나 줄기 그리고 배추의 부스러기로 담은 김치가 덤불김치이다. 마찬가지로 김장을 한 후 남은 배추의 껍질이나 무·무청 등에 먹다 남은 간장게장 국물이나 젓갈국물을 넣어 버무린 김치가 게국지이다. 게장 국물로 담은 김치라는 뜻에서 게국지로 부르지만, 게박지·게껍지·겟국지·갯국지·깨꾹지 등으로도 불리운다. 음식점에서 판매되는 게국지는 게장국물로 담은 김치에 여러 해산물을 넣고 끓인 별미이다. 그러나 게국지는 김장 후 남은 시래기와 무 등까지도 김치를 담아 먹은 우리의 배고픔이 담겨 있는 음식이다.

게국지

게국지처럼 간장에 절인 장김치[醬菹; 醬沈菜]도 있다. 장김치는 배추와 무를 간장에 절였다가 그 국물을 이용하는 김치이다. 장김치에는 석이버섯·표고버섯·밤·대추·잣 등 고급 식재료가 사용되었다. 이는 장김치가 민이 먹기 힘든 궁중이나 양반들이 먹었던 음식임을 말해준다. 장김치는 소금에 절인 김치보다 싱거운 만큼 오래 보관하기 힘들었다. 때문에 주로 겨울철에 별미로 만들어 먹던 김치이다.

지역적으로는 아삭한 줄기 맛, 톡 쏘는 매운맛, 갓의 향 등 세 가지 맛으로 먹는다는 여수의 갓김치[芥菹], 박으로 담은 충청도 박김치[瓠沈菜], 강화도의 순무김치 등이 있다. 북한의 경우 황해도에는 호박과 열무 또는 호박과 배추를 주재료로 만든 호박김치, 평안도에는 콩나물과 미나리·파·마늘 등으로 만드는 콩나물김치 등이 있다고 한다. 지구상에 김치를 담아 먹는 국가는 한국과 북한밖에 없다. 김치를 통해서도 남과 북이 하나이며, 통일을 이루어야 할 필연성을 느낄 수 있는 것 같다.

계절적으로는 여름을 대표하는 열무김치가 있다. 열무는 어린 무를 뜻하는 여린 무에서 유래한 것이다. 새우젓국으로 담는 젓국지, 쪽파로 만드는 파김치, 오이소박이, 가지김치, 돌나물김치, 깻잎김치, 콩잎김치, 부추김치, 우엉김치, 더덕김치, 쑥갓김치, 씀바귀김치, 톳김치, 고들빼기김치, 죽순김치, 미나리김치, 시금치김치 등도 있다. 즉 우리는 주변의 모든 채소로 김치를 담아 먹는 것이다. 이런 점에서 한국을 대표하는 음식이 김치임은 너무나 당연한 것이라고 할 수 있다.

김치는 다른 음식과 달리 시간을 들여야만 완성되는 음식이다. 다른 음식은 시간이 지나면 상하지만, 김치는 변화된 맛을 통해 새로운 맛을 창조해낸다. 또 2차 가공을 통해 더욱 우리와 친근해지기도 한다.

겨울을 넘기면서 시어버린 김치는 찌개·전·만두의 속으로 활용된다. 또 식은 밥과 함께 볶아 먹기도 한다. 1980년대 후반부터 유행하기 시작한 김치볶음밥은 식당의 정식 메뉴로 자리 잡았다. 김치볶음밥이 어떻게 시작되었는지는 명확하지 않은데, 『조선요리제법』에 김치를 짠 후 소고기를 놓고 밥을 지은 김치밥이 소개되어 있다. 이것이 김치볶음밥으로 변형된 것이 아닌가 싶다.

김치는 김칫국·김치찌개·김치찜·김치볶음·김치김밥·열무냉면·김치말이국수·동치미국수·김치만두·김치전 등의 모습으로 변모하기도 한다. 김치햄버거·김치커틀릿·김치그라탕·김치크로켓·김치피자 등 서양 음식과 조화를 이루고 있다. 이처럼 김치는 우리에게 없어서는 안 되는 음식이며, 음식 그 이상의 의미를 가지고 있는 것이다.

장아찌와 짠지

김치의 또 다른 형태의 음식이 장아찌와 짠지이다. 아마도 김치를 표현하는 '지(漬)'가 짠지와 장아찌 등의 형태로 남아 있는 것 같다. 장아찌는 채소류를 소금에 절이거나 말려서 간장·된장·고추장 등에 박아 두었다 먹는 음식이다. 한자로는 장지(醬漬) 또는 장과(醬瓜)로 적었다. 장지는 말 그대로 장에 담근 김치인 만큼, 그것이 장아찌가 되었다고 보는 견해가 있다. 반면 장과는 오이로 만든 장아찌이다. 그래서 장아찌의 어원을 오이장아찌가 장아찌로 변한 것으로 보기도 한다. 그 외 장아찌를 지채(漬菜) 또는 장저(醬菹)로 표기하기도 했다. 분명한 것은 장아찌는 김치와 장문화가 결합하여 만들어진 음식이라는 사실이다.

채소를 장에 절인 것은 김치와 마찬가지로 채소를 오랫동안 보존하기 위한 저장방식 중 하나였을 가능성이 높다. 삼국시대 불교가 수용된 이후 육식보다 채식을 선호했다. 또 우리는 장으로 음식의 간을 했다. 이러한 전통에서 채소를 장에 절여 발효시킨 장아찌가 등장했을 것이다.

채소는 장을 만나 맛있는 장아찌가 된다. 그러나 채소가 장의 맛을 모두 흡수하기 때문에 장아찌를 만든 후 장은 맛이 없어진다. 그렇다고 귀하게 만든 장을 버릴 수는 없었다. 때문에 장아찌를 담은 후 남는 장은 볶음이나 조림 등에 사용했다.

장아찌의 종류는 160가지가 넘는
다.『소문사설』에는 여러 채소뿐 아
니라 수박씨나 살구씨 등을 찐 후 겉
껍질을 까서 장아찌를 만드는 법을
소개하고 있다. 이로 보아 조선시대
에는 지금보다 다양한 장아찌가 있
었던 것 같다.

장아찌를 담기 위해 무를 말리고 있는 모습

간장에 절인 음식이 장아찌라면
소금에 절인 음식이 짠지이다. 황해도와 함경남도에서는 김치를 짠지로 부른
다고 한다. 경상북도에서도 김치는 물김치 등을 이르는 말이며, 김장김치는
짠지라고 한다. 즉 무가 들어간 김치는 무짠지, 배추가 들어간 김치는 배추짠
지인 것이다.

전근대시대 가장 일반적인 짠지는 무로 만든 무짠지인데, 청함지(靑醎漬)라
고도 한다. 무로 김치를 담을 경우 양반은 동치미·나박김치·깍두기 등 여러
재료를 넣어 모양새를 갖춰 먹었다. 반면 민은 무를 소금물이나 장에 담갔다
가 밥 먹을 때 꺼내 썰어 먹었다. 지금으로 보면 무짠지인 것이다. 오이 역시
짠지의 중요한 식재료였다. 우리가 흔히 먹는 오이지[瓜醎菹]는 오이를 짠지와
비슷하게 담근 것이다.

남과 북이 분단된 지금, 남한보다 북한에서 장아찌와 짠지가 더 발달되었
다고 한다. 그 이유는 남한의 경우 비닐하우스 등으로 1년 내내 채소가 풍부하
지만, 북한은 겨울에 채소를 구하기 어렵기 때문이다. 남과 북 모두 먹을
것이 없어서가 아닌, 맛있는 음식을 먹기 위해 장아찌와 짠지를 찾는 날이
빨리 왔으면 하는 바람이다.

PART 5

소고기

우금령

소는 히말라야산맥 남쪽을 거쳐 인도와 중국을 경유하여 전래된 것으로 여겨지고 있다. 우리는 여러 동물의 고기를 먹었지만, 가장 좋아했던 것은 소고기였다. 그런데 삼국시대부터 소고기를 먹지 못하게 하는 우금령(牛禁令)이 내려졌고, 조선시대의 경우 우금령이 지속되었다. 이러한 사실은 역으로 많은 사람들이 끊임없이 소고기를 찾았음을 말해주는 것이기도 하다.

부여에는 왕도에서 사방으로 통하는 큰길과 그 길을 중심으로 형성된 4개의 지역단위인 사출도(四出道)가 있었다. 사출도의 통제권은 마가(馬加)·저가(豬加)·구가(狗加) 그리고 우가(牛加)가 가지고 있었다. 이로 보아 우리는 기원전 이미 소를 사육했음을 알 수 있다. 신라 지증왕대 우경(牛耕)이 실시된 것으로 보아 6세기에는 소를 이용해 농사를 지었음이 분명하다. 『산림경제』에서 "집안에 소 한 마리가 7명의 노동력을 대신할 수 있다[並閑情家有一牛可代七人之力]."고 설명한 것은, 소가 농사에 얼마나 필요한 동물이었는지를 잘 알려주고 있다. 그 외에도 소는 연자방아를 돌리고, 수레를 끄는 등 여러 가지로 도움이 되는 동물이었다. 때문에 소는 국가에서 보호해야 할 대상이었던 것이다.

711년 5월 신라의 성덕왕은 짐승의 도살을 금지시켰다. 통일신라시대 이미 우금령이 내려졌던 것이다. 『고려사절요』에는 968년 광종이 도살을 금지토록 한 사실이 기록되어 있다. 그러나 왕의 식사에 올리는 고기를 시장에서 구입했다고 한 것으로 보아, 국가 전체에 도살이 금지된 것은 아니었던 것 같다. 1066년 문종은 3년 동안 가축의 도살을 금지토록 하였다. 광종대와 문종대 도살금지의 대상은 명확하지 않지만, 소가 포함되었을 가능성이 크다.

1235년 고려 충숙왕은 손님 대접은 닭·돼지·오리·거위 등으로 하고, 소나 말의 도살을 금지시켰다. 원 간섭기 몽골의 영향으로 육식을 하게 되면서 소고기 소비량이 증가했기에 이러한 조처가 취해졌을 것이다. 공민왕대인

김홍도의 논갈이
(공공누리 제1유형 국립중앙박물관 공공저작물)

1362년에는 금살도감(禁殺都監)을 설치했다. 이는 홍건적이 침략하여 소와 말을 잡아먹었기 때문에 소와 말의 번식을 위한 조처였다.

조선시대의 경우 1398년 9월 태조가 우금령을 내려 소와 말의 도살을 금지했다. 태종은 자연적으로 죽은 소의 고기만 신고 후 매매토록 하였다. 그러나 소의 밀도살과 밀거래가 성행하여 큰 효과를 보지 못했다. 그러자 세종은 모든 소고기의 매매를 금지시켰다. 이를 위해 금살도감을 설치하여 소의 밀도살을 감시하고 처벌했다. 하지만 세종은 소고기 매매를 금지시키면서도 자신은 고기 반찬이 없으면 밥을 먹지 않을 정도로 고기를 좋아했다. 육식에 대해 그는 이중적 모습을 보였던 것이다.

1492년 2월 형조는 우금령을 어긴 백정(白丁)에게 가족과 함께 변방으로 옮기는 전가사변(全家徙邊)을 적용할 것을 제안했고, 성종은 이를 받아들였다. 그러나 1505년 4월 연산군은 우금령을 폐지했다. 이는 잔치에서 소고기를 사용하기 위한 것이었고, 다른 한편으로는 궁중에 들어와 있던 기녀 흥청(興淸)에게 소고기를 공급하기 위한 조처였다. 그러나 반정으로 왕위에 오른 중종은 즉위 3일 만인 1506년 9월 4일 전국에 소고기 올리는 것을 금지시켜, 다시 우금정책을 펼쳤다. 조일전쟁 후인 1607년 1월에도 소고기를 몰래 파는 것이 문제가 되어 소를 도살한 이들을 체포하였다.

1637년 3월 경상도 지역에 우역(牛疫)이 크게 유행했다. 때문에 제주도의 소를 육지에 가져올 방안, 쓰시마에서 소를 무역해 올 방안, 공명첩(空名帖)을 통해 소를 마련할 방안 등이 제시되었고, 1638년 몽골에서 소를 들여왔다. 1638년 3월 비변사(備邊司)는 석전제(釋奠祭)에 사용되는 제물을 소가 아닌 돼지와 양으로 대신할 것을 건의했는데, 전염병으로 많은 소들이 죽었기 때문이다. 그렇다면 경상도에서 시작된 우역이 전국으로 확대되었던 것 같다.

1670~1671년 기근·전염병·가축병·혹한이 겹친 대재앙이 발생했다[庚申大饑饉]. 식량부족이 심각했기에 이를 타개하기 위해 소의 도축이 허용되었다. 그러나 1671년 9월 이익상(李翊相)이 소의 대량 도축으로 인한 폐단을 지적하면서, 다시 소의 도축은 금지되었다. 효종대에는 굶주린 민을 구제하기 위해 목장의 소를 나누어 주었다. 또 우금령 하에서도 섣달그믐 1~2일 전에는 소 잡는 것을 허가했다. 이는 설날 등 새해 초에 소고기 먹는 것은 막을 수 없었기 때문이었다.

성균관(成均館)이나 향교(鄕校) 등에서 제사를 지낼 때 사용하는 육포는 소고기로 만들었다. 이때 사용될 소를 도살하는 이들이 반인(泮人)이다. 성균관에서 잡일을 하던 이들을 원래 관인(館人)으로 불렀다. 그런데 성균관은 성현을 제향하고 정숙해야 하는 만큼, 주변과 분리하여 정숙하게 하고 사람들이

공자 등 중국의 성인과 우리나라 선현들을 위한 제사가 행해졌던 성균관 대성전(大成殿)

함부로 드나들지 못하도록 물길을 만들었는데, 그 물이 반수(泮水)이다. 때문에 성균관 주변 마을을 반촌(泮村)이라 했고, 반촌에 거주한 관인들을 반인으로 불렀다.

조선 후기 성균관의 재정이 어려워지면서 반인들은 먹고 살 길이 막연해졌다. 그러자 조선 정부는 반인들에게 소의 도살과 판매의 독점권을 허락해 주었다. 반인은 세금을 내고 소고기를 판매하는 현방(懸房)을 열었다. 소고기를 매달아 놓고 팔았기 때문에 현방이라 불렀는데, 다림방 또는 도사(屠肆)라고도 했다.

현방은 시전으로 취급되어 우전(牛廛)을 통해 구입한 소를 도살하여 판매하는 독점권을 행사했다. 현방은 매일 소 한 마리씩 도살할 수 있었다. 현방에 소고기 공급을 독점시킴으로써 도살을 통제하려 했던 것이다. 그러나 이수광은 『지봉유설』에서 우금령이 실효를 거둘 수 없는 이유 중 하나로 성균관과 사부학당 등에서 소의 도살이 이루어지기 때문이라고 지적하였다. 그렇다면 1일 한 마리 도살 규정이 지켜지지 않았으며, 반인들이 소고기를 몰래 팔기도 했던 것 같다.

현방이 언제 처음 등장했는지는 명확하지 않은데, 17세기 중반에는 설립된 것으로 여겨지고 있다. 현방이 가장 많았을 때는 숙종대로 48곳에 달했고, 19세기 초까지 23곳이 운영되었다. 이는 한성 내에서만도 소고기 수요가 상당했음을 보여준다. 그 외 수원·광주·강화·개성·전주·동래·원주 등에 분점을 내기도 했다.

다리가 부러지거나 질병이 있는 소, 제사를 위한 경우 등에는 민가에서도 소를 도살할 수 있었다. 민가에서는 소를 잡은 후 소의 가죽은 관에 바치고 고기는 팔아 그 돈으로 다시 송아지를 구입하여 키웠다. 이를 거피입본(去皮立本)이라고 한다. 소가 병에 걸려 죽을 경우에는 파묻는 것이 원칙이었다. 그러나 소 주인이 입는 피해가 컸고, 거피입본이 행해지면 가죽은 관청에 소속되기 때문에 수령들은 병든 소의 도살도 허가했다. 뿐만 아니라 거피입본의 허가 여부가 수령의 판단에 의해 이루어진 만큼 도살업자와 수령 간 부적절한 거래가 이루어졌을 가능성 역시 매우 컸다.

조선시대 소고기의 또 다른 이름은 먹는 것이 금지된 고기, 즉 금육이었는데, 다른 한편으로는 도림(桃林)이라고도 했다. 중국의 주 무왕이 은나라 요새였던 도림에 소를 놓아 키웠다는 데서 도림이 소고기를 가리키는 말이 된 것이다. 먹지 못한 소고기를 이처럼 풍류적으로 불렀다는 사실은, 조선시대인들이 다른 어떤 육류보다 소고기를 좋아했음을 단적으로 말해준다.

18~19세기에 활약했던 박제가는 『북학의』에서 조선에서는 "하루 5백 마리의 소를 도살한다[計我國日殺牛五千]."고 기록했다. 이 시기 소의 도살이 늘어난 것은 청과 일본으로의 소가죽 수출이 크게 증대했기 때문이었다. 그러나 소가죽 수출을 위해 소를 도살했다 해도 그 고기는 당연히 식용으로 활용되었을 것이다.

조선시대인들이 이처럼 소고기를 좋아했던 이유는 어디에 있는 것일까? 전순의는 『식료찬요』에서 소고기를 먹으면 속이 따뜻해지고, 기운을 복돋우며, 비위를 기르고, 골수를 채울 수 있다고 설명했다. 즉 조선시대인들에게 소고기는 맛있는 음식이면서 몸에 좋은 약재였던 것이다.

우리가 소고기를 좋아한 데에는 다른 이유도 있었다. 소는 농업부산물을 먹이면 쉽게 기를 수 있는 초식동물이다. 반면 돼지는 잡식성이라 곡물을 먹여야 했다. 『청장관전서』에는 돼지는 똥을 먹는데, 군자는 돼지고기를 먹으면 똥이 창자에 저장되기 때문에 싫어한다고 기록하고 있다. 돼지는 더럽다는 인식이 있었던 반면, 초식동물인 소는 먹기에 부담이 없었던 것이다.

조선시대에는 소고기의 가격이 상대적으로 저렴했던 것 같다. 일제강점기 경성일보 기자였던 우스다 잔운이 쓴 『조선만화』에는 신선한 물고기보다 소고기가 싸다고 기록하고 있다. 그러나 당시 소고기의 맛이 지금보다 좋았던 것 같지는 않다. 현재 우리가 먹는 소고기는 대개 30개월 정도 키운 것인데, 조선시대에는 일을 하지 못할 정도로 늙거나 병든 소를 잡아먹었다. 그렇다면 지금보다 소고기는 훨씬 질겼을 가능성이 높다. 『조선만화』에서도 조선의 소는 무게를 늘리기 위해 물을 먹여 맛이 없다고 설명했다. 조선시대에는 소고기를 굽다가 중간 중간 물에 담갔다가 구웠는데, 그 이유도 고기가 질기고 흐물거렸기 때문일 가능성이 높다.

우리는 털의 색깔에 따라 누런색의 황소[黃牛], 종묘와 사직에서의 제사와 국왕이 적전에서 친경을 행할 때 사용했던 검은 색의 흑우[黑牛], 몸 전체가 흰색인 백우(白牛), 호랑이처럼 검은 색 줄무늬가 있어 호반우(虎斑牛)로도 불렀던 칡소 등이 있었다. 그런데 일제는 자신들의 소 와규(和牛)와 구분하여, 우리의 소를 황우·황소·조선우 등으로 불렀다. 그러면서 황소가 아닌 소를 잡소로 취급했고, 그러면서 황소 외의 소들은 사라지게 되었다.

해방공간기 소는 축우(畜牛)와 역우(役牛)로 표현되었고, 1950년대 후반부터 한우(韓牛)라는 용어가 등장했다. 1964년 2월 '종축 및 후보종축 심사기준'이 공포되면서 한우는 공식적인 명칭으로 사용되기 시작했다.

해방 후에도 소는 귀한 존재였다. 1949년 8월 12일 정부는 농사에 필요한 소를 보호하기 위해 매주 수요일을 소고기를 먹지 않는 무육일로 정했다. 1950년 3월부터는 수요일에는 음식점에서도 고기를 팔지 못하도록 했다. 1957년 이후 무육일이 폐지되었지만, 1965년 서울시가 다시 매주 수요일을 무육일로 정했다. 이런 사실들은 역설적으로 많은 사람들이 소고기를 찾았음을 말해 준다.

소고기 수요가 점점 더 늘어나면서, 1976년 뉴질랜드에서 소고기 5백 톤을 수입했다. 이후 소고기 수입은 점차 늘어나, 1978년에는 수입량이 11만 5천 톤에 달했다. 뉴질랜드 외 호주와 미국 등에서도 소고기를 수입했는데, 2003년 미국에서 광우병이 발생하면서 미국산 소고기는 수입이 중단되었다. 그러나 미국은 계속적으로 압력을 행사했다. 2008년 4월 18일 '한미소고기협상'이 타결되었다. 이에 앞서 2006년 노무현 정부는 30개월 미만, 뼈를 제거한 고기에 한해 수입을 허가했다. 그런데 이명박(李明博) 정부는 30개월 이상 소는 뼈와 내장 포함, 30개월 미만 소는 특정 부위까지 포함하는 완화된 조건으로 협상을 체결했다.

2008년 4월 29일 MBC 'PD수첩'은 미국산 소고기가 광우병으로부터 안전하지 않다는 의혹을 담은 내용을 방송했고, 5월 2일 여중고생 1만여 명이 촛불집회를 열었다. 5월 6일 1,700여 개의 시민사회단체가 광우병 소고기 수입을 반대하는 국민대책회의를 발족시켰고, 촛불시위가 전국으로 확산되기 시작했다. 국민들은 촛불을 들고 거리로 쏟아져 나와 '이명박 퇴진'을 외쳤다. 그러나 6월 6일 이명박은 '재협상 불가'를 선언했고, 10일 전국 118곳에서 100만 명 이상의 국민이 미국 소고기 수입 반대 시위에 나섰다[6·10촛불집회]. 국민적 반대에 부딪치자 이명박은 결국 대국민 사과성명을 발표했고, 한미소고기추가협의가 진행되었다.

소고기를 먹지 못하게 하는 정책을 피면서도 많은 사람들이 소고기를 찾는 모습. 소고기로 국민이 분노하고 대통령이 사과했던 사실. 이는 소고기에 대한 우리의 열망이 현재진행형임을 보여주고 있다.

불고기

불고기는 불에 구운 고기와 물고기를 가리키는 용어이지만, 대개는 소고기를 양념에 재워 구워 먹는 음식을 가리킨다. 불고기의 원형을 맥적(貊炙)으로 보는 경우가 많다. 맥은 고구려를 가리키고, 적은 불[火] 위에 고기[肉]를 올려놓은 형태라는 것이다. 그러나 맥적을 고구려와 상관없는 것으로 보는 견해도 있다. 대부분의 민족은 고기를 구우면서 양념을 바르거나, 고기를 구운 후 소스에 찍어 먹는다. 반면 우리의 불고기는 고기를 양념에 재운 다음에 구워 먹는다. 맥적이 양념구이라는 점에서 불고기의 원형일 가능성은 충분하다.

신라에서는 새해 첫날 왕과 신하들이 설야멱을 먹었다. 눈[雪]내리는 밤[夜]

에 찾는[覓] 설야멱은 소고기를 대나무에 꽂아 구워 먹었기 때문에 곶적(串炙)이라고도 했다. 고려시대에는 꼬치에 꿴 고기를 기름·마늘·파 등으로 맞을 내어 구워 먹었는데, 이를 설야적(雪夜炙)이라 했다. 설야멱을 계승한 설야적은 설리적(雪裏炙)으로도 표기했는데, 굽다가 반쯤 익으면 찬물에 담갔다가 다시 구워 겉이 타지 않고 속이 익게 구웠다.

설야멱의 전통은 조선시대에도 이어졌고, 설하멱(雪下覓)·설화멱(雪花覓)·설리적·서리목[雪夜覓] 등의 이름으로 민가에도 전해졌다. 설야멱은 돼지고기를 이용한 기록도 있지만, 대개는 소고기를 이용한 양념구이였다. 『산림경제』에도 "소고기를 조각내어 칼등으로 연하게 하고, 꼬챙이에 꿰어 기름과 소금을 섞어 재워두었다가 양념이 스며들기를 기다리고, 약한 불로 구워 잠시 물에 담갔다가 꺼내 다시 굽는데, 이렇게 세 차례 하고 들기름을 발라 다시 구우면 아주 연하고 맛이 좋다[取牛肉作片 以刀背搗之使軟 挿串和油鹽壓置 待其盡入 用慢火燒之 乍浸水旋出更燒 如是者三 又塗油荏而更燒之 極軟味佳]."며, 이를 설하멱적으로 설명했다.

고기를 구울 때 꼬챙이를 사용한 것은 지금의 불판과 같은 것이 없었기 때문일 것이다. 실제로 『임원경제지』에는 예전에는 대나무 꼬챙이에 고기를 꽂아 구웠지만, 이제는 철망을 사용하므로 꼬챙이가 필요 없다고 설명했다. 그렇다면 18세기 무렵부터 석쇠가 등장한 것 같다. 즉 불고기는 통구이 바비큐 형태에서 꼬치구이로, 다시 석쇠에 구워먹는 형태로 발전했던 것이다. 이덕무가 "고기 굽는 석쇠는 반드시 깊이 간수해야 한다[炙肉鐵器 必深藏]."고 기록한 것으로 보아, 19세기에는 고기를 구울 때 석쇠를 사용하는 것이 일반적이었던 것 같다.

맥적과 설야멱을 계승한 것이 너비아니이다. 19세기 말 편찬된 것으로 추정되는 『시의전서(是議全書)』에 '너븨안이'가 처음 등장한다. 고기를 너붓하게 썬 데에서 유래된 것으로 여겨지는 너비아니는 왕실에서 먹던 음식이다. 즉 궁중불고기인 것이다. 민가에서 너비아니는 너비하니·버비안이·너비아니·

너부할미·너브할미·버비할미 등 다양하게 불리기도 했다. 지금도 너비아니가 판매되고 있는데, 불고기와 큰 차이가 없다.

너비아니

불고기라는 명칭은 일제강점기에 처음으로 등장했다. 1938년에 발표된 '오빠는 풍각쟁이야'에는 "불고기 떡볶이는 혼자만 먹고 오이지 콩나물만 나한테 주구"라는 가사가 등장한다. 불고기는 대중가요에 등장할 정도로 일반적인 음식이 된 것이다. 일제강점기였던 만큼 불고기를 야키니쿠(やきにく; 燒肉)로 표현하기도 했고, 소우육(燒牛肉)·소육(燒肉) 또는 구운고기·군고기·고기구이라고도 하였다.

일본의 야키니쿠는 소나 돼지 등의 고기와 내장에 소스를 묻혀 직접 불에 구워 먹는 음식이다. 우리의 갈비구이 내지는 불고기가 일본에 전해져 야키니쿠가 되었다는 주장도 있고, 일본의 야키니쿠가 우리의 불고기에 영향을 주었다고도 한다. 메이지이싱(明治維新) 이전 일본은 육식을 하지 않았던 만큼 야키니쿠는 우리의 영향을 받은 음식일 가능성이 높다. 한편 일본은 우리 불고기를 야키니쿠가 아닌 푸루코기(プルコギ)로 부른다.

일제강점기 유명했던 것은 평양의 순안불고기였다. 순안불고기는 양념하지 않은 고기를 구운 후 양념간장을 찍어 먹는 것이다. 이런 모습은 서양의 스테이크와 유사하다. 1508년 8월 16일 원접사(遠接使)로 평안도를 다녀 온 송일(宋軼)은 손님에게 소고기를 대접하는 것이 평안도의 풍속이라고 설명했다. 평양은 소고기를 많이 먹는 지역이었던 것이다. 1899년 11월 개방된 평양은 만주로 연결되는 교통의 요충지였던 만큼 '조선의 오사카(大阪)' 또는 '조선의 기타규슈(北九州)'로 불릴 정도로 번화했다. 그렇다면 소고기를 구워 양념에 찍어 먹는 문화는 서양의 영향을 받았을 가능성이 높다.

한일관불고기

불고기는 소고기를 얇게 썰어 양념에 재웠다가 석쇠에 구워 먹었다. 그랬던 불고기에 국물이 들어가기 시작한 것은 한국전쟁 이후 1960년 이전인 것으로 여겨지고 있다. '한일관(韓一館)'의 창업자 신우경(申祐卿)이 개발한 육수불고기가 전국으로 퍼져 나갔다고 하지만, 정확한 것은 아니다. 그러나 육수불고기를 서울식불고기로 부르는 만큼, 서울에서 시작되었을 가능성은 높다.

육수를 사용한 이유는 명확하지 않지만, 한국전쟁 후 물자부족 때문일 가능성이 높다. 석쇠불고기는 고기의 질이 중요한 만큼 등심[牛外心肉]이나 안심[牛內心肉] 등 최상급 부위가 사용되었다. 그러나 전후 식자재가 부족해 질이 떨어지는 고기를 이용하면서 강한 양념을 사용했다. 채소를 넣어 양이 많은 것 같은 느낌을 주었고, 육수를 부어 당면 등의 사리를 추가하고 밥도 비벼 먹을 수 있었다. 이런 이유로 육수불고기가 큰 인기를 얻었던 것이다. 석쇠에서 굽는 불고기가 육수불고기로 변한 데에는 일본의 스키야키나 평양의 어복쟁반 등 전골로부터 일정한 영향을 받았을 가능성도 있다.

육수불고기가 일반적이지만, 국물이 없는 불고기도 있다. 대표적인 것이 광양불고기와 언양불고기이다. 광양불고기는 고기를 양념에 미리 재워 두지 않고 즉석에서 양념하여 화로에 참숯으로 불을 피우고 석쇠에 구워먹는 것이다.

광양불고기의 유래에 대해서는 두 가지 이야기가 전한다. 하나는 조선시대 광양에 유배 온 선비가 아이들에게 글을 가르쳐 주자, 부모들이 은혜에 보답하기 위해 양념한 소고기를 석쇠에 구워 대접했다. 귀양에서 풀려난 선비는 한양으로 돌아와 '천하일미 마로화적(天下一味 馬老火炙)'이라며 그 맛을 그리

위했다고 한다. 마로는 광양의 옛 이름인 만큼, 광양의 불고기가 가장 맛있다는 뜻이다.

광양불고기

광양불고기가 해방 후 등장했다는 이야기도 있다. 1950년대 광양의 정육점 주인은 소 잡는 날에는 친구들에게 고기를 나눠 주곤 했다. 받기만 하는 것이 미안했던 친구들은 가끔 소고기를 사기도 했는데, 주머니 사정이 넉넉지 않아 싼 부위를 사서 구워 먹었다. 질긴 고기를 부드럽게 먹기 위해 얇게 썰어 굽기 직전 양념을 발라 숯불에 구워 먹었는데, 이것이 광양불고기의 유래라는 것이다.

광양불고기는 간장 양념을 기본으로 하고, 즉석에서 양념을 하여 석쇠에 구워 먹는 음식이다. 원래 광양지역의 집에서 먹던 음식이 1950년대 중반부터 상업화되기 시작하여, 1980년대 전후 전국적으로 알려지게 된 것으로 여겨지고 있다.

언양불고기는 석쇠 위에 소고기를 올려 소금으로 간을 맞춰 즉석에서 먹기도 하고, 간장으로 양념하여 먹기도 한다. 언양에는 일제강점기부터 도축장과 푸줏간이 있었다. 이 지역의 불고기는 소고기를 최대한 얇게 썰어 양념에 재워두고, 조금씩 밥상에 올리는 반찬이었다. 1954부터 언양불고기가 상업적으로 판매되기 시작했는데, 경부고속도로를 건설하면서 몰려든 인부들에 의해 전국에

언양불고기

돌판불고기

알려지게 되었다.

외환위기 이후 양념을 하지 않은 고기에 채소를 섞고 육수를 부어 끓여 먹는 야채불고기가 등장했다. 이 역시 푸짐하게 먹기 위한 방편이라 할 수 있다. 최근에는 뚝배기불고기가 인기를 끌고 있다. 뚝배기불고기의 등장을 고기만을 선호하면서 전골형태의 불고기가 사라지는 것으로 파악한 연구가 있다. 그러나 뚝배기불고기에도 어느 정도의 국물이 있고, 국물에 밥을 비벼 먹기도 한다. 불고기를 1인분만 판매하는 식당은 거의 없다. 불고기는 여러 사람이 함께 먹는 음식이다. 그런 점에서 혼자 불고기를 먹기 위해 개발된 음식이 뚝배기불고기라 할 수 있다. 돌판불고기 역시 마찬가지일 것이다.

양념이 되지 않은 생고기를 선호하면서 불고기를 찾는 사람이 줄었다. 그러나 불고기는 다양한 형태로 변모하고 있다. 1992년 롯데리아는 '불고기버거'를 생산했고, 맥도날드 역시 1997년부터 '불고기버거'를 판매하기 시작했다. 이후 '특불버거', '한우불고기버거' 등 다양한 형태의 불고기버거가 인기를 얻고 있다. 그 외 불고기피자, 불고기샌드위치, 불고기햄, 불고기참치, 불고기김밥 등이 등장했다. 이러한 모습은 우리에게 불고기에 대한 향수가 얼마나 짙게 배어 있는지를 잘 보여주고 있다.

갈비

불고기와 함께 즐겨 찾는 소고기 음식 중 하나가 갈비이다. 『아언각비(雅言覺非)』에는 "우협을 갈비로 부른다[牛脇曰曷非]."고 설명했다. 정약용(丁若鏞)은 曷非로 표기했지만, 그 외 㔔非·㔔飛로 쓰거나 갈이(㔔伊)라고도 했고, 한글로는 가비로 표기했다. 갈비는 뼈에 가까울수록 맛이 좋다고 한다. 그 이유는 갈비가 익으면서 뼈와 근육에서 골즙과 육즙이 어우러지기 때문이다.

갈비는 소 전체에서 2.5%, 좌우 합쳐 26대 밖에 없는 귀한 부위이다. 1~5번 본갈비, 6~8번 꽃갈비, 9~13번은 참갈비로 구분한다. 5·6·7번은 고기의 양도 많고 질도 좋아 생갈비로 사용된다. 3·4번과 8·9번은 육질은 생갈비와 비슷하지만, 고기 함량이 부족하기 때문에 등심 등 다른 부위를 붙여 양념갈비로 사용된다. 나머지는 주로 갈비탕용에 쓰인다.

지금의 소갈비는 조선 정조대 수원에서 시작되었다. 화성(華城)을 건설하면서 건축자재를 옮기기 위해 소가 많이 필요했다. 정조는 화성을 건설하면서 이주해 온 노동자들이 정착할 경우 소를 분양해 주고, 3년 후 송아지로 상환토록 했다. 그러면서 자연스럽게 조선 최대의 우시장이 수원에 생겼다. 우시장이 있는 만큼 소고기를 구하기 쉬워지면서 갈비를 조리하는 문화가 발달했던 것이다.

1945년 11월 이귀성(李貴成)은 미전옥(米廛屋)이라는 식당을 열었는데, 우거지탕에 갈비를 넣은 해장국을 판매했다. 그런데 해장국이 이익을 보지 못하자, 1946년 식당 이름을 '화춘옥(華春屋)'으로 바꾸고, 갈비를 양념에 재워 숯불에 구워 팔기 시작했다. 한국전쟁으로 잠시 중단되었던 수원갈비는 1954년 다시 '화춘옥'을 열면서 재개되었고, 이후 수원에 소갈비집이 여럿 등장했다.

수원갈비는 소금·설탕·참기름·후추·참깨·마늘 등으로 양념하는데, 간장을 사용하지 않는다. 또 뼈에 붙은 양쪽 살코기를 그대로 잘라내 뼈 양쪽에 살이 붙은 형태이다. 흔히 수원갈비를 왕갈비라고 부른다. 왕이 먹던 음식이

화춘옥의 갈비

부산의 해운대갈비

다이아몬드 칼집의 서울 강남의 공원형 갈비

라 해서 왕갈비로 불렀다고 하지만, 갈빗대가 커서 붙여진 이름일 가능성이 높다.

부산의 해운대갈비 역시 수원갈비의 영향을 받았다. 1950년 한국전쟁이 발발하면서 '화춘옥'을 운영하던 이들은 부산으로 피난을 갔고, 이곳에서 갈비 조리법을 알려주면서 해운대갈비가 탄생했다. 해운대갈비는 1960년대부터 전국적으로 알려졌다. 해운대갈비는 불판이나 석쇠가 아닌 불고기판과 같은 불판에 간장양념에 재운 갈비를 굽는다. 또 양념 국물에 면사리를 익혀 먹거나 밥을 비벼 먹기도 한다.

1970년대 서울의 강남이 개발되면서 부유한 사람들이 강남에 많이 살게 되었다. 수원의 갈비집에서 일하던 요리사들이 강남으로 영입되었고, 1981년 '삼원가든', 1982년 '늘봄공원' 등이 문을 열면서 공원식 갈비집이 등장했다. 공원식 갈비는 뼈를 두 쪽으로 잘라 한쪽에만 살코기를 붙인 외갈비 형식이다. 즉 수원갈비가 서울로 오면서 크기가 작아진 것이다. 또 소금을 이용한 양념과 달리 간장양념에 갈비를 재웠다. 양념이 잘 배어들도록 다이아몬드 형태로 칼집을 냈고, 이름 역시 불갈비가 되었다.

이동갈비는 갈비와 갈비의 나머지 살을 이쑤시개에 꽂아 숯불에 굽는다. 때문에 이동갈비는 이동면이라는 지명을 딴 것이지만, 갈비와 살을 이쑤시개에 꽂아 연결시키는 조리법을 가리키는 말이기도 하다. 이동갈비의 시작에 대해서는 미군 부대에서 버린 갈비를 주워 포를 떠서 먹으면서 시작되었다는 이야기, 한국전쟁 중 9·28 서울 수복 후 군인을 상대로 갈비를 팔던 집이 생기면서 시작되었다는 이야기 등이 함께 전하고 있다.

이동갈비는 갈비를 짧게 토막 내어 풍성하게 보이도록 한다는 특징이 있다. 1976년 도로가 포장되고 수도권 인구가 유입되는 과정에서 이동갈비가 알려지기 시작했다. 포천지역에서 군복무를 했던 사람들에게는 이곳에서 먹었던 갈비가 제대 후 추억으로 자리 잡았다. 뿐만 아니라 등산객들도 많이 지나다녔기에 전국적으로 유명해지게 되었다.

1980년대 소갈비의 수요가 급증하면서, 1988년부터 미국의 갈비가 수입되기 시작했다. 미국에서 수입된 갈비가 LA갈비이다. 우리의 갈비는 형태를 그대로 유지하지만, LA갈비는 소 늑골의 형태를 파괴해서 자른다. 즉 살이 많은 부분을 뼈의 직각 방향으로 잘라 만든 유대인들이 먹는 소갈비 프랑켄 스타일 립(Flanken Style Ribs)이 LA갈비인 것이다.

갈비 앞에 'LA'가 붙은 이유에 대해서는 다양한 견해가 있다. 가장 많이 알려진 것은 LA에 사는 한인이 프랑켄 스타일 립을 좀 더 얇게 잘라 한국식으로 갈비찜과 구이를 만들어 먹은 데에서 유래되었다는 것이다. 미국에서 한국으로 소고기를 수출할

포천의 이동갈비

LA갈비

때 거부감을 없애기 위해 한국 주민들이 많이 거주하는 로스앤젤레스를 상징하여 LA를 붙였다는 이야기도 있다. 마지막으로는 갈비를 세로로 자르면 뼈와 고기의 원형을 유지해서 보존율이 높아진다. 그래서 측면으로 자른다는 의미의 'Lateral Axisl'의 약자를 따서 LA갈비라 했다는 것이다.

2003년 미국산 소고기 파동이 있자, LA갈비를 꺼려하기 시작했다. LA를 미국 지명으로 생각하여 미국산 소고기로 여겼기 때문이다. 그러자 백화점이나 대형마트는 LA갈비가 아닌 LA식 갈비로 표기하고 있다. LA가 지명이 아닌 절단 방식임을 밝힌 것이다.

갈비를 이용한 음식 중 하나인 떡갈비는 갈빗살을 발라 다져 양념을 하고 뼈를 가운데 두고 살을 붙여 구운 음식이다. 원래 소고기로 만들지만 돼지고기를 더하기도 한다. 국왕이 체면 없이 갈비를 뜯을 수 없다고 하자 갈비를 다져 올렸고, 그 모양이 떡처럼 생겨 떡갈비로 불렸다는 이야기가 전한다. 즉 수라상에 올랐던 음식이 떡갈비라는 것이다. 그러나 이는 문헌으로 확인되지 않는 전하는 이야기에 불과하다.

떡갈비란 이름이 붙은 이유는 다진 고기를 떡을 치듯이 하여 만들어졌기 때문이라고도 하고, 모양이 제사상의 시루떡 모양 같기 때문이라고도 한다. 떡갈비가 언제 어디서 누구에 의해 개발되었는지는 확실하지 않지만, 역사가 오랜 음식은 아닌 것 같다.

우리의 떡갈비와 비슷한 음식이 서양의 햄버그스테이크인데, 우리는 일본식 발음인 함박스테이크(ハンバーグ)로 부르고 있다. 중국음식점에서 만날 수 있는 난자완스(南煎丸子) 역시 떡갈비와 비슷하다. 그렇다면 우리의 떡갈비는

햄버그스테이크나 난자완스에 일정한 영향을 받았을 가능성도 있다.

우리는 갈비를 주로 구이로 먹지만, 청동기시대 이미 시루가 등장했던 만큼, 갈비를 구이보다 먼저 찜의 형태로 먹었을 가능성도 충분하다. 『오주연문장전산고』에 "갈비뼈를 찐다[牛脇骨蒸]"는 설명이 있는 것으로 보아, 조선시대에 갈비찜을 먹었

동인동 찜갈비

음이 분명하다. 사실 가정에서 숯불로 갈비를 굽기 힘들다. 때문에 집에서는 대개 갈비를 찜의 형태로 먹었다. 지금도 설날이나 추석 등의 명절, 잔칫상에 갈비찜을 내놓는 경우가 많다.

갈비찜 하면 대개 간장 양념을 떠 올린다. 그런데 대구에서는 매운 양념의 찜갈비를 즐겨 먹는다. 1960년대 소갈비에 고춧가루와 마늘을 넣고, 양재기[洋磁器]에 담아 연탄불로 찜을 해 판매하던 것이 인기를 끌기 시작했다. 그 결과 동인동찜갈비골목이 형성되고, 찜갈비는 대구의 향토음식으로 자리 잡게 되었다.

로스구이

불고기와 갈비는 소고기에 양념을 한 음식이다. 그런데 신선도를 중시하고 양념 맛이 아닌 소고기 자체의 맛을 찾는 사람들이 늘어나기 시작했다. 그 결과 최근에는 양념하지 않은 생고기를 더욱 선호하는 것 같다.

우리가 갈비를 좋아하는 이유는 식육이 목적이 아닌 소의 경우 대부분 고기가 질긴데, 갈비뼈 부위는 운동량이 적어 덜 질기기 때문이다. 뿐만 아니

라 양념에 갈비뼈 성분이 녹아나와 훌륭한 맛을 내기 때문이기도 하다. 그런데 등심이 소의 등급을 결정하게 되면서, 축산농가에서는 갈비 공급에 유리한 황소보다는 암소와 거세우를 선호하기 시작했다. 그러면서 갈비는 뼈를 발라내는 등 손질에 비용이 많이 드는 부위가 되어 버렸다.

1990년대 이후 양념된 고기보다는 생고기를 찾기 시작했는데, 갈비 역시 마찬가지였다. 즉 갈비를 양념갈비와 생갈비로 구분하고, 생갈비가 양념갈비보다 고급스럽게 인식되기 시작한 것이다. 아예 갈비 부분의 살만 발라낸 갈빗살을 찾기도 한다. 양념을 하지 않기 때문에 좋은 고기를 내놓을 수밖에 없다. 그런 점에서 양념하지 않은 생고기에 주목하는 것은 생활수준의 향상과도 일정한 관계가 있는 것 같다.

생고기를 구워 먹은 역사는 생각보다 오래전에 시작되었는데, 방자구이가 그것이다. 『선화봉사고려도경』에는 방자(房子)들이 "사신들이 먹다 남긴 고기를 먹거나 집에 가져간다[每人使至 正當大暑 飮食臭惡 常必推其餘與之 飮啗自如 而又以其餘 歸遺于家]."고 기록하였다. 고려시대 방자는 중국 사신이 머무는 곳에서 잡일을 담당했다. 평소 고기 먹을 기회가 별로 없던 방자는 고기를 얻으면 양념도 하지 않고 급하게 구워 먹었던 것이다.

우리에게는 방자구이보다는 로스구이라는 말이 더 익숙하다. 로스구이는 생고기를 구워 기름장이나 소금에 찍어 먹는 것이다. 로스구이라는 말은 영어의 굽다는 뜻의 'roast'에 우리말 구이가 합쳐진 것이라는 이야기와 등심의 일본어 '로스(ロース)'에 구이가 합쳐진 것이라는 이야기가 함께 전하고 있다.

1980년대 초반까지만 해도 소고기를 판매하는 식당에는 로스구이가 있었다. 그런데 점차 로스구이가 사라지고, 그 자리를 등심이 대신했다. 이런 점으로 보아 등심의 일본어 로스에서 로스구이라는 말이 생겨났을 가능성이 더 큰 것 같다.

육회와 곱창

우리는 소고기를 익히지 않고 회로 먹기도 한다. 그것이 바로 육회와 육사사미이다. 육회는 소의 살코기를 얇게 저며 양념에 날로 무친 것이다. 때문에 양념생고기라고도 한다. 육회와 비슷한 음식이 타르타르스테이크(Tartar steak)이다. 몽골인들은 말고기를 안장 밑에 깔고 다니며 고기를 부드럽게 한 후 후추·소금·양파즙 등으로 조리해 먹었다. 타르타르스테이크는 독일의 함부르크에 전해졌는데, 생고기를 먹는 것이 익숙하지 않아 구워 먹었다. 이 음식이 햄버그스테이크(hamburg steak)다.

우리의 육회에는 배가 들어가는 반면, 타르타르스테이크는 야채가 들어간다. 그 외에는 달걀의 노른자를 얹는 것까지 두 음식은 거의 비슷하다. 우리의 육식문화가 원과 관계가 있는 만큼, 지금의 육회는 몽골의 타르타르스테이크에 일정한 영향을 받았을 가능성이 높다.

육회

육회와 달리 소고기를 양념하지 않고 날로 잘게 썰어서 먹는 것이 육사시미이다. 육사시미는 생육회라고도 하는데, 대구 지역에서는 뭉티기란 이름으로 육사시미를 즐겨 먹는다. 뭉텅뭉텅 썰어낸 고기라는 의미의 뭉티기는 사후경직이 이루어지기 전의 소고기이다. 육사시미는 소의 여러 부위를 사용하지만, 뭉티

대구 지역의 뭉티기

기는 소의 볼기 부분의 우둔살만을 사용한다.

우리는 소고기를 익혀서도 생으로도 먹지만, 또 하나의 특징은 소의 모든 부위를 먹는다는 점이다. 그 이유에 대해서는 소는 제사에 바치는 소중한 희생물이기 때문에 어느 부위도 버릴 수 없었기 때문이라는 의견도 있고, 농경에 반드시 필요한 생산 도구로 소중했기 때문에 버릴 수 없었다는 주장도 있다. 그 외 소를 먹어 온 역사가 오래 되어 소의 각 부위에 대한 미각이 발달했기 때문이라는 견해도 있다.

조선시대 소고기 음식 중 최고로 여겼던 것은 우심적(牛心炙)이었다. 우심적은 소의 염통을 얇게 저며 간장으로 양념하여 구운 음식으로 귀한 손님을 맞이할 때, 또는 최고급 선물로 이용되었다. 일제강점기 출간된 『조선요리제법』에는 소의 등골로 끓인 골탕, 소의 족과 사태로 끓인 주저탕(蹰躇湯; 족보기), 소고기와 천엽(千葉)·창자·양(胖) 등으로 요리한 추포탕(麤布湯), 소의 양을 표고버섯과 함께 볶아 먹는 양볶음, 소의 등골에 밀가루를 입혀 지진 등골 전유어, 염통을 꿰어 석쇠에 구운 염통산적 등이 수록되어 있다. 소의 콩팥은 식재료로 사용될 때는 두태(豆太), 한약재로 사용될 때는 우신(牛腎)으로 표기한다. 그 외 소의 뇌와 골수, 소의 이빨, 소의 코, 소의 담석인 우황(牛黃), 소의 뿔인 우각(牛角), 소의 쓸개인 우담(牛膽), 소의 발굽과 발굽의 힘줄, 소의 태반, 소의 고환(睾丸)과 음낭(陰囊) 등은 한약재로 사용되었다.

지금도 우리는 소의 다양한 부위를 먹는다. 소의 머리와 꼬리, 관절인 도가니, 족, 소의 혀[牛舌] 등은 탕이나 찜으로 먹는다. 소의 피인 선지는 식재료로 활용된다. 간과 천엽은 회로 먹는다. 특히 간은 눈에 좋다고 해서 많은 사람들이 찾는다. 실제로 『동의보감』에는 소의 간이 눈을 밝게 하며, 젖이 나오지 않을 때에는 소의 코로 국을 끓여 먹으면 좋다고 설명하고 있다.

소의 부산물 중 가장 많이 찾는 부위는 아마도 곱창일 것이다. 곱을 기름으로 보아 기름이 있는 창자였다는 견해도 있지만, 한자어 곡장(曲腸)이 곱창으로 변한 것으로 보는 것이 타당하다. 그렇다면 곱창은 구불구불 하기 때문에 붙여진 이름이다.

곱창구이는 처음 일본에서 시작
되었다는 이야기가 전한다. 일본인
들이 먹지 않고 버리는 소의 창자를
오사카에 있던 교포들이 구워 먹은
데에서 기인했다는 것이다. 그러나
일본에도 호르몬야키(ホルモン焼き)
라는 곱창구이 음식이 있다. 또『규
합총서(閨閤叢書)』에 소곱창찜이 등

곱창구이

장하는 것으로 보아, 구이형태는 아니지만 조선시대 이미 곱창을 먹었음이
확실하다.

지금은 곱창구이가 별식이 되었지만, 고기 먹을 형편이 못되는 사람들이
소고기 대신 먹었던 음식이었을 가능성도 있다. 서울 왕십리곱창골목은 마장
동 축산물도매시장과 가까운 곳이다. 즉 싸고 쉽게 곱창을 공급받을 수 있었
던 것이다. 왕십리 주변에는 영세한 공장이 많았고, 공장에서 일하던 노동자
들이 즐겨 찾던 안주가 곱창이었다. 그런 면에서 곱창은 서민과 밀접한 관계
가 있는 음식이었다고 할 수 있다.

곱창과 함께 파는 음식이 양이다. 소의 위는 총 4개로 구성되는데, 제1위는
양, 2위는 벌집양이다. 3위는 잎 모양의 내장이 천 장이나 붙어 있다는 천엽이
고, 4위는 막창위이다. 『음식디미방』에는 양을 솥뚜껑에 기름을 두르고 볶아
먹거나, 양을 삶은 양숙(胖熟)·양숙편(胖熟片) 등을 설명하고 있다. 즉 조선시
대 이미 양을 먹었고, 이후 양곰탕도 등장했던 것이다. 그러다가 곱창이 유행
하면서 양도 함께 판매하여 양곱창이 생겨난 것같다.

많은 사람들이 곱창을 찾으면서 대창[牛廣腸]도 함께 유행하고 있다. 곱창이
소의 소장이라면, 대창은 소의 대장이다. 곱창의 곱은 소화액이지만, 대창은
지방이다. 지방인 만큼 고소하지만, 가격도 싸고 건강에도 좋지 않다. 그런데

일부 식당에서는 양의 좋은 점을 대창에 억지로 갖다 붙이고, 모듬이라는 형태로 양이나 곱창과 함께 끼워 넣기 식으로 판매하고 있다.

돼지의 역사적 의미

2017년 우리 국민 1인당 돼지고기 소비량은 24.5kg으로 소고기 11.3kg의 두 배가 넘는다. 닭고기 소비 13.3kg도 돼지고기를 따라올 수 없다. 세계적으로도 1인당 돼지고기 소비량은 EU 28개국 평균소비량 32.1kg, 베트남 30.4kg, 중국 30.3kg에 이어 4위이다. 우리 국민이 가장 많이 먹는 고기는 돼지고기인 것이다.

돼지고기를 즐겨 먹으면서도 돼지하면 '많이 먹는다', '지저분하다' 등 부정적 인식을 가지고 있는 경우가 많다. 하지만 돼지는 우리 역사에서 풍년과 평안을 구하는 데 영험이 있다고 믿어졌기에 제물로 이용되었고, 돼지꿈을 길몽으로 여겨 왔다. 역사적으로 돼지는 부정적이기보다는 긍정적인 이미지가 더 강한 동물인 것이다.

집을 뜻하는 한자 '家'가 집[宀] 안에 돼지[豕]가 있는 형태로 이루어진 사실은 돼지가 인간의 삶과 밀접한 관련이 있음을 보여준다. 국립진주박물관에는 신석기시대에 만든 돼지모형의 토우(土偶)를 전시하고 있다. 이는 신석기시대 이미 돼지를 먹거나 길렀음을 보여준다.

부여에 저가((猪加)가 존재한 것으로 보아, 돼지를 토템(totem)으로 하는 부족이 있었을 가능성이 있다. 그렇다면 신성시 여긴 돼지를 식용으로 삼았을지 의문이다. 반면 지금의 제주도인 주호국(州胡國)에서는 소나 돼지 기르기를 좋아했다고 하는 만큼, 돼지를 먹었을 가능성이 높다.

『삼국사기』에는 기원전 1년 고구려 유리왕대 제사에 쓸 돼지[郊豕]가 도망가자, 돼지를 잡아 힘줄을 끊은 관리를 죽인 사실이 기록되어 있다.

돼지모양의 토우
(공공누리 제1유형 국립진주박물관 공공저작물)

3년 후에는 제사에 쓸 돼지가 도망갔는데, 그 돼지를 잡은 곳인 국내성(國內城)으로 도읍을 옮겼다. 208년에는 아들이 없던 산상왕이 제사에 쓰일 돼지를 쫓다가 여성과 잠자리를 함께 했다. 산상왕은 여성이 낳은 아이의 이름을 돼지라는 뜻의 교체(郊彘)로 지었는데, 이 아이가 산상왕의 뒤를 이은 동천왕이다. 이러한 사실들은 고구려에서 관리가 제사에 사용할 돼지를 관리했음을 보여준다. 또 돼지를 통해 도읍을 옮기고 후사를 얻은 사실은 돼지를 영험한 존재로, 또 인간과 하늘을 소통하는 매개체로 여겼음을 알려준다. 신성한 존재 돼지는 아마도 제사를 마친 후 함께 나누어 먹었을 것이다. 2014년 월성 부근 발굴 결과 6개월 안팎의 멧돼지 뼈가 다량 발굴되었다. 신라인들이 어린 돼지를 의례에 활용하거나 식용으로 삼았던 것이다. 그렇다면 백제 역시 이런 모습은 마찬가지였을 것이다.

고려시대에도 돼지는 신성한 동물로 인식되었던 것 같다. 『고려사』에는 왕건(王建)의 할아버지 작제건(作帝建)이 용왕에게 받은 돼지가 누운 곳에 집을 지어 왕건이 국왕이 된 사실을 기록하고 있다. 이 이야기는 고구려가 도읍을 정한 것과 비슷한 이야기로, 이 시기 돼지를 어떻게 이해하고 있는지를 잘 보여준다.

고려시대 돼지는 태묘(太廟)와 사직, 원구단(圓丘壇), 선농적전단(先農籍田壇), 마조단(馬祖壇), 풍사(風師)·우사(雨師)·뇌신(雷神)·영성(靈星) 등의 제사뿐 아니라, 왕릉을 참배할 때 사용되는 제물 중 하나였다. 하지만 『고려사』에는 신돈(辛旽)에 대해 "탐욕 포악하여 개돼지만도 못하니 반드시 나라를 망칠 것[旽之貪暴 犬豕不若 必誤國家]"으로 묘사하고 있다. 돼지는 신성한 제물이면서도 나라를 망칠 이미지로 표현되는 등 부정적인 인식도 나타나고 있는 것이다.

『태조실록』에는 이성계가 조선 왕조를 개창할 조짐 중 하나로 지리산 바위에서 얻은 글에 "목자가 돼지를 타고 내려와서 다시 삼한의 강토를 바로잡을 것이다[木子乘猪下 復正三韓境]."라는 구절이 있었다고 기록하고 있다. 이는 조선시대에도 돼지를 신성한 동물로 인식하였음을 보여준다. 또 고려시대와 마찬가지로 종묘와 선농단·선잠단(先蠶壇) 등 각종 제사에서 돼지를 희생물로 사용했다. 그러나 아부하는 사람을 가리켜 돼지처럼 꼬리를 잘 흔든다며 오방저미(五方猪尾)로 표현했다. 또 자신의 자식을 낮춰 돼지같이 어리석다는 뜻으로 돈아(豚兒)로 부르기도 했다. 조선시대 역시 돼지는 긍정과 부정의 이미지가 함께 존재했던 것이다.

조선시대에도 제물로 바쳐진 돼지는 제사 후 나누어 먹었을 것이다. 그러나 『태종실록』에는 명 황제가 "조선인은 돼지고기를 먹지 않으니, 광록시로 하여금 소고기나 양고기를 주라[朝鮮人不食豬肉 令光祿寺以牛羊肉供給]."는 명을 내린 사실을 기록하고 있다. 『규합총서』에도 돼지고기는 "풍을 일으키고 회충을 생기게 한다며, 풍이 있는 사람과 어린아이는 많이 먹으면 해롭다."고 기록했다. 『임원경제지』 정조지에도 "고기에는 보하는 성질이 있지만, 돼지고기만은 보하는 성질이 없다[凡肉有補 惟猪肉無補]."고 설명했다. 즉 돼지고기

종묘제례에 올릴 음식을 만들었던 전사청(典祀廳)

는 몸에 좋지 않다고 여겨 꺼렸던 것이다.

돼지는 소와 달리 곡물을 먹어 상대적으로 비용이 많이 들었다. 우리의 재래종 돼지 지례돈(知禮豚)은 검은 털에 몸집이 작고 주둥이가 길며 단단했다. 튼튼하고 병에 강한 장점이 있지만, 작을 뿐 아니라 번식력이 떨어지고 맛도 없었다. 18세기 조선을 방문했던 영국인 칼스(William Richard Carles)는 조선의 돼지가 매우 작다며, 종자 개량을 위해 영국의 돼지를 들여올 것을 제안했다. 실제 우리 재래종 돼지는 22.5~23.5kg에 불과했다. 우리 돼지는 식용으로 적합하지 않았던 것이다.

일제강점기 조선총독부는 우리의 소와 쌀의 수탈, 비료생산 등을 위해 돼지사육을 장려했다. 그러면서 요크셔(Yorkshire)와 버크셔(Berkshire)를 토종돼지와 교잡했고, 그러면서 토종돼지는 점차 퇴출되었다. 지금 우리가 토종돼지로 여기는 흑돼지 대부분은 흑색의 버크셔 혈통이 섞인 것이다.

한국전쟁 이후 돼지는 개량종으로 대부분 교체되었다. 전쟁으로 돼지의 사육이 급감하면서 흰색의 요크셔와 랜드레이스(Landrace), 갈색의 듀록저지(Duroc jersey) 등이 도입되었다. 암돼지는 생산성, 수돼지는 맛에 초점을 두어 개량되어 왔다. 지금은 랜드레이스와 요크셔를 교잡한 암돼지, 듀록저지를 교잡한 수돼지가 보편적이다. 최근 흑돼지를 찾는 이들이 많아지면서 버크셔의 사육도 점차 늘고 있다.

제물로 빠지지 않던 돼지는 고사(告祀)에도 등장한다. 고사 때 돼지를 올리는 이유는 칠성신앙과 관계 있다. 북두칠성의 일곱 번째 별인 파군성(破軍星)에 사는 신이 돼지이다. 파군성의 돼지는 인간의 길흉화복을 관장하는 신으로 하늘의 뜻을 알리고 인간의 소망을 신에게 전달하는 전령사였다.

개업식 등에도 돼지머리가 등장한다. 돼지머리는 나뭇조각을 물려 삶기 때문에 대개 웃는 얼굴을 하고 있다. 또 귀는 찬물에 담가 보기 좋게 세운다. 때문에 웃는 모습의 돼지가 복을 가져오는 것으로 생각하는 사람이 많지만, 사실 개업식 등에 돼지머리를 올리는 이유는 다른 데 있다. 윷놀이에서 '도'는 돼지를 상징하는 동시에 시작을 의미한다. 때문에 돼지머리를 차려 놓고 잘 되기를 기원하는 것이다. 원래 돼지는 돝(돈·돗)으로 불렸다. 돝의 새끼는 동물의 새끼인 '아지'를 더해 도아지 → 도야지 → 돼지였다. 그런데 돝이 잘 쓰이지 않으면서, 어미나 새끼 모두 돼지로 부르게 된 것이다. 도야지는 우리말의 잘 되기를 바라는 '되야지'와, 돼지는 '되지'와 발음이 비슷하다. 이런 이유로 돼지머리를 올리는 것이다. 마지막으로 돼지의 한자 '豚'은 우리말 '돈'과 발음이 같다. 돼지가 새끼를 많이 낳듯 많은 돈을 벌기를 바라는 마음에서 돼지머리가 등장하는 것이다.

삼겹살

돼지 한 마리에서 나오는 삼겹살은 9%에 불과하다. 그런데 우리의 돼지고기 소비량 중 삼겹살이 차지하는 비율은 25%이며, 2018년 전체 돼지고기 수입량의 40.1%를 삼겹살이 차지했다. 세계에서 삼겹살을 가장 많이 수입하기 때문에 대한민국을 삼겹살의 성지이자 종착지로 부르기도 한다.

　삼겹살은 돼지의 갈비뼈에서 뒷다리까지의 복부 부위 살인데, 비계와 살이 세 겹으로 되어 있는 것처럼 보여서 붙여진 이름이다. 『증보산림경제』에 삼겹살을 양념에 절였다가 삶은 사시납육(四時臘肉)이 등장하는 것으로 보아, 조선시대에도 삼겹살을 먹었음이 확실하다. 『조선요리제법』에서는 배에 있는 고기 세겹살이 돼지고기 중 가장 맛있는 부위라고 소개하고 있다.

　'삼겹살 먹자'는 말은 삼겹살을 구워먹자는 뜻이다. 삼겹살 하면 구이가 일반적인 것이다. 그러나 조선시대와 일제강점기 삼겹살의 조리 방식은 지금과 달리 삶아 먹는 형태였다. 서양에서는 삼겹살을 소금에 절여 훈제한 베이컨(bacon), 훈제하지 않고 소금에 절여 말린 판체타(pancetta) 등의 형태로 먹는다. 중국의 동뽀로우(東坡肉)와 일본 오키나와의 라후테(羅火腿) 등은 삼겹살을 찐 음식이다.

우리는 언제부터 삼겹살을 구워 먹기 시작한 것일까? 전해지는 이야기로는 삼겹살 구이의 발원지는 개성이라고 한다. 개성에서는 인삼과 삼겹살을 함께 먹었고, 그 맛을 '삼삼하다'고 표현했다는 것이다. 해방 이후 탄광촌에서 일하는 광부들이 목에 낀 먼지를 배출하는데 돼지고기가 좋다는 이야기를 듣고, 사람들이 찾지 않아 상대적으로 가격이 싼 돼지 뱃살을 구워 먹은 데에서 삼겹살이 유래했다는 이야기도 있다. 반면 삼겹살을 구워 먹는 문화는 1970년대 중반부터 시작되었다는 의견과 1980년대 말부터라는 견해도 있다.

돼지고기는 수퇘지의 웅취(雄臭)와 돼지 특유의 이취(異臭) 등 비린내가 심하다. 때문에 냄새를 없애기 위해 생강·파·마늘 등을 넣어 함께 끓이거나, 양념에 고기를 재운 제육볶음·두루치기·돼지갈비 등으로 먹었다.

양념하지 않은 삼겹살구이는 양돈방식의 개선과 관련이 있다. 패트릭 제임스 맥그린치(Patrick James Mcglinchey) 신부는 제주도민의 경제적 자립을 위해 돼지를 빌려주고, 번식 후 돌려받는 가축은행을 실행했다. 1961년에는 '성 이시돌 중앙실습목장'을 설립했고, 이듬해 이시돌농촌개발협회를 발족시켜 제주도 한림읍 금악리에 양돈장을 만들었다. 이곳에서는 먹다 남은 음식이 아닌 배합사료를 먹여 잡냄새가 나지 않는 돼지고기를 생산하기 시작했다. 이때부터 제주도에서는 양념하지 않은 돼지고기를 구워 먹을 수 있었다. 때문에 제주도의 돼지고기가 맛있다는 평을 받게 되었던 것이다. 이시돌목장은 1960년대 말 홍콩에 살아 있는 돼지를 수출했다. 중국이 홍콩에 저렴하게 돼지를 공급하면서 홍콩으로의 수출이 막히자, 1971년부터는 일본에 돼지고기를 수출했다.

1973년 삼성이 용인자연농원 내 양돈단지를 설립하면서 기업형 양돈이 시작되었다. 이시돌목장과 마찬가지로 사료를 먹였고, 수퇘지는 거세하여 웅취를 예방했다. 1978년 돼지고기의 일본 수출이 중단되면서, 수출용으로 규격화되어 생산된 돼지고기가 국내 시장에 공급되기 시작했다. 그러나 이때 돼지로스구이로 불렸던 삼겹살은 제주도나 대도시에 국한된 것이었던 만큼 삼겹살의 대중화라고 할 수는 없을 것 같다.

1997년 11월 21일 외환위기에 몰린 우리 정부는 IMF(국제통화기금)에 구제금융을 신청했고, 2001년 8월 23일까지 우리 경제는 IMF의 관리체제하에 들어갔다. 삼겹살의 유행을 IMF와 연관시켜 설명하기도 한다. 즉 경제가 어려워 소고기가 아닌 돼지고기를 찾으면서 삼겹살이 유행했다는 것이다. 그러나 1990년대 초반 이미 회식 음식이 삼겹살이었고, 삼겹살 거리가 형성된 곳도 있었다.

삼겹살이 유행하기 시작한 것은 1980년대였던 것 같다. 1980년 한국후지카 공업이 휴대용 가스레인지 '부루스타'를 개발했다. 이때부터 부루스타와 불판만 가지고 삼겹살을 판매하는 식당이 늘어났다. 저금리·저유가·저달러의 '3저현상'으로 우리 경제가 유래 없는 호황을 누리게 되면서 많은 사람들이 고기를 찾았다. 휴대용 가스버너가 등장하면서 야외에서 고기를 구워 먹는 문화도 확산되었다. 그러나 소고기는 아무래도 부담이 되었던 만큼 돼지고기를 찾았다. 즉석으로 먹기에는 양념되지 않은 생고기가 훨씬 간편했다. 이러한 점들이 복합적으로 작용하여 삼겹살의 수요가 늘어나게 된 것 같다.

삼겹살이 유행하면서 껍질 부위를 제거하지 않은 오겹살이 등장했다. 삼겹살을 만들기 위해서는 돼지 껍질과 지방층을 제거해야 한다. 오히려 오겹살보다 삼겹살 만드는 것이 힘든 것이다. 그런데 오겹살의 껍질에 콜라겐이 많아 미용에 좋다고 여겨 삼겹살보다 고급으로 취급되면서, 오겹살이 삼겹살보다 비싸게 팔리고 있다. 오겹살의 인기가 높아지자 삼겹살에 껍질부위를 붙여 정형하여 판매하기도 한다. 목삼겹도 삼겹살과 함께 인기를 끌고 있지만, 목삼겹은 돼지 목살을 삼겹살처럼 파는 것에 불과하다.

오겹살과 목삼겹의 등장을 가져온 삼겹살은 무한 변신중이다. 삼겹살을 얇게 썬 후 물을 먹인 뒤 말린 대패삼겹살이 등장했다. 또 대나무 통에 넣어 숙성시킨 죽통삼겹살, 허브향이 풍기는 허브삼겹살, 매실에 숙성시킨 후 금을 입혀 구워 먹는 매실금삼겹살, 와인에 숙성시킨 와인삼겹살, 된장에 숙성시킨 된장삼겹살, 고추장양념을 입혀 굽는 고추장삼겹살, 녹차가루를 뿌려 재운 녹차삼겹살 등이 인기를 끌기도 했다.

삼겹살을 먹는 방법도 여러 모습으로 변형되었다. 기름장이나 쌈장과 함께 먹는 것이 일반적이지만, 콩가루·간장소스·멸치젓 등에 찍어 먹기도 한다. 상추나 깻잎이 아닌 떡에 싸 먹기도 하고, 김치를 삼겹살과 함께 구워 먹기도 한다. 오징어를 만나 오삼불고기, 주꾸미를 만나 쭈삼으로 변신하기도 했다.

삼겹살을 구우면 기름이 많이 나온다. 이 문제를 해결하기 위해 불판도 계속 진화하고 있다. 1990년대 중반 솥뚜껑삼겹살이 등장했다. 농촌에서 솥뚜껑에 삼겹살을 구워 먹는 것을 보고 솥뚜껑 형태의 불판을 만들었을 것이다. 솥뚜껑불판에 삼겹살을 구우면 기름이 솥뚜껑을 타고 흘러내려 고기가 느끼하지 않고 바싹한 느낌을 주어 큰 인기를 얻었다. 돌판에 구워 먹는 돌판 삼겹살도 등장했다. 아마도 물가에 놀러가 강자갈에 고기를 구워 먹는 것을 보고 돌로 삼겹살 불판을 만들었을 것이다. 그 외 대나무불판이 등장했는가 하면, 연탄불 위에 석쇠를 놓고 삼겹살을 구워 먹기도 한다.

우리의 삼겹살은 세계로 진출하고 있다. 일본 쓰시마에서는 뜨거운 철판에 구운 삼겹살과 상추·마늘·쌈장을 함께 내온다. 한국의 삼겹살과 마찬가지인데 혼자 먹을 수 있는 형태인 것이다. 중국의 항저우(杭州), 베트남 다낭(Da Nang) 등지에서도 우리가 먹는 방식 그대로의 삼겹살을 만날 수 있다. 한국인들이 많이 찾는 곳에 삼겹살을 파는 식당이 있다고 생각할 수도 있지만, 외국인들 역시 삼겹살의 맛에 반하고 있음을 보여주는 것이기도 하다. 실제로 2019년 한식진

쓰시마에서 판매되고 있는 삼겹살

흥원의 조사 결과 한국 방문 전 외국인이 가장 잘 알고 있는 한국 음식 1위는 비빔밥이지만, 한국 방문 후 가장 먹고 싶은 한식 1위는 삼겹살이었다. 이런 점에서 삼겹살 역시 한국을 대표하는 음식이라 할 수 있을 것 같다.

우리가 삼겹살에 열광하는 것을 돼지고기 소비에 익숙하지 못한 역사의 산물이며, 특별한 기술 없이 판매하기 때문으로 평가하는 이도 있다. 삼겹살은 불에 구워지면서 고기는 단단해진다. 지방이 타면서 고소한 냄새가 나고 부드러운 느낌이 난다. 먹을 때는 부드러운 지방과 단단한 고기가 섞이면서 좋은 질감을 낸다. 역시 맛이 좋기 때문에 삼겹살은 인기가 있는 것이다. 뿐만 아니라 여러 모습의 삼겹살이 등장했고, 먹는 방법과 불판 등을 개선하는 등의 노력이 있었다는 사실을 간과해서는 안 될 것이다.

돼지갈비와 제육볶음

돼지고기를 먹을 때 삼겹살과 함께 가장 많이 찾는 것이 돼지갈비이다. 돼지는 소와 달리 갈비 부위에 살이 많지 않기 때문에 대개 앞다리살이나 뒷다리살을 붙여 돼지갈비라는 이름으로 판매한다. 앞다리살과 뒷다리살은 상대적으로 맛이 떨어지기 때문에 맛을 보완하기 위해 양념에 재웠고, 소갈비처럼 간장으로 양념했기에 돼지갈비로 불렀을 것이다. 다른 한편으로는 소갈비를 먹을 만큼 여유가 없는 서민들이 돼지고기로 소갈비를 먹는 기분을 내기 위해 돼지갈비로 불렀을 가능성도 있다. 생활에 여유가 생기면서 돼지의 갈비 맛을 원하는 이들이 늘어나면서 소갈비와 마찬가지로 돼지갈비도 생갈비가 나타났다. 돼지갈비 하면 양념된 갈비를 가리키는 반면, 양념하지 않은 갈비를 생갈비로 구분하여 부르는 것으로 보아, 양념갈비가 먼저 시작되었음이 확실하다.

돼지갈비 하면 떠오르는 것이 마포갈비이다. 마포갈비의 유래는 명확하지

양념을 하지 않은 생돼지갈비

않다. 지방에서 올라온 배들이 서울에 물자를 공급할 때 이용하는 곳이 마포나루이다. 마포나루를 통해 해산물도 공급되었는데, 그 중에 새우젓도 있었다. 어쩌면 마포나루에서 일하던 노동자들이 새우젓과 어울리는 돼지고기를 직접 구워 먹었을 수도 있다. 다른 한편으로는 상인들이 모이는 만큼 음식점도 생겨났고, 저렴한 돼지고기 음식점들이 등장했을 것이다. 1956년 '마포최대포집'이 개업하면서 돼지갈비집들이 상권을 형성했다. 1960년대 마포나루는 사라졌지만, 이미 형성된 돼지갈비집에는 사람들이 많이 몰렸다. 그러면서 마포갈비가 돼지갈비의 대명사가 된 것 같다.

돼지갈비가 간장으로 양념한 음식인 반면, 돼지고기를 고추장으로 양념하여 구워 먹는 음식이 제육볶음이다. 돼지갈비가 주로 밖에서 사먹는 음식이라면, 제육볶음은 집에서도 쉽게 만들 수 있다. 또 돼지갈비는 그 자체가 중심이지만, 제육볶음은 대개 반찬으로 많이 먹는다.

돼지는 다양한 한자어를 가지고 있다. 12간지에서 돼지는 해(亥)로 표현되고, 멧돼지와 집에서 기르는 돼지를 아우르는 한자는 시(豕)이다. 멧돼지는 저(豬)·체(彘)·희(豨)·단(猯; 貒)·원(豲) 등으로 표기했다. 수퇘지는 가(猳; 豭), 암퇘지는 파(豝)·루(豴)·체(彘), 거세한 돼지는 분(豶), 새끼돼지는 혜(豯)·종(豵; 豵), 작은 돼지는 명(豵), 큰 돼지는 견(豣)이다. 그 외 옹(豬)·희(豨) 등으로도 표기했다. 새끼돼지는 돈(豚), 성장한 돼지는 저(豬), 2년 이상 키운 돼지는 숙저(宿豬)로 표현했다. 때문에 돼지고기를 저육(豬肉)이라 했고, 여기에서 제육볶음이라는 이름이 만들어진 것이다.

『시의전서』에 제육구이는 너비아니와 같은 방법으로 조리한다고 한 것으로 보아 간장으로 양념했을 가능성이 높다. 1924년 간행된 『조선무쌍신식요리제법』에는 제육볶음을 간장·파·후춧가루·설탕 등으로 만든 음식으로, 1934년 간행된 『조선요리제법』에서도 제육볶음은 간장이나 새우젓국으로 간을 맞춘다고 설명했다. 그렇다면 지금 우리가 돼지불고기로 부르는 음식이 제육볶음인 것이다. 그런데 1939년에 간행된 『조선요리법(朝鮮料理法)』에는 고추장 양념이 들어간 제육구이가 수록되어 있다. 그렇다면 지금처럼 고추장 양념이 들어간 제육볶음은 1930년대 후반 시작되었을 가능성이 높다. 그러면서 간장양념은 돼지불고기, 고추장양념은 제육볶음으로 정착된 것 같다.

제육볶음과 비슷한 음식이 두루치기이다. 음식점에서 파는 제육볶음과 두루치기는 쉽게 구분이 가지 않는다. 어쩌면 음식점에서 어떤 명칭을 사용하는지에 달린 것일 수도 있다. 두루치기는 '한 가지 물건을 이리저리 둘러쓰는 일'을 가리키는 말이다. 때문에 돼지고기로 어떤 요리를 해도 두루치기라는 이름을 붙일 수 있을 것 같기도 하다.

경상도에서는 묵은 김치를 돼지고기와 고추장으로 만든 양념장으로 볶아 먹는 것을 두루치기라고 했다. 안동에서는 소고기·천엽·간·콩나물 등의 야채와 매운 양념을 섞어 불 위에 얹어 국물을 조금 붓고 걸쭉하게 끓여 먹는 음식을 두루치기라 했는데, 안주로 많이 찾는 음식이었다. 이로보아 두루치기는 경상도에서 시작되었을 가능성이 높다. 경상도에서 시작된 두루치기가 전국적으로 퍼지면서, 제육볶음과 차이가 없어지게 된 것 같다.

보쌈

고기로 음식을 만드는 가장 쉬운 방법은 물에 삶는 것이다. 아마도 토기가 만들어지면서부터 우리는 고기를 삶아 먹었을 것이다. 이처럼 고기를 물에 삶아 건진 것이 수육[熟肉]이다. 수육은 자육(煮肉)이라고도 했고, 흰색 고기라

보쌈

는 뜻의 백육(白肉)에서 비롯되어 바
육으로도 불렀다.

고기를 덩어리째 푹 삶은 것이 수
육이라면, 수육을 베보자기에 싸서
무거운 것으로 눌러 수분과 기름기
가 빠진 뒤 얇게 썬 음식이 편육(片
肉) 또는 숙편(熟片)이다. 그 외 편육
은 고기 조각을 나타내는 말이기도
했다. 대개 편육은 소나 돼지의 고기
로 만들지만, 물고기를 으깨 녹말·참기름·간장 등과 섞어 찐 다음 썰어낸
생선숙편도 있다. 어떤 의미에서 생선숙편은 지금의 어묵과 비슷한 것이라
할 수 있을 것 같다.

편육에는 소의 머리로 만든 소머리편육, 소의 혀로 만든 우설편육, 소의
족으로 만든 족편, 업진살편육, 양지머리편육 등이 있다. 그러나 조선시대에
는 편육하면 대개 돼지의 목살이나 삼겹살로 만든 저숙편(豬熟片)이었고, 이것
이 지금의 보쌈이다. 보쌈은 삶은 돼지고기를 베보자기에 싸서 다듬잇돌로
눌러 놓았다가 얇게 썰어 먹었기 때문에 붙여진 이름인 것 같다.

일제강점기 편찬된 『조선요리제법』에는 편육을 국수와 함께 먹는 음식으
로 소개하고 있다. 지금도 막국수를 판매하는 곳에는 대개 편육을 함께 판매
한다. 그렇다면 돼지고기 편육을 보쌈김치와 함께 먹는 보쌈은 언제부터 시
작되었을까? 일제강점기 외국의 돼지가 사육되면서부터라는 말도 있고, 해
방직후 보급되기 시작했다고도 한다. 전국에 체인점이 있는 '원할머니보쌈'
은 1975년 황학동, '놀부보쌈'은 1987년 신림동에서 시작되었다. 그렇다면
지금과 같이 보쌈을 먹는 문화는 1970년대 중반 이후 서울에서부터 대중화된
것 같다.

PART 7

닭고기

전래와 수용

닭[鷄; 雞]은 어둠 속에서 새벽을 알리고 빛의 도래를 예고한다고 해서 촉야(燭夜), 머리에 관을 쓰고 있다고 해서 대관랑(戴冠郎)이라고도 했다. 그 외 벽치(鷿鴉) 또는 추후자(秋候子)로도 표현했다. 인도 등 동남아시아에서 기원전 6~7세기경부터 인간에 의해 사육되기 시작했다고 한다. 함경북도 청진 농포동과 평안남도 온천군 궁산리 유적에서 닭 뼈가 출토된 것으로 보아, 우리는 늦어도 신석기시대에는 닭을 먹었음이 확실하다.

『삼국유사』에는 금관가야의 수로왕과 혼인하기 위해 아유타국(阿踰陀國)에서 배를 타고 온 허황옥(許黃玉)이 가져온 파사석탑(婆娑石塔)에 희미한 붉은 무늬가 있는데, 이것은 닭 볏의 피로 찍은 것이라고 기록되어 있다. 아유타국은 인도 갠지스 강변의 아요디아(Ayodhya)라는 해양 도시로 보기도 하고, 타일랜드의 아유티야(Ayuthya)로 추정하기도 한다. 또 허황옥은 중국 쓰촨성(四川省)에 살던 파족(巴族)의 중심 세력인 허씨 가문의 딸이며, 허씨 가문의 뿌리는 인도라는 주장도 있다. 이로 보아 닭은 인도 또는 동남아시아에서 전래되었을 가능성이 크다.

『삼국유사』에는 박혁거세(朴赫居世)의 부인 알영(閼英)은 계룡(鷄龍)에서 태어났으며, 박혁거세가 계정(鷄井)에서 태어났기 때문에 나라 이름을 계림(鷄林)으로 했다고 기록하고 있다. 김알지(金閼智)설화에서는 탈해왕이 밤에 닭 우는 소리를 듣고 호공(瓠公)을 보내 금궤짝을 가져오게 했기 때문에 그 숲을 계림으로 했고, 그것이 국호가 되었다고 한다. 천축(天竺)에서는 신라를 쿠쿠타스바라(Kukutesvara)로 불렀는데, kuku는 닭의 울음 소리, t는 닭, esvara는 고귀하다는 뜻이라고 한다. 이러한 이야기들을 통

허황옥이 가져왔다고 전하는 파사석탑

닭과 관련된 설화가 전해지고 있는 경주 계림

해 신라에서는 닭이 숭배의 대상이었음을 알 수 있다. 또 경주김씨의 시조 김알지설화에 닭이 등장하는 것으로 보아 닭이 경주김씨의 토템이었을 가능성도 있다. 그렇다면 신라인들이 과연 닭을 먹었을지 의문이다.

『고려사』에는 의종대 궁녀가 왕의 총애를 받기 위해 닭의 그림을 왕의 침상에 둔 사건을 기록하고 있다. 『고려사절요』에는 신돈이 양기를 돋우기 위해 닭을 잡아먹었다고 한다. 고려시대 닭은 남성을 상징하는 동물이며, 정력에 좋은 음식으로 여겨졌던 것이다.

조선시대에는 닭의 사육이 무척 성행했던 것 같다. 『중종실록』에는 평안도에서 소 잡기를 닭 잡듯 하니 소가 모자랄 수밖에 없다는 기록이 있다. 이는 소의 무분별한 도살을 금해야 함을 강조한 것이지만, 이를 통해 조선시대 닭이 많이 보급되었음을 확인할 수 있다.

조선시대의 닭은 고기를 먹기 위해서보다는 계란의 공급원으로 길러졌다. 그렇다고 해서 닭고기를 전혀 먹지 않은 것은 아니었다. 닭찜[鷄烝]·닭죽·백숙·닭구이 등을 먹었던 기록이 있다. 특히 닭곰탕[鷄膏]은 환자들의 원기회복을 위한 별식이었다고 한다. 『용주유고(龍州遺稿)』에는 김육(金堉)이 세상을 떠났을 때 조문하지 못한 것을 한탄한 조경(趙絅)이 외손자로 하여금 닭을 보낸 사실이 기록되어 있다. 이로 보아 닭은 장례식이나 제사 등에도 필요한 음식이었던 것 같다.

한국전쟁 이후 미국은 구호 차원에서 대량으로 농가 사육용 닭을 공급했다. 지금 우리가 먹는 닭 역시 육계(肉鷄)라고 해서 부화 후 30일 정도면 먹을 수 있는 품종이다. 1985년 '마니커', 1986년 '하림' 등 닭고기 생산업체가 등장했다. 그러면서 닭고기는 대량으로 공급되었고, 우리는 쉽게 닭고기를 접할 수 있게 된 것이다.

일제는 경제성이 떨어진다는 이유로 우리의 토종닭을 도태시켰다. 흔히 오골계(烏骨鷄)를 토종닭으로 알고 있지만, 오골계는 깃털이 희고 뼈가 검은 일본 닭이다. 1994년 토종닭 복원 사업이 시작되었다. 이렇게 복원된 닭이 재래닭인데, 연산오계·청리·고센·구엄닭·현인닭·고려닭 등이 여기에 속한다.

백숙과 닭한마리

닭은 소나 돼지와 달리 많은 집에서 사육하던 동물이었다. 물론 닭도 귀했지만, 소나 돼지보다는 쉽게 접할 수 있었다. 예전 사위가 처가댁에 가면 장모님은 사위에게 씨암탉을 잡아주었다. 조선시대 닭은 계란을 공급해주는 중요한 가축이었던 만큼 닭은 더 이상 달걀을 낳을 수 없을 때에야 잡아먹었다. 사위에게 씨암탉을 잡아주는 것은 앞으로 먹을 달걀을 포기하는 최상의 대접이었던 것이다.

장모님이 씨암탉을 잡아주는 것은 단순히 사위가 '백년손님'이기 때문이 아니었다. 닭은 양기가 많은 음식이다. 때문에 닭고기를 먹고 자손을 많이

닭백숙

낳으라는 기원이 담겨 있는 것이다. 또 닭에게는 다섯 가지 덕이 있다고 여겼다. 머리의 벼슬은 문(文), 다리를 들고 싸우는 무(武), 적을 보면 치열하게 덤비는 용(勇), 먹을 것을 보고도 다투지 않는 인(仁), 때가 되면 시간을 알려주는 신(信) 등이 그것이다. 때문에 다섯 가지 덕을 가진 닭을 먹고 사위가 출세하기를 바랐던 것이다.

장모님이 잡아 준 씨암탉이 어떤 형태의 음식이었는지는 알 수 없지만, 백숙(白熟)이었을 가능성이 높다. 백숙은 고기나 물고기 등을 양념 없이 푹 삶아 익힌 음식이다. 그런데 백숙 중에는 닭으로 만든 백숙이 가장 맛이 좋아, 백숙하면 닭백숙을 가리키는 것으로 정착된 것 같다. 닭백숙은 닭고기를 부드럽게 쪘다고 해서 연계증(軟鷄蒸)이라 했는데, 『음식디미방』에서는 물로 찐다고 해서 수증계(水蒸鷄)로 설명했다.

조선시대에는 지금과 달리 항아리를 종이로 막은 후 찌는 형태로 백숙을 만들었다. 또 찹쌀과 마늘을 넣지 않고 산초·차조기·회향(茴香)·형개(荊芥)·도라지 등을 넣었다. 닭죽도 찹쌀이 아닌 멥쌀을 사용했다. 요즘에는 한약재를 넣은 한방백숙, 능이를 넣은 능이백숙, 각종 해물을 넣은 해물백숙, 찹쌀을 바닥에 깔고 닭고기를 얹어 삶은 누룽지백숙 등 여러 형태의 백숙이 등장하고 있다.

한국을 찾는 일본인들이 가장 많이 찾는 음식 중 하나가 닭한마리이다. 닭한마리는 닭이 통째로 삶아진다는 점에서 닭백숙과 유사하다. 때문에 닭한마리를 오래전부터 먹었던 음식으로 아는 이들이 많은데, 닭한마리는 1970년대 동대문시장에서 시작된 음식이다.

1972~1977년 동대문시장 주변에 고속버스터미널이 있었다. 시장과 터미널이 있었던 만큼 많은 사람들이 몰렸고, 시장에서 닭칼국수를 판매하는 음식점들이 늘어나기 시작했다. 그러면서 닭한마리가 개발되었다. 닭한마리라는 이름은 손님이 닭칼국수 또는 닭백숙을 '닭한마리'로 잘못 말한 것에 의해 유래되었다는 이야기가 전하고 있다.

닭한마리

닭한마리는 닭이 익으면 고기·떡·감자 등을 양념장에 찍어 먹고, 남은 국물에 칼국수를 끓이거나 밥을 넣어 죽을 만들어 먹는다. 기호에 따라 김치·마늘·양념장 등을 넣어 얼큰한 국물을 만들 수 있고, 떡·면·감자 등의 사리 등을 추가하기도 한다. 즉 우리의 백숙에 샤브샤브적인 요소가 가미된 퓨전 음식이라 할 수 있다. 이런 점 때문에 일본 관광객들이 닭한마리를 많이 찾는 것 같다.

닭도리탕과 찜닭

백숙만큼 즐겨 찾는 닭고기 음식이 닭도리탕이다. 닭도리탕을 전통 음식으로 알고 있는 경우가 많은데, 사실 닭도리탕의 역사는 그리 오래된 것이 아니다. 대규모 산란 양계장이 등장한 1970년대부터 음식점에서 닭도리탕이 판매되기 시작했다. 식용을 위한 닭은 어느 정도 성장하면 판매하지만, 달걀을 낳는 산란계는 알을 낳지 못할 때까지 키웠다. 알을 낳지 못할 때쯤이면 산란계는 맛이 없어 팔 수 없었다. 때문에 고춧가루를 풀고 양념을 강하게 하여 닭의

닭도리탕

냄새를 없앤 닭도리탕이 등장했던 것이다.

닭도리탕의 '도리'는 일본의 새나 닭을 나타내는 '토리(とり)'에서 유래된 것이라며, 닭도리탕을 닭볶음탕으로 부르기도 한다. 국어사전에도 닭도리탕은 닭볶음탕의 비표준어로 설명하고 있다. 그러나 엄밀한 의미에서 볶는다는 표현은 맞지 않다. 때문인지 닭매운탕·닭매운찜·닭감자탕·닭감자조림 등으로 부르기도 한다. 닭도리탕의 도리가 일본어라서 쓰지 말아야 한다면, 닭튀김을 영어인 치킨으로 표현하는 것은 어떻게 이해해야 하는 것일까?

1925년 발행된 『해동죽지(海東竹枝)』에는 평양의 특산물로 도리탕(桃利湯)을 설명하고 있다. 도리탕은 닭을 잘라 버섯 등과 함께 삶아 익혀 먹는 음식이다. 도리탕으로 부른 이유는 닭 끓이는 솥에서 봄바람을 타고 복숭아와 오얏 향기가 풍기기 때문이라고 한다. 그 외 '조리'의 순수 우리말 '됴리'가 '도리'가 되었다는 이야기도 있고, '도려내다'는 뜻의 '도리다'에서 '도리'가 유래했다는 견해도 있다. 즉 닭고기를 칼로 쳐서 토막 낸 일부분을 도리라고 해서 닭도리탕이라는 이름이 생겼다는 것이다.

『해동죽지』가 일제강점기 편찬된 책인 만큼 도리탕은 일본어 토리를 차용한 것이라는 견해도 있다. 우리는 닭으로 음식을 만들 때 대개 몸통 전체를 사용한다. 삼계탕·백숙 등이 그러하다. 그러나 닭도리탕은 닭을 토막 내어 요리한다는 특징이 있다. 때문에 도려내어 만든 탕이라는 의미에서 도리탕으로 표현했을 가능성이 높다.

닭도리탕은 토막 낸 닭고기를 감자와 함께 고추장으로 만든 음식이다. 하지만 『조선무쌍신식요리제법』에서는 닭볶음은 새우젓국으로 간을 하는데,

개성에서는 이를 도리탕으로 부른다고 설명하고 있다. 『조선요리법』에는 간장으로 조린 닭조림이 소개되어 있다. 즉 일제강점기 닭도리탕은 간장이나 새우젓으로 간을 한 음식이었던 것이다.

닭도리탕과 비슷한 음식이 찜닭이다. 찜닭하면 안동이 떠오르는데, 안동찜닭은 닭고기를 매콤한 간장 양념에 조린 음식이다. 안동찜닭의 유래에 대해서는 두 가지 이야기가 전한다. 첫째는 조선시대 안동의 안[內] 동네 양반집에서 특별한 날 먹던 찜닭을 바깥 동네에서 안동네찜닭으로 부르던 것에서 유래되었다는 것이다. 때문에 안동찜닭은 안동의 대표적 향토음식이라는 것이다. 반면 안동찜닭을 개발된 퓨전음식으로 보기도 한다. 1970년대 안동 구시장에 튀김통닭을 파는 통닭골목이 형성되었고, 1970년대 후반 이곳에서 마늘통닭이 만들어졌다. 마늘통닭은 안동에서 별식으로 자리 잡았지만, 가격이 비싼 편이었다. 그래서 통닭집에서 각각 닭고기찌개·닭고기매운탕·닭갈비찜 등의 형태로 만들면서, 1980년대 후반 지금의 찜닭형태로 정착되었다는 것이다.

안동찜닭이 안동네찜닭에서 시작된 것인지, 찌개·찜·닭도리탕을 조합하여 탄생한 음식인지는 명확하게 알 수 없지만, 1980년대 후반 안동 지역에서 큰 인기를 끌었다. 비교적 저렴한 안주이면서 끼니도 해결할 수 있었기 때문이었다. 이후 찜닭은 안동을 벗어나 경상도 인근 지역에 알려지기 시작했다. 1999년 영국의 여왕 엘리자베스 2세(Elizabeth II)가 안동을 방문하면서 안동은 양반과 전통의 상징으로 여겨졌다. 그러면서 안동의 음식은 역사성을 가진 것으로 인식되었고, 찜닭 역시 주목받았다.

치킨에 익숙해 있던 사람들에게

안동 구시장의 찜닭

야채와 당면 등이 들어 있는 찜닭의 맛은 충격적이었고, 찜닭은 안동을 벗어나 전국구 음식으로 자리 잡았다. 그러나 찜닭은 양념을 재우지 않고 바로 만드는 만큼 깊은 맛이 나지 않는다. 때문에 닭을 보다 작은 조각으로 나누어 양념을 배이게 만들지만, 예전만큼 주목받지는 못하는 것 같다.

달걀

달걀은 계단(鷄蛋)·계자(鷄子)·계환(鷄丸) 등으로도 표기되었다. 지금은 닭[鷄]의 알[卵]이기에 달걀, 한자로 표현해서 계란으로 부른다. 마찬가지 이유로 북한에서는 달걀을 닭알로 표기한다.

삼국시대 이미 우리는 닭을 키우기 시작했다. 닭을 키웠다면 당연히 달걀을 먹었을 것이다. 실제로 1973년 발굴된 천마총(天馬冢)에서 달걀이 출토되었다. 아마도 달걀을 통해 동물성 단백질을 섭취했을 것이다.

우리는 달걀로 다양한 음식을 만들고, 또 음식의 부재료로 사용한다. 요즘 학생들은 점심시간 학교에서 급식을 먹지만, 급식이 시행되기 전에는 도시락을 먹었다. 어머니가 정성껏 싸주신 밥 위에는 달걀프라이가 얹어져 있었다. 친구들에게 뺏기지 않기 위해 밥 아래에 달걀프라이가 놓이기도 했다. 그러고 보면 달걀을 마음껏 먹을 수 있게 된 것도 얼마 되지 않은 것 같다.

조선시대에도 달걀프라이와 비슷한 음식이 있었는데, 달걀을 깨트려 물에 넣고 노른자가 터지지 않도록 반쯤 익힌 수란(水卵)이 그것이다. 『소문사설』에서 설명하는 계단탕(鷄蛋蕩)은 철냄비에 돼지기름 등을 두른 후 계란을 넣어 두부처럼 응고할 때 먹는 음식이다. 『소문사설』의 저자 이표(李杓)는 옌징에서 먹어 본 계단탕을 설명하면서 돼지기름 대신 참기름을 써도 무방하다고 했다. 철냄비에 기름을 두른 후 계란을 익혀 먹는 형태는 지금의 달걀프라이와 같은 음식이다.

볶음밥 등을 시키면 계란탕이 나오기도 한다. 조선시대 요리서인 『음식디미방』에 계란탕을 만드는 법이 기록되어 있는 것으로 보아, 달걀로 탕을 만들어 먹기도 했던 것이다. 양반가의 요리서인 『음식디미방』에 계란탕이 수록된 것으로 보아, 조선시대 계란탕은 지금보다는 훨씬 고급 음식이었을 것이다.

1970년대까지만 해도 소풍갈 때 빠지지 않고 챙기는 음식 중 하나가 삶은 달걀이었다. 요즘에도 기차나 찜질방 등에서 삶은 달걀을 판매한다. 『시의전서』에는 달걀을 삶아 껍질을 깐 팽란(烹卵)이 수록되어 있다. 조선시대 이미 달걀을 삶아 먹었던 것이다. 달걀은 다산을 뜻했고, 귀한 식재료 중 하나였던 만큼 삶은 달걀은 잔치음식의 하나였다.

예전에는 음악시험으로 노래 부르기 전 날달걀을 먹곤 했다. 『동의보감』에도 달걀을 많이 먹으면 목소리가 잘 나온다고 한 것으로 보아 근거 없는 이야기는 아닌 듯하다. 그렇다면 예전에도 달걀을 익히지 않고 그대로 먹기도 했을 것이다.

한국전쟁 이후 우리 땅에 주둔한 미군은 식재료 대부분을 미국에서 공수해 왔다. 그러나 당시 달걀운송은 여의치 않았다. 그러자 미국은 닭과 사료를 우리 농가에 공급하여 신선한 달걀을 공급받고자 했고, 정부도 미군 달걀 납품에 적극 개입했다. 이후 대규모 양계업이 시작되었고, 달걀 공급도 크게 늘어나기 시작했다.

알을 낳는 닭은 18~40주령에는 중량 44g 미만의 소란, 40~60주령 44~52g의 대란 또는 60~68g의 특란, 60주령 이상이 되면 68g 이상의 왕란을 생산한다. 우리는 통상 왕란이나 특란을 선호한다. 고기를 먹을 때는 어린 닭을, 달걀은 성숙한 닭이 낳은 알을 좋아하는 것이다.

『물명고(物名攷)』에 달걀의 다른 이름 중 하나가 백단(白團)이라고 설명한 것으로 보아, 조선시대 달걀은 흰색이었던 것 같다. 그러나 지금은 여러 색깔의 달걀이 있다. 푸른색의 청란은 아메라우카나(Ameraucana)와 국내 닭을 교배한 청계가 낳은 알이다. 최근 건강을 위해 어미 닭이 처음 낳은 초란(初卵),

수정된 달걀인 유정란(有精卵)과 함께 청란을 찾는 이들이 점차 늘어나고 있다고 한다. 그러나 대부분의 달걀은 흰색 또는 갈색이다. 흰색 달걀은 이탈리아 산란닭인 레그혼(Leghorn)이 낳는다. 반면 갈색 달걀은 로드 아일랜드 레드(Rhode Island Reds), 바드 플르미스 록(Barred Plymouth Rock), 뉴햄프셔(New Hampshire)의 교잡종 계통 닭이 낳는다. 쉽게 말해 흰색 닭은 흰색 달걀, 갈색 닭은 갈색 달걀을 낳는 것이다. 1990년대 달걀 판매업자들이 갈색 달걀이 토종닭의 알인 것처럼 홍보하면서부터 우리는 갈색 달걀만을 찾게 되었다. 그러나 교회에서 부활절에 나눠 주는 달걀에는 그림을 그려야 하기 때문에 흰색 달걀을 사용한다.

2017년 1월 조류독감의 영향으로 달걀 생산이 줄어들면서 달걀을 구하기 어려워졌다. 그러자 정부는 미국에서 흰색 달걀을 수입해서 판매토록 했다. 좋은 동기로 시작된 일은 아니지만, 이를 계기로 점차 흰색 달걀의 소비가 늘어나고 있다.

PART 8

그 밖의 육류

육식문화의 전통

『삼국사기』에는 고구려 32회, 백제 29회, 신라 10회의 사냥 기록이 남아 있다. 사냥 대상은 호랑이·사슴·곰·멧돼지·꿩 등 다양하다. 이 시기 사냥은 군사훈련의 하나였지만, 사냥을 하면 고기를 얻게 된다. 사냥으로 얻은 고기들은 외교진상물, 신에게 바치는 천금(薦禽)으로 활용하는 한편 식용으로도 사용했다.

『삼국사기』에는 고구려 고국천왕 사후 왕비 우씨(于氏)가 고국천왕의 동생 연우(延優)를 찾아가자, 연우가 직접 고기를 썰어 대접한 기록이 수록되어 있다. 고구려인들에게 고기를 먹는 것은 일반적인 모습이었던 것이다.

신라는 529년, 백제는 599년 동물살생금지령을 내렸다. 아마도 불교의 영향으로 살생이 금기시되면서, 이후 고기 먹는 것은 금기시된 것 같다. 그러나 신라가 통일한 후인 711년 다시 살생금지령이 내려진 것을 보면, 육식이 완전히 사라지지는 않았음이 분명하다.

고려시대에도 육식을 금했다. 968년 도살금지령을 내렸는데, 988년 다시 동일한 명이 내려진다. 1261년 인종은 "고기반찬을 차리지 말라[勿獻肉膳]."는 명을 각도 안찰사(按察使)에게 내렸다. 이로 보아 고려 왕실이 주도적으로 육식금지를 위해 노력했음을 알 수 있다. 왕실에서는 지속적으로 육식을 금했지만, 이자겸(李資謙)의 집에 썩은 고기가 항상 수만 근이었다는 『고려사』의 기록으로 보아, 귀족들은 육식을 즐겼던 것 같다.

1123년 고려에 왔던 서긍(徐兢)은 『선화봉사고려도경』에서 고려의 육식문화에 대해

고려의 정치는 무척 어질어, 부처를 좋아하고 살생을 경계한다. 때문에 국왕이나 고위 관료가 아니면, 양과 돼지의 고기를 먹지 못한다. 또한 도살을 좋아하지 않으며, 다만 사신이 이르면, 미리 양과 돼지를 기른다. 장차 사용함에 미치면

손과 발을 묶어, 강한 불에 던져, 목숨이 끊어지고 털이 없어지기를 기다려, 물로 씻는다. 만약 다시 살아나면, 몽둥이로 쳐서 죽인 후에 배를 가르는데, 창자와 위를 잘라내고, 똥과 더러운 것을 흐르는 물로 씻어낸다. 비록 국이나 구이를 만들어도, 악취가 없어지지 않으니, 그 서투름이 이와 같다. [夷政甚仁 好佛戒殺 故非國王相臣 不食羊豕 亦不善屠宰 唯使者至 則前期蓄之 及期將用 縛手足 投烈火中 候其命絶毛落 以水灌之 若復活 則以杖擊死然後剖腹 腸胃盡斷 糞穢流注 雖作羹炙 而臭惡不絶 其拙有如此者]

라고 설명하였다. 즉 왕과 귀족이 일부 육식을 즐기기는 했지만, 불교의 영향으로 육식을 금하기 때문에 고기의 조리법이나 도살 수준은 상당히 낮았던 것이다.

육식이 성행한 것은 원 간섭기의 일이다. 원 간섭기 몽골군 주둔 하에서 고기의 도살법이나 조리법이 발달하기 시작했고, 궁중에 한파오치[漢波吾赤]가 등장했다. 파오치는 몽골어로 고기를 썰거나 조리를 담당하는 사람을 가리키는 말이다. 즉 고려 궁궐 내에는 육식 전문 조리사가 생긴 것이고, 이런 전통은 조선시대 육고기 담당 조리사인 별사옹(別司饔)으로 이어졌다.

양고기와 말고기 그리고 사슴과 노루

조선 후기 실학자 서유구가 저술한 『임원경제지』 정조지에는 토끼·노루·사슴·양·메추리·참새·오리·거위·기러기·비둘기 등의 조리법이 소개되어 있다. 이 중에서 지금도 많이 먹는 육류중 하나가 양고기이다.

신라는 892년 양전(羊典)을 설치했다. 양전의 구체적 모습은 명확하지 않지만, 양의 사육과 일정한 관계가 있음이 분명하다. 그렇다면 통일신라시대 양고기를 먹었을 가능성이 높다. 고려시대에도 양고기를 먹었다. 앞에서 살펴본 대로 서긍은 국왕이나 고위 관료가 아니면 양고기를 먹지 못하며, 사신을 위해 양을 기른다고 설명했다. 금은 1154년과 1169년 각각 고려에 양 2천 마리를 선물로 보냈다. 원 역시 고려에 양을 보냈는데, 왕실의 잔치가 있을 때 선물로 보내는 경우가 많았다. 그렇다면 고려시대 양은 왕과 귀족들이 먹을 수 있는 귀한 식재료였을 것이다.

1391년 허응(許應)은 공민왕에게 원에서 양고기 수입을 금할 것을 간했다. 이는 고려에서 양의 대량 수입이 이루어졌음을 보여준다. 즉 양고기의 수요가 급격히 증가했던 것이다. 그러나 양은 건조한 사막기후에 적합한 동물인 만큼, 우리 땅에서 사육이 쉽지 않았다. 때문에 양고기를 먹는 문화는 점차 쇠퇴한 것 같다.

조선시대 육축(六畜)은 소·말·개·돼지·닭 그리고 양이었다. 국가에서 중요하게 여긴 가축 중 양이 포함되어 있었던 것이다. 『목민심서(牧民心書)』에는 전생서(典牲署)에서 양을 기르며, 밤섬[栗洲]에서 양을 방목하고 있음을 기록하고 있다. 그렇다면 조선시대 양은 국가 제사에 사용되었으며, 일부는 식용으로 활용되었을 것이다. 실제로 『식료찬요』에는 속을 보하고 기력을 돋우기 위해 양고기를 익혀 먹으며, 소화기관이 좋지 않아 먹은 후 토하는 것을 치료하기 위한 식재료로 양고기가 사용되고 있음을 기록하고 있다. 양고기가 약용으로도 이용되었던 것이다.

박지원(朴趾源)은 『열하일기(熱河日記)』, 박제가는 『북학의』에서 조선은 양을 기르지 않기 때문에 양고기 맛을 모른다고 하였다. 그런데 『임원경제지』에는 양고기 굽는 법과 삶는 법, 양갈비탕과 양고기무국 등의 조리법이 수록되어 있다. 그렇다면 조선시대 양고기는 대중화되지는 않았지만, 부분적으로는 다양한 방법으로 조리하여 먹기도 했던 것 같다.

1992년 냉동양고기의 수입이 개방되었다. 이와 함께 중국에서 코리안드림을 꿈꾸며 우리나라에 온 조선족들에 의해 양꼬치가 판매되기 시작했고, 일본의 양고기 음식 징기스칸(ジンギスカン)을 판매하는 곳도 생겨났다. 그러면

서 양고기스테이크나 양고기구이를 파는 곳이 늘어났고, 양고기의 수요도 점차 늘어나고 있다.

우리나라 구석기 유적 중에는 말의 뼈가 발견된 곳이 많다. 이는 선사시대 인들이 말고기를 먹었을 가능성을 보여준다. 그러나 고대국가에서는 말을 신성시하여 먹지는 않았다. 고분에서 말의 뼈가 발굴되기도 하지만, 이는 영혼이 승천하는 과정에서 말이 길을 인도하는 역할을 하는 것으로 여겨 순장(殉葬)한 것일 가능성이 높다.

『고려사절요』에는 신돈이 백마를 먹고 양기를 돋우었다는 사실을 기록하고 있다. 신돈은 공민왕대 활약했던 인물인 만큼 고려시대 말고기 식용은 몽골의 음식문화의 영향일 수 있다. 실제로 1276년 몽골은 제주도에 목마장을 조성하고, 몽골의 말[韃靼馬]과 사육전문가인 목호(牧胡)를 보내 본격적으로 말을 키웠다. 말의 대규모 사육과 말고기 식용은 일정한 상관이 있을 것이다.

조선시대 제주도에서는 섣달에 암말을 잡아 포를 만들어 진상했다. 1395년 태조는 말린 말고기인 건마육(乾馬肉)의 진상을 금했다. 그런데 1401년 태종이 다시 건마육의 진상을 금한 것을 보면, 태조~정종대 말린 말고기의 진상이 계속되었음을 알 수 있다. 건마육의 진상이 계속되었다는 것은 궁중 내에서 말고기의 수요가 있었음을 말해주는 것이다.

『세종실록』에는 제주목사 이흥문(李興門)이 건마육을 뇌물로 준 일, 『세조실록』에는 말고기로 쌀을 싼 사실 등이 기록되어 있다. 1503년 연산군은 흰 말의 고기가 양기를 돕는다며, 백마를 내수사(內需司)에 보내라는 명령을 내렸다. 그렇다면 민가에서도 흰 말의 고기가 정력에 좋다고 여겨 먹었을 가능성이 높다. 실제로 『규합총서』에는 말고기를 먹은 후 좋지 않을 때 이를 해독하는 법이 수록되어 있다.

말은 군마(軍馬)와 역마(驛馬)로서 매우 중요한 동물이다. 뿐만 아니라 세공마(歲貢馬)라고 해서 명에 사신을 파견할 때 말을 함께 보냈고, 명이 강제적으로 요구하는 역환마(易換馬) 요구에도 응해야 했다. 때문에 조선 정부는 소와 함께 말의 도살도 금하는 우마도살금지책을 펼쳤다. 1421년 세종은 사신 접대를 위한 잔치 외에는 말을 잡지 못하도록 했고, 1425년에는 말고기를 사고 팔 때 관의 허가를 받도록 했다. 1429년에는 자연사한 말도 허가를 받아야만 매매할 수 있도록 하였다.

조선 정부는 말의 도살을 엄격히 규제했지만, 말의 갈기는 갓의 원료로써 종모(鬃帽)·마미모(馬尾帽)·종립(鬃笠) 등을 만드는 데 사용되었다. 말꼬리는 동아줄의 원료였고, 말의 힘줄로는 활을 만들었다. 말가죽은 가죽신의 원료였고, 구워서 아교를 만들기도 하였다. 때문에 말의 밀도살은 계속되었다. 그렇다면 말고기의 암거래도 행해졌을 것이다.

1894년 간행된 『조선잡기』에는 조선인들은 소고기를 좋아하지만 말고기는 먹지 않는다고 기록하고 있다. 그러나 이는 말고기가 소고기만큼 대중화되었던 것이 아니지, 말고기를 전혀 먹지 않았음을 설명한 것은 아니다. 현재 말고기를 가장 많이 먹는 지역은 제주도이다. 그러나 제주도인들은 말고기는 부정하다고 해서 먹지 않았다고 한다. 뿐만 아니라 몽골인들이 키우는 말은 군마로 활용되었던 만큼, 말을 먹으면 처벌받았다. 그렇다면 제주도에서 말고기를 육지에 공급하면서도 말고기를 즐겨 먹지는 않았을 것이다. 실제로 제주도에서 말고기가 활성화된 것은 1990년대 이후의 일이다.

양과 말 외에 많이 먹었던 고기가 바로 사슴과 노루였다. 울주대곡리 반구대암각화(蔚州大谷里盤龜臺岩刻畵)에 사슴이 등장한다. 또 구석기시대 유적에서 발굴되는 뼈의 90% 이상이 사슴이다. 이러한 사실들은 선사시대 중요 식재료의 하나가 사슴

말 사시미

사슴을 사냥하고 있는 모습이 그려져 있는 무용총의
수렵도

이었음을 말해준다.

고구려 고분벽화에는 사슴을 사냥하는 모습이 그려져 있다. 『삼국사기』에는 213년 흰 사슴을 바치자 백제의 초고왕이 상서로운 일로 여겨 상을 내렸고, 신라 내물왕대에는 뿔이 달린 사슴을 바치자 풍년이 들었다는 기록이 수록되어 있다. 이는 고대사회 사슴이 먹거리로 활용되었음과 함께, 사슴을 상서로운 동물로 인식했음을 보여준다.

『고려사』에는 각종 제사에 사슴고기 육포인 녹포(鹿脯)와 젓갈인 녹해(鹿醢)를 사용하고 있음을 기록하고 있다. 조선시대 왕실의 제사에 녹포와 녹해가 사용되었고, 『세종실록』지리지에는 충청도·경상도·평안도 등에 말린 사슴고기[乾鹿]가 공물로 배당되었음을 기록하고 있다. 『연산군일기』에는 사슴의 꼬리와 혀를 봉진케 한 사실, 『영조실록』에는 영조가 사슴꼬리를 좋아했음을 기록하고 있다. 사슴의 혀와 꼬리는 왕실에서는 별미로 즐겨 찾았던 것이다.

노루는 수육·구이·포 등으로 조리한 반면, 사슴은 수육·구이·포 외 국을 끓여 먹거나 죽을 쑤어 먹기도 했다. 조선시대 노루와 사슴은 종묘에 천신(薦新)되었고, 이순신(李舜臣)의 『난중일기(亂中日記)』에도 노루와 사슴을 사냥해서 먹은 사실이 기록되어 있다. 하지만 노루와 사슴은 식용보다는 보양식이나 약용으로 많이 활용 되었다.

꿩고기와 오리고기

우리는 땅에서 나는 식물을 음으로 여긴 반면 하늘을 날아다니는 날짐승은 양의 기운이 매우 충만한 음식으로 여겼다. 비둘기·거위·기러기 등도 먹었지만, 가장 즐겨 찾았던 날짐승은 꿩이었던 것 같다. 꿩은 한자로 치(雉)이다. 그런데 전한의 고황후(高皇后)의 이름이 치여서 꿩을 야계(野鷄)로 불렀다고 한다. 그 외 화충(華蟲)·개조(介鳥)·고치(膏雉)·산계(山鷄)·산치(山雉) 등으로도 적었다. 우리말로는 수놈을 장끼, 암놈을 까투리, 덜 자란 꿩은 꺼병이라고 부른다.

꿩은 산에서 자라기 때문에 기름기가 없고 담백하며 살도 쫄깃하다. '꿩 구워 먹은 소식'이라는 말에서 그 맛을 짐작할 수 있다. 『삼국유사』에 태종무열왕이 하루에 꿩 9마리를 먹었다고 기록한 것으로 보아, 고대사회에서 꿩은 귀한 식재료였던 것 같다.

조선시대에도 꿩은 주요한 식재료 중 하나였다. 『산림경제』에는 얼린 꿩을 썰어 양념에 찍어 먹는 동치법(凍雉法)이 수록되어 있다. 『원행을묘정리의궤』에 의하면 왕의 수라에 생치탕·생치적·치포(雉脯)·생치만두 등을 올렸으며, 각종 음식의 재료로 꿩고기가 빠지지 않고 등장한다. 때문인지 조선시대 왕실에서는 응방(鷹坊)을 두어 응사(鷹師)로 하여금 꿩을 잡도록 했다.

조청전쟁 당시 남평 조씨(南平曺氏)가 쓴 『병자일기(丙子日記)』에는 꿩과 말린 꿩고기를 주고받는 기록이 상당수 등장한다. 또 조선 후기 혜정교(惠政橋) 근처에는 꿩의 고기·털·꼬리 등을 판매하는 생치전(生雉廛)이 있었다. 이러한 점으로 보아 꿩은 민가에서도 활발하게 거래되었던 것 같다.

꿩고기는 볶음·찜·탕·전골·조림·떡국 등으로 먹었지만, 가장 많이 먹은 것은 구이였다. 만두는 꿩고기를 넣은 것이 최고였고, 김치를 담을 때 꿩고기를 넣기도 했다. 1898년 조선주차미국공사관 서기관으로 우리나라에 왔다가 1900~1904년 고종의 고문으로 활약했던 샌즈(William Franklin Sands)는 『조선비망록(Undiplomatic Memories)』에서 "꿩은 잡기 쉬운 사냥감으로 어느 곳에나 흔하다."고 기록했다. 비숍의 『한국과 그 이웃 나라들』에는 꿩이 닭보다 싼 가격으로 거래된 사실이 기록되어 있다. 이로 보아 대한제국기까지만 해도 꿩은 지금보다는 훨씬 접하기 쉬운 음식이었던 것 같다.

꿩 외에도 오리·메추리·참새 등도 식재료로 활용했다. 오리의 한자 압(鴨)은 새[鳥] 중에서 으뜸[甲]이라는 의미이다. 프랑스나 중국 등에서도 오리는 고급음식이지만, 우리의 경우 사정이 달랐다. 1639년 6월 6일 『승정원일기』에 "오리를 키우는 곳이 매우 드물다[或有家鴨處而亦甚不多]."고 기록한 것으로 보아, 오리를 잘 먹지 않은 것 같다. "닭 잡아먹고 오리발 내민다.", "낙동강 오리알 신세" 등의 말에서도 알 수 있듯이 오리를 높이 평가하지 않았다. 그 이유는 노린내가 나거나 역겨운 맛을 내기 때문이다. 하지만 오리의 다양한 효능이 알려지면서 최근에는 많은 사람들이 찾는 음식이 되었다.

『증보산림경제』에는 메추리를 구운 적암순(炙鵪鶉)을 소개하며, 사람에게 매우 이롭다고 기록하고 있다. 영조도 메추리고기를 즐겼다고 한다. 이러한 사실로 보아 조선 후기 메추리구이는 잘 알려진 음식이었던 것 같다.

요즘은 찾아보기 힘들지만 참새구이는 포장마차의 인기 안주였다. 김승옥(金承鈺)의 소설 『서울, 1964년 겨울』에 선술집의 안주로 '군참새'가 등장한다. 아마 1960년대에는 참새구이를 군참새로 불렀던 것 같다. 참새구이는 안주로도 많이 찾았지만, 먹으면 감기가 떨어질 정도로 영양가가 많다고 여겨지기도 했다.

참새구이가 포장마차의 안주였기에 참새를 먹기 시작한 것이 얼마 전부터인 것으로 아는 이들이 많다. 하지만 조선시대에는 참새고기를 저며 참기름에 지져 전으로 먹었다. 12월 납일에 참새고기를 먹으면 마마(媽媽)에 걸리지 않는다고 믿어 아이들에게 먹이기도 했다. 또 마마를 앓을 때 참새고기를 먹으면 마마가 없어진다고 여겼다. 작(雀)·미작(尾雀)·빈작(賓雀)·가빈(嘉賓) 등으로 표기되었던 참새는 양기(陽氣)를 길러주며, 기력을 북돋우며 허리와 무릎을 따뜻하게 하는 음식으로도 여겨졌다.

PART 9

물고기

물고기 이름 '치'

우리나라는 삼면이 바다로 둘러싸여 있고, 연해는 한류와 난류가 교차하고, 수심·수온·염도 등이 계절에 따라 변하기 때문에 수산물이 풍부하다. 산이 많고 비도 많이 내리는 만큼 민물에서도 물고기를 쉽게 잡을 수 있다. 구석기 시대 유적에서 어망추(魚網錘)가 출토되는 것으로 보아 이 시기 이미 그물을 통해 대량으로 물고기를 잡았음을 알 수 있다. 그 외 사슴뿔, 동물의 뼈, 조개 껍질 등으로 낚싯바늘을 만들어 물고기를 낚았다. 청동기시대에는 청동, 철기시대에는 철로 낚싯바늘을 만들었다. 이러한 사실들은 우리 역사에서 물고기가 얼마나 중요한 식재료였는지를 잘 알려주고 있다.

물고기하면 대개 바다에서 나는 물고기를 가리킨다. 때문에 민물에 사는 물고기는 특별히 민물고기 또는 담수어(淡水魚), 바닷물과 민물이 만나는 곳에 사는 물고기는 기수어(汽水魚)라고 부른다. 그런데 바다에 살든 민물에 살든, 바다와 민물을 오가든 간에 물고기는 대개 '치' 또는 '어'라는 이름이 붙는다. 물고기는 한자로 魚인 만큼 '어'라는 이름이 붙는 것이 당연하다. 그런데 왜 '치'로 표현했을까? 서유구는 『난호어목지(蘭湖漁牧志)』에서 "치는 방언으로 저 물건이라고 하는 뜻[侈者方言猶云這物也]"으로 설명했다. 즉 '치'는 보잘 것 없다는 뜻을 가진 것이다. 그렇다면 흔히 잡히는 물고기는 '치', 귀하게 여긴 물고기는 '어'로 표현했을 가능성이 높다. 실제로 '치'는 대개 비늘이 없거나, 정상적인 모습에서 벗어난 경우, 혐오감을 주거나 재수 없다고 생각하는 물고기를 지칭하는 경우가 많다. 그래서 제사상에는 '치'가 아닌 '어'를 올리는 것이다.

'치'하면 쉽게 떠오르는 물고기 중

어망추
(공공누리 제1유형 국립진주박물관 공공저작물)

하나가 멸치이다. 멸치는 떼를 지어 헤엄쳐 다녀 행어(行魚)라고도 불렀고, 『자산어보(玆山魚譜)』에서는 추어(鯫魚)로 기록하고 속명을 멸어(蔑魚)로 설명했다. 『우해이어보(牛海異魚譜)』에서도 멸치를 가장 작은 물고기라는 뜻에서 말자어(末子魚)·멸아(鱴兒), 『오주연문장전산고』에서는 기어(幾魚)·며어(旀魚)로 소개하고 있다. 지역에 따라서는 멸·멧·멧치·메르치·메레치·잔사리·열치·앵메리·돗자래기·순봉이·노르맥이·노랑공기·중나리 등으로 부르기도 한다.

'치'가 아닌 '어'였던 멸치가 언제부터인가 '치'로 변했다. 멸치의 '멸'은 '滅' 또는 '蔑'로 표기한다. '滅'은 물 밖으로 나오면 금방 죽는다고 해서, '蔑'은 흔하기 때문에 업신여김을 받았기 때문인 것으로 여겨지고 있다. 『오주연문장전산고』에서도 멸치를 천어(賤魚)·미어(旀魚)로 소개하고, 썩으면 거름으로 쓰며, 말린 것은 반찬을 만든다고 하였다. 즉 멸치는 효용가치가 뛰어나지 않았기에 '치'라는 이름으로 변하게 된 것 같다.

멸치 중 최고로 치는 것이 죽방렴(竹防廉)으로 잡은 죽방멸치이다. 죽방멸치는 물살이 빠른 물목에 대나무 말뚝을 박아 함정 연못을 만들고, 물살을 따라 함정에 들어와 갇힌 멸치를 물이 빠진 후 잡아 소금물에 삶아 말린 것이다. 죽방멸치는 그물로 잡을 때보다 상처가 없고, 물살을 거슬러 다니는 멸치인 만큼 육질이 단단하다.

지금 멸치는 육수를 내는 데 없어서는 안 되는 물고기이다. 그러나 조선시대에는 국물을 낼 때 청어 말린 것이나 새우를 주로 사용했다. 멸치는 쉽게 상해 보관이 어려웠기 때문이다. 쉽게 상하는 멸치를 배에서 또는 연해에서 삶아 말린 마른멸치 제조법은 일제강점기에 등장했고, 멸치로 국물 내는 것이 유행한 것은 1970년대부터의 일이다.

갈치로도 부르는 칼치는 생긴 것이 칼과 같다고 해서 붙여진 이름이다. 한자로는 갈치(葛致)·갈치어(葛峙魚) 등으로 표기했다. 『자산어보』에는 군대어(裙帶魚)로 설명했는데, 군대는 허리띠이다. 역시 생긴 모습을 표현한 것이다.『난호어목지』에는 가늘고 길어서 칡의 넝쿨과 같아 갈어(葛魚)라고 기록했고,『오주연문장전산고』에서는 허리띠 같이 생겨 대어(帶魚), 혹은 칼처럼 생겨 검어(劍魚) 또는 도어(刀魚)라고 설명하였다.

조선시대 가장 많이 먹었던 물고기 중 하나가 칼치였다. "섬 큰애기 칼치 못 잊어 섬 못 떠난다."는 말이 있을 정도로 맛이 좋은 반면, "돈을 쓰지 않으려면 말린 칼치를 사라."는 속담이 말해주듯이 저렴했기 때문이다. 갈치는 1년 내내 잡혔다. 몸이 납작하고 살이 단단해 소금에 잘 절여진다. 많이 잡히고 저장성이 좋아 먼 곳까지 운반이 가능했기에 싼 가격에 유통되었던 것이다. 뱃사람들은 갈치를 잡으면 바로 배 위에서 막걸리에 적셔 먹기도 했다. 갈치를 막걸리에 적셔야 꼬들꼬들해지기 때문이다.

칼치는 대개 구이나 조림으로 먹는다. 최근 칼치회가 별미로 주목받고 있지만, 예전에는 칼치를 회로 먹지는 않았다. 제주도의 '물항식당'에서 칼치회를 팔면서 보편화된 것이라고 한다.

조선시대 흔했던 칼치는 이제는 꽤나 비싼 물고기이다. 그 중에서도 은갈치의 가격은 먹갈치보다 비싼데, 은갈치와 먹갈치는 어종이 다른 것이 아니다. 제주도·통영·남해 등 수심이 얕은 곳에서 채낚기나 연승낚시 등으로 한 마리씩 잡아 몸통 전체에 갈치 고유의 은빛이 선명한 것이 은갈치이다. 반면 서해나 남해의 깊은 수심에서 그물로 잡아 몸통의 은빛이 벗겨져 검은빛을 띠는 것이 먹갈치이다. 조업방식과 갈치 표면의 색깔을 기준으로 은갈치와 먹갈치로 분류하는 것이다.

"썩어도 준치"라는 말이 있을 정도로 준치는 맛이 좋다. 준치는 준치어(俊致魚)라고 쓰기도 하지만, 한자어는 진어(眞魚)이다. 준치만이 진짜 물고기라는 것이다.『어우야담(於于野談)』과『난호어목지』에서는 준치를 시어(鰣魚)로 기록하고 있다.『지봉유설』에서는 시어(時魚)라고 했는데, 여름에 완전히 사라졌다가 봄에 나타나기 때문이라고 했다. 지역에 따라서는 준어·왕눈이·빈정어로 부르기도 한다.

준치는 맛이 좋지만 가시가 많다. 준치에 가시가 많은 이유에 대해서는 다음과 같은 이야기가 전한다. 준치가 맛이 좋아 사람들이 준치만 먹어 사라질 위기에 놓였다. 용왕은 물고기들과 의논한 결과 준치에 가시가 없기 때문으로 여기고, 물고기들이 각각 자기 가시 하나씩을 준치에 꽂아 주기로 했다. 그런데 준치는 그 아픔을 이기지 못해 도망갔고, 다른 물고기들은 이를 쫓으며 가시를 꽂아 꽁지 부분에 더욱 많은 가시가 있다는 것이다.

준치는 가시가 많기 때문에 함부로 먹을 수 없다. 이는 권력이나 재물을 너무 추구하면 불행이 닥친다는 뜻을 가진 것으로 여겨졌다. 때문에 이런 교훈을 명심하라는 의미에서 선물로 주는 물고기가 준치였다.

삼치[參差; 鯵鰈] 역시 '치'와 함께 '어'의 두 가지 이름을 가지고 있다. 우리는 삼치라고 하지만, 『우해이어보』에는 삼치는 맛이 시어서 참어(酨魚)로도 부른다고 설명했다. 조선시대에는 망어(魟魚; 蟒魚; 亡魚), 마어(麻魚; 馬魚), 두교어(杜交魚), 마교어(馬交魚), 발어(鮁魚), 삼어(鯵魚) 등으로 표기했다.

삼치를 망어로 부르는 것에 대해 다음과 같은 이야기가 전한다. 강원도관찰사로 부임한 사람이 삼치의 맛이 좋아 정승에게 선물로 보냈다. 정승이 삼치를 먹었는데, 썩은 냄새에 비위가 상했다. 삼치는 부패가 빨라 겉은 싱싱해도 속이 상한 경우가 많은데, 이를 몰랐던 것이다. 화가 난 정승은 관찰사를

삼치회

좌천시켰다고 한다. 이런 이유로 양반들이 벼슬에서 멀어지는 고기라고 멀리했기에 망어라는 이름이 붙었다는 것이다. 충청지역에서도 삼치를 우어(憂魚)라고 해서 기피했다고 한다.

조선시대 삼치는 인기가 없었다. 그런데 일제강점기 일본인들은 조선인들이 먹기 아까운 물고기라며,

우리나라에서 잡힌 삼치를 모두 일본으로 가져갔다. 이제는 우리도 즐겨 찾는 물고기 중 하나가 삼치이다.

물고기 이름 '어'

흔히 잡히는 물고기는 '치'로 부른 반면 귀하게 여긴 물고기는 '어'로 불렀다. 또 특별한 경우를 제외하면 '어'가 붙은 물고기는 대개 비늘이 있다. 귀하게 여긴 물고기 '어' 중 가장 친밀한 것은 고등어인 것 같다. 고등어는 생긴 모양이 옛날 칼과 같아 고도어(古刀魚)라고 한 데서 이름이 붙여졌다. 그 외 古道魚·高道魚, 도어(都魚)로도 표기했는데, 『자산어보』에서는 고등어(皐登魚)라고 현재의 음가 그대로 기록하고, 짙푸른 무늬를 가지고 있다고 해서 벽문어(碧紋魚)로도 설명했다. 흔히 고등어를 '바다의 보리'라고 부른다. 보리처럼 영양가가 높으면서도 값이 싸서 민이 쉽게 먹을 수 있었기 때문이다.

『자산어보』에는 고등어는 회나 포로 먹을 수 없다고 설명했다. '고등어는 살아 있어도 썩는다'는 말이 있을 정도로 부패 속도가 빠르기 때문이었을 것이다. 실제로 고등어회는 대부분 산지에서만 맛볼 수 있다. 쉽게 상했던 만큼 조선시대 고등어는 염장한 형태로 유통되었다. 대표적인 것이 안동의 간고등어이다.

안동은 바닷가가 아닌 내륙에 위치했다. 조선시대 양반이 많이 살았던 안동에서는 제사에 물고기를 올려야 했고, 제사품 물고기를 영덕에서 운반해 왔다. 영덕에서 하루 정도 걸어 도착하는 곳이 임하댐 부근 챗

고등어회

거리장[鞭巷市場]이었는데, 이곳에서 고등어가 상하는 것을 막기 위해 창자를 제거하고 뱃속에 소금을 넣었다. 이것이 얼간재비간고등어이다. 그리고 안동장에서 팔기 전 다시 소금을 넣은 것이 간고등어이다. 이렇게 염장한 고등어는 육질이 단단해져서 굽기 쉽고, 식감이 쫄깃하다.

간고등어는 소금으로 간을 했기에 붙여진 이름이다. 챗거리장에서 한 번, 안동장에서 또 한 번 소금으로 간을 했다는 특징이 있지만, 단순히 소금으로 간을 했기 때문에 맛있는 것 같지는 않다. 냉장유통이 되지 않던 시절 고등어에 소금을 뿌렸지만 부패는 이미 시작되었을 것이다. 즉 소금을 뿌린 상태에서 숙성되었기에 더 맛이 좋은 것은 아닐까? 그런 점에서 간고등어는 소금으로 간을 했기 때문이기도 했지만, 어쩌면 맛이 살짝 '간'상태임을 나타내는 것일 수도 있다.

민에게 친근한 고등어가 좋지 않은 뜻으로 사용되기도 한다. 고등어는 일본어로 사바(サバ)이다. 일제강점기 관청에 부탁할 일이 있을 때 흔히 고등어 두 마리를 주었고, 그러면 일이 잘 처리되곤 했다. 때문에 '사바사바'는 뇌물을 주고 일을 처리하는 것을 가리키는 말이 되었다.

고등어는 민이 쉽게 만날 수 있는 음식이었다. 이러한 모습은 1960년대 고갈비의 형태로 나타났다. 주머니 사정이 넉넉지 않던 서민과 대학생들은 값싼 고등어구이를 안주로 먹곤 했다. 고등어의 배를 갈라 간을 하고 석쇠에 올려 구을 때 나는 연기를 보고 갈비를 굽는 것이 연상된다고 해서 고갈비로 불렀다고 한다. 부산에서 처음 고갈비로 불렀다고 하는데, 1980~1990년대 대학가에서 인기 있는 안주 중 하나가 고갈비였다.

우리가 이면수라고 알고 있는 물고기의 이름은 임연수어이다. 『신증동국여지승람(新增東國輿地勝覽)』에는 '臨淵水魚'로 기록되어 있지만, 함경북도에서는 이민수, 함경남도에서는 찻치, 강원도에서는 새치·다롱치·가지랭이·가르쟁이로 부른다.

임연수어라는 이름의 유래에 대해서는 여러 이야기가 전한다. 첫째는 임연수(林延壽)라는 사람이 잘 낚는 물고기라고 해서 붙여진 이름이라는 것이다. 다른 하나는 함경도에 임연수라는 수령이 탐욕하고 포악하여 여종이 물고기를 썰면서 원님 썰 듯 하면서 한을 풀었다고 해서 임연수라는 이름이 붙었다는 것이다. 그 외 줄줄이 낚여 올라오는 모습을 담아낸 한자표기가 임연수어(林延壽魚)라는 주장도 있다.

강원지역에서는 노릇하게 구운 임연수어의 껍질을 벗겨 밥을 싸 먹기도 한다. '임연수어 쌈밥은 애첩도 모르게 먹는다.', '임연수어 쌈 싸먹다가 천석꾼이 망했다.'는 말이 있을 정도로 임연수어 껍질은 맛이 좋다고 한다.

겨울에 많이 찾는 방어(魴魚; 魴魚)는 해벽어(海碧魚)·사(鰤)·무태방어(無太魴魚; 無泰魴魚) 등으로도 불렸다. 무태는 매우 크다는 뜻으로 방어 중 큰 것이 무태방어이다. 통영·거제·동해에서는 히라스·히라시, 여수·울산·제주에서는 부시리, 마산과 창원은 부리, 함경남도에서는 미래미, 강원도에서는 마르미·떡메레미·메레미·피미·마르미·방치마르미, 경상북도에서는 사배기, 포항·경주·영덕·울릉도에서는 메리미로 부른다. 전국에서 다양한 이름으로 불린 사실은 방어가 매우 인기 있었음을 보여준다.

조선시대에는 방어에 독이 있다고 해서 왕실에 올리지 않았다. 하지만 민가에서는 회·구이·찜 등으로 먹거나, 젓갈을 담기도 했다. 또 어육장(魚肉醬)을 만드는 데 사용하였다. 방어는 크기에 따라 2kg 미만 소방어, 2~4kg 중방어, 4kg 이상 대방어로 분류한다. 방어는 클수록 맛이 좋은데, 대방어회는 겨울철 별미이다.

겨울에 많이 잡히는 물고기 대구의 정식 명칭은 대구어다. 말 그대로 입[口]이 크다[大]고 해서 붙여진 이름으로, 한자로 화어(杲魚; 膾魚)로

겨울철 별미 대방어회

표기하기도 했다. 또 머리가 크다고 해서 대두어(大頭魚)라고도 불렀다. 조선 시대 동해에서 나는 대표적 물고기 대구는 중국 사행 때 예물로 가져갔고, 쓰시마에 하사품으로 주기도 했다. 조선시대 외교에 있어 대구는 중요한 물품이었던 것이다.

대구는 지금과 마찬가지로 살이 무르고 싱거워 국·탕·찜 등으로 먹었다. 내장과 알로는 젓갈을 담았고, 내장으로 순대를 만들기도 했다. 젖이 부족한 산모에게는 대구탕을 끓여 먹였고, 씻지 않은 대구를 달여 구충제로도 사용 했다. 대구포를 안주로 즐겨 먹는데, 조선시대 대구포는 잔칫상이나 제사상 에 오르는 음식 중 하나였다. 대구포를 기름을 둘러 구워 먹기도 했는데, 이것이 대구자반이다.

대구가 많이 잡히는 거제도의 경우 새해에는 대구를 통째로 넣어 떡국을 끓여 먹는다. 조선시대에는 대구의 껍질도 먹었다. 『음식디미방』에는 대구껍 질로 무침과 누르미를 만드는 방법을 소개하고 있다. 누르미는 현재 거의 사라졌는데, 걸쭉한 소스를 얹은 음식이다. 대구의 알만 남기고 내장을 들어 낸 후 그곳에 약재와 간장을 넣고 말린 약대구를 만들어 먹기도 했다.

남해에서 잡히는 대구는 가덕도 해역에서 태어나 북태평양으로 가서 자란 후 겨울에 알을 낳기 위해 다시 돌아온다. 반면 서해의 대구는 한류를 따라 이동하다 다시 돌아가지 못하고 서해에 갇혀 토종화된 대구이다. 서해에서 생산되는 대구는 크기가 50cm를 넘지 않아 '왜대구' 또는 '작은 대구'로 불린 다. 수컷대구는 탕으로 먹을 때 정액덩어리인 이리가 있어 가격이 암컷에 비해 비싸다.

농어는 한자로 노어(鱸魚)이다. 『난호어목지』에서는 농어 새끼를 갈다기어 (葛多岐魚), 『자산어보』에는 보로어(甫鱸魚) 또는 걸덕어(乞德魚)로 부른다고 했 다. 걸덕어는 전라도의 방언 절떡이와 껄떡이를 음차 표기한 것이다. 통영에 서는 농에, 부산에서는 깡다구, 울릉도에서는 연어병치·독도돔, 완도에서는 절떡으로 부른다. 그 외 가슬맥이·가세기·까지메기·깐다구·깔다구[㖨多魚]·

깔대기·농어치 등으로 부르기도 한다. 개성에서는 여름철 복달임으로 농어국을 먹었다. 또 농어의 쓸개는 '바다의 웅담'으로 불리며 바닷가에서는 농어 쓸개를 처마 밑에 달아 놓고 상비약으로 쓰기도 했다.

짱뚱어탕

갯벌에 서식하는 짱뚱어는 겨울 잠을 자기 때문에 잠퉁이·잠둥어라고도 한다. 그 외 짝동이·짱동이·장등어 등으로도 부른다. 『자산어보』에서는 눈이 튀어나온 모양 때문에 철목어(凸目魚), 『전어지(佃漁志)』와 『난호어목지』에서는 갯벌에서 뛰어올랐다가 개흙에 묻히는 모양 때문에 탄도어(彈塗魚)로 설명했다.

짱뚱어는 주로 호남 지역에서 많이 먹는다. 예전 호남 지역에서는 식량이 부족할 때 짱뚱어로 탕이나 조림을 만들어 배고픔을 면했고, 짱뚱어 기름으로는 초롱불을 밝히기도 했다. 그러나 지금은 몸보신과 별미로 많이 찾는 것이 짱뚱어여서 갯벌의 소고기로도 불린다.

민물고기

지금은 물고기를 모두 생선(生鮮)으로 표현하지만, 조선시대 생선은 민물고기를 가리키는 용어였다. 냉장과 수송이 여의치 않았던 만큼, 바닷가에서 잡은 물고기는 현지가 아니면 신선할 수 없었다. 반면 강이나 하천 등에서 잡은 물고기는 싱싱했기 때문에 생선하면 민물고기를 가리키는 말이었던 것이다. 판매도 바다에서 잡혀 말린 상태로 유통된 것은 어물(魚物)이라 하여 어물전, 살아 있거나 싱싱한 물고기는 어물전이 아닌 잡전(雜廛)에서 팔았다.

민물고기 중 으뜸으로 여겼던 것은 잉어[鯉魚]였다. 잉어는 회·찜·죽·탕 등으로 만들 수 있었고, 몸에 좋은 식재료로 생각했기 때문이다. 잉어의 눈·쓸개·부레·비늘·내장·뇌수·가시와 비늘 등은 약재로 사용되었고, 잉어탕은 보약으로 여기기도 했다.

잉어의 한자는 이(鯉)인데, 서유구는 『난호어목지』에서 十자 무늬를 가지기에 理의 음을 따서 鯉가 되었다고 설명하였다. 그 외 적혼공(赤鯶公) 또는 금고(琴高)로도 표기했다. 잉어의 어린새끼가 발강이[赤魚]인데, 지역에 따라서는 발갱이로 부르기도 한다. 이에 대해서는 붉은 색이 잉어의 원래 색이기 때문이라는 견해, 잉어의 고유어인 반고기 또는 발고기가 변화되어 발갱이로 부르게 되었다는 이야기 등이 있다.

조선시대 잉어는 재물·명예·승진 등을 상징했다. 과거 합격을 나타내는 말이 등용문(登龍門)인데, 이 역시 잉어와 관계가 있다. 황허(黃河) 상류의 용문계곡 근처에 흐름이 매우 빠른 폭포가 있었고, 그 밑으로 물고기들이 수없이 모여 들었다. 물고기가 폭포를 거슬러 오르면 용이 되지만, 쉽게 오르지 못했다. 이것이 등용문 전설인데, 폭포를 거슬러 올라가는 물고기가 바로 잉어였다.

창덕궁 후원은 과거가 실시되는 곳이었다. 후원의 부용지(芙蓉池)에는 수많은 물고기 중 특출한 재주가 있으면 어수문(魚水門)을 통해 주합루(宙合樓)에 들어갈 수 있다는 뜻을 잉어를 새겨 나타냈다. 이처럼 조선시대인들에게 잉어는 특별한 의미가 있는 물고기였던 것이다.

『지봉유설』에는 당 왕실에서는 잉어를 먹지 않았다고 설명했다. 그 이유는 잉어의 한자음이 당 왕족의

창덕궁 부용지에 새겨져 있는 잉어

성인 이(李)와 같아서라는 것이다. 마찬가지 이유로 조선시대 왕실에서도 잉어를 먹지 않았다.

붕어는 한자로는 즉어(鯽魚) 또는 부어(鮒魚)로 표기했다. 조선시대 궁중에서는 잔치에 붕어찜, 수라상에는 붕어구이를 올렸다. 『산림경제』에서는 "모든 물고기는 불에 속하지만 붕어만은 흙에 속하기 때문에 위와 장의 기능을 증강시키는 효능이 있다[諸魚皆屬火 惟鯽魚屬土 故能有調胃實腸之功]."고 설명했다. 『소문사설』에는 붕어구이[煨鮒魚]가 등장한다. 조리법은 붕어의 내장을 제거하고 황토 진흙으로 싼 후 다시 종이로 싸고 새끼로 묶어 은근한 불에 묻어 익혀 내는 것이다. 이렇게 하면 비늘이 없어져 먹기 좋게 된다. 또 붕어는 좁쌀이 변한 것이기 때문에 술로 달이면 몸에 유익하다고 여겼다.

위어는 바다에서 성장한 후 강으로 와서 6~7월 경 갈대밭 같은 곳에 알을 낳는다. 때문에 갈대밭[葦]의 물고기[魚]라는 의미에서 위어로 불린 것 같다. 위어는 도어(魛魚)·열어(烈魚)·제어(鮆魚)·수어(鱭魚)·멸도(鱴刀) 등 다양하게 불렸다. 방언으로는 우어·우여·웅어·웅에·열어·자어·차나리라고 불렀는데, 흔히 웅어라고도 했다.

위어는 백제 멸망의 아픔을 대변하는 물고기이다. 백제를 멸망시킨 소정방(蘇定方)이 위어가 맛있다는 소문을 듣고 어부들에게 위어를 잡도록 했다. 그런데 위어들이 모두 물밑으로 피해 단 한 마리도 잡지 못했다고 한다. 이런 이유로 위어는 의로운 물고기라는 뜻에서 의어(義魚)로 불리기도 한다. 또 의자왕을 비롯한 백제인들이 당으로 옮겨질 때 위어들이 뱃머리에 몸을 부딪쳐 죽었다는 이야기도 전해지고 있다.

위어는 최근에는 거의 잡히지 않는다. 하지만 조선시대 중요한 식재료 중 하나였고, 왕의 수라상에도 올랐다. 때문에 사옹원(司饔院)에서는 고양·교하·김포·통진·양천 등에 위어소(葦魚所)를 설치하여, 직접 위어를 관리하기도 했다. 이처럼 왕실에 진상할 물고기를 공급하는 이들이 생선간(生鮮干)이다. 생선간은 각 고을에 100호를 3번으로 나누어 잡역을 면제해 주는 대신 왕실에 물고기를 진상했다.

뱅어는 살이 투명해서 백어(白魚)라고 했다. 백어가 변해 뱅어가 된 것이다. 『어우야담』에는 함경도인들은 뱅어를 초식(草食)이라 부르며 즐겨 먹었던 사실을 기록하고 있다. 『우해이어보』에서는 뱅어를 비옥(飛玉)·옥어(玉魚) 등으로 표기했고, 뱅어가 조수를 따라 올라오면 반드시 비가 왔기 때문에 비가 온다는 뜻에서 비오(霏鳥)로도 불렀다고 설명했다. 『자산어보』에는 중국 춘추전국시대 오나라왕 합려(闔閭)가 물고기의 회를 먹고 남은 것을 물에 버렸는데, 그것이 변해 뱅어가 되어 회잔어(鱠殘魚) 혹은 왕여어(王餘魚)라는 이름이 붙었다고 했다. 1960년대 급격하게 산업화가 진행되면서 물이 오염되었고, 그 결과 뱅어는 사라져 버렸다. 요즘 우리가 먹는 뱅어포는 베도라치의 치어(稚魚)인 실치로 만든 것이다.

민물과 바다를 오가는 물고기

바다에서 사는 물고기는 민물에서 살 수 없고, 민물고기는 바다에서 살 수 없다. 물고기의 세포막이 염분의 농도 차이로 인해 물이 투과성 막을 넘어 이동하는 삼투압현상 때문이다. 그러나 복어·숭어·연어·송어·빙어 등은 민물과 바다를 오가며 산다.

민물과 바다를 오가는 물고기 중 조선시대인들이 가장 좋아했던 것은 복어(鰒漁)이다. 김해 신석기 유적에서 졸복의 뼈가 발견된 것으로 보아 선사시대부터 복어를 먹었음을 알 수 있다. 서유구는 『전어지』에서 복어를 민물고기로 취급했지만, 복어는 바다에서 성장하고 산란기에 강으로 온다.

복어는 뚱뚱하고 웃는 소리가 돼지 같다. 때문에 강물의 돼지라는 의미에서 하돈(河豚; 河独; 河魨)이라고 했다. 원래는 강으로 올라오는 복어를 하돈으로 부르지만, 복어 전체를 가리키는 총칭이기도 하다. 그 외 복어는 생긴 것처럼 화를 잘 낸다고 해서 진어(眞魚), 놀라거나 적의 공격을 받으면 물이나 공기를 빨아 들여 몸을 부풀리기에 기포어(氣泡魚)·취토어(吹吐魚)·분어(噴魚)·폐어(肺魚), 공처럼 둥글어서 구어(球魚), 기름진 등 무늬가 곱다고 해서 대모어(玳瑁魚)라고도 한다. 그 외 돈(独; 魨)·가(魺)·후이(鯸鮧)·규어(鯢魚)·진어(嗔魚)·취두어(吹肚魚)·태(鮐)·포(鯆)·기(鱀)·후거(鯸鮔) 등으로도 표기했다.

복어는 고단백 저칼로리 식품으로 무기질과 비타민이 많아 알콜 해독에 탁월하고, 수술 전후 환자의 회복과 신장질환에도 좋다. 하지만 복어의 내장·간·난소·알·피부 등에는 독이 들어 있다. 복어 한 마리에 들어 있는 테트로도톡신(tetrodotoxin)의 독성은 청산가리의 1천 배에 이르며 사람 30명을 죽일 수 있다. 1984년부터 복어조리기능사제도가 실시되어, 지금은 복어를 안심하고 먹을 수 있다.

복어에 독이 있다는 사실은 조선시대인들도 알고 있었다. 복어에 독이 있는 이유는 독이 있는 먹이를 먹기 때문이다. 그러나 이덕무는 "두꺼비가 변해 복어가 되기 때문에 복어에 독이 있다[蟾蜍化爲海豚故毒]."는 이야기를 전했다. 『산림경제』에서도 "물고기 중 복어의 독이 가장 독하며, 알은 더욱 독해 중독되면 반드시 죽는다[諸魚中河独最毒 其卵尤毒 中者必死]."고 설명했다. 이처럼 복어에는 독이 있어 위험하기 때문에 서시(西施)로도 불렀다. 서시는 중국 춘추 전국시대 월나라의 미인으로 오나라를 멸망에 이르게 한 여성이다. 또 부풀어 오른 복어의 모양이 서시의 가슴과 비슷하다고 하여 서시유(西施乳) 또는 서자유(西子乳)로도 표현했다. 서시유를 복어의 정소인 이리[魚白]와 관계된 것으로 보기도 한다. 복어의 이리는 맛이 좋지만 목숨을 담보로 먹는 음식이다. 때문에 서시가 복어의 이리처럼 위험한 존재라는 뜻에서 복어의 이리를 서시유로 불렀다는 이야기도 있다. 또 복어를 끓이면 이리가 터지면서 국물이 뿌옇게 되는데, 이것이 젓과 같다는 뜻에서 복어의 이리를 서시유로 부르게 되었다고도 한다.

『세종실록』에는 사위가 장인어른을 복어로 독살시킨 일, 『성종실록』에는 복어로 독살시킨 것이 의심되는 사건 등을 기록하고 있다. 복어의 독을 이용해 사람을 살해하는 일도 있었던 것이다. 이처럼 복어에는 독이 있지만, 맛이 좋았기 때문에 많은 사람들이 복어를 찾았다. 때문에 이덕무는 복어를 먹고 죽는 자가 많음을 경계한 '하돈탄(河豚歎)'이라는 시를 지었다.

맛은 천하에 으뜸이니	自言美味尤
비린내 가시도록 솥에 푹 삶아	腥肥汚鼎鼐
후춧가루 타고 기름 쳐 놓으면	和屑更調油
육지의 소고기 맛도 알 수 없고	不知水陸味
방어도 알 바 없다네.	復有魴與牛

이덕무는 복어가 소고기나 방어보다 맛있다고 했다. 하지만 복어를 먹는 것을 "잠깐의 기쁨을 얻지만, 끝내 목숨이 끊어지는 것[雖有頃刻喜 終然命忽輶]"이라고 설명했다.

'하돈탄'을 보면 복어를 탕으로 끓여 먹었음을 알 수 있다. 조선시대 복어탕과 지금 우리가 먹는 복지리는 어떤 차이가 있을까? 복지리는 개항 이후 일본의 복어 요리법이 부산에 전파되면서부터 먹기 시작한 것이다. '지리'라는 말 자체가 일본의 냄비요리 '지리(ちり)'이다. 하지만 『동국세시기』에 "복어에 미나리·기름·간장을 넣고 국을 끓이면 맛이 매우 좋다[以河豚和菁芹油醬爲羹 味甚眞美]."고 한 것으로 보아 복지리와 복어탕은 유사했을 것 같다.

전근대시대 복어는 주로 탕으로 먹었지만, 지금은 회나 무침으로도

복지리

먹는다. 복어회는 가능한 얇게 써는데, 그 이유는 육질이 단단해서 두껍게 썰면 질겨서 먹기 힘들기 때문이다. 그 외 복불고기, 복수육, 복튀김 등도 많은 사람들이 찾는 음식이다.

민물에서 살다가 알을 낳을 때면 바다로 가서 알을 낳은 후, 다시 강으로 돌아오는 물고기가 숭어이다. 조선시대에는 강에서 사는 어린 시절의 숭어를 특별히 모쟝이[鮅章魚]라고 했는데, 지금은 모쟁이·모롱이로 부른다. 숭어는 한자로 치(鯔)인데, 서유구는 숭어의 색깔이 검기 때문에 검은 비단을 뜻하는 '치(緇)'가 들어갔기 때문으로 설명했다. 물고기 중에는 으뜸이라고 해서 숭어 (崇魚) 또는 수어(秀魚; 首魚; 水魚)로도 표기했다. 그 외 승어(僧魚)·유어(鰡魚)· 조어(鯠魚; 鯈魚)라고도 했다. 『자산어보』에서는 작은 숭어를 등기리(登其里), 가장 어린 숭어를 모치(毛峙)·모당(毛當)·모쟝(毛將) 등으로 부른다고 설명했다. 지금도 전라도 지역에서는 새끼숭어를 뚝다리·몽어·모쟁이·댕가리 등 다양하게 부르고 있다. 이처럼 숭어를 크기에 따라 다양하게 부른 것은 그만큼 숭어를 중요한 식재료로 여겼기 때문일 것이다.

숭어는 머리가 크고 등이 검은 숭어와 눈 주변에 노란 테가 있는 가숭어로 나뉜다. 그런데 지역에 따라 숭어와 가숭어가 바뀌는 경우가 있다. 즉 동해안 의 숭어는 서해안에서는 가숭어, 서해안의 숭어를 동해안에서는 가숭어로 부른다. 4~5월 보리 싹이 틀 무렵 잡히는 숭어를 보리숭어, 갯벌에서 잡은 숭어를 뻘거리라고 하는데, 특히 맛이 좋다고 한다.

숭어는 살이 많으면서도 단단하고, 부패하는 속도도 느리다. 때문인지 조 선시대 조리서에 가장 많이 등장하는 물고기 중 하나가 숭어다. 회·찜·탕·구 이·튀김 등 다양한 방법으로 조리되었고, 숭어살로 만두를 빚기도 했다. 숭어 의 알을 염장하여 건조 → 압축 → 재건조해서 만든 어란은 왕실에 진상품으 로 바쳐졌다. 특히 겨울에는 숭어를 얼음이나 눈 위에서 하루 정도 얼린 후 회를 뜬 동치회(凍鯔膾)의 형태로 먹기도 했다. 왕실에서도 중요한 식재료였 다. 계절마다 왕실에 진공되었을 뿐 아니라, 왕실에서 직접 노량진에 숭어를 잡는 배를 운영할 정도였다.

우리가 먹는 연어(年魚; 鰱魚; 連魚)는 대부분 노르웨이에서 수입한다. 1987년 노르웨이에 타이어와 가죽의류를 수출하는 조건으로 청어와 연어에 대한 할당관세(quota tariff)를 해제했다. 이후 훈제연어·연어회·연어스테이크 등의 음식과 연어를 가공한 연어통조림이 등장하는 등 연어의 수요가 크게 늘어났다.

노르웨이에서 수입하는 연어 대부분은 양식으로 기른 대서양연어(Atlantic salmon)이다. 때문에 과거에는 연어를 먹지 않은 것으로 아는 사람이 많다. 하지만 우리의 하천에서 연어가 잡혔기에 식재료로 사용되었고, 『전어지』에서는 연어를 계어(季魚)로 소개했다.

가을이 되면 연어는 하천에 산란하기 위해 바다에서 올라온다. 때문에 가을에만 잡을 수 있어 건연어·염연어 등으로 가공해서 먹었다. 또 알로 젓갈을 담근 연어난해(年魚卵醢)는 수라상에 오르던 귀한 음식이었다.

동해에서 하천으로 오는 물고기가 송어(松魚)이다. 송어라는 이름은 몸에서 소나무 향이 나기 때문이라고도 하고, 살이 붉고 선명한 것이 마치 소나무 마디 같아서라고도 한다. 곤들메기·반어·열목어·쪼고리 등으로도 불렸던 송어는 조선시대 종묘에 천신했고, 송어젓은 중국에 조공하거나 중국 사신에게 선물로 나눠주었다.

빙어는 원래 바다 물고기로 맛이 오이 같다고 해서 또는 몸에서 오이향이 난다고 해서 과어(瓜魚), 색깔이 희다고 해서 백어(白魚)로 표기하기도 했다. 그 외 동어(凍魚) 또는 공어(公魚; 空魚)로도 불렸다. 빙어라는 이름은 얼음 속에 산다고 하여 붙여진 이름이다. 실제로 빙어는 찬물을 좋아해 겨울부터 봄 사이에 활동이 왕성하며, 이런 이유로 빙어낚시는 한겨울에 행해진다.

원래 빙어는 바다에서 서식하다가 산란하기 위해 하천으로 거슬러 올라가는 물고기이다. 그런데 우리는 빙어를 강에서 볼 수 있다. 그 이유는 일제강점기인 1920년대 함경남도 용흥강에서 알을 채취하여 전국에 이식했기 때문이다. 일본인들은 자신들이 즐겨먹는 빙어를 우리나라에서 생산하려 했던 것이다.

말려먹는 물고기

냉장고가 없던 시절 음식을 보관하는 것은 쉬운 일이 아니었다. 육류나 과일은 말려서 포(脯)를 만들었고, 물고기는 잡으면 바로 젓갈을 담았다. 젓갈로 만드는 방법 외에 물고기를 오래 보관하는 방법은 육류나 과일과 마찬가지로 습도를 낮춰 미생물의 번식을 막는 것이다.

『삼국지』위지동이전 부여전에는 동옥저에서 고구려까지 어물을 수송한 일, 고구려전에는 하호(下戶)가 멀리서 물고기와 소금을 지고 와서 공급하는 모습 등이 수록되어 있다. 물고기를 멀리서 운반했다면, 아마도 건조시킨 형태로 옮겼을 가능성이 크다. 『삼국유사』에는 신문왕대 활약했던 승 경흥(憬興)과 관련된 기록에 말린 물고기[枯魚]가 등장한다. 늦어도 7세기 이전 우리는 물고기를 건조시켜 보관했던 것이다.

'맛있기로는 청어, 많이 먹기로는 명태'라는 말이 있듯이, 말려 먹는 물고기를 대표하는 것이 명태(明太)이다. 명태는 몸통은 물론 다양한 부위까지 먹는다. 내장으로 창란젓, 알로 명란젓, 아가미로 아가미젓, 머리로는 귀세미젓을 만들고, 눈알은 구워 술안주로 먹는다. 머리는 육수를 내는 데 사용되며, 껍질을 이용하여 해장국인 어글탕을 끓이고, 명태 안에 소를 넣어 명태순대를 만들기도 한다. 이처럼 명태는 '버릴 것이 하나도 없는 물고기'였기에 오랫동안 보관하기 위해 건조한 형태로 만들었을 것이다.

명태는 많은 이름을 가지고 있다. 잡히는 시기에 따라 봄에 잡은 춘태와 가을에 잡은 추태가 있다. 특히 음력 10월 무렵 잡히는 명태는 은어를 잡아먹는다고 해서 은어받이라고 한다. 크기에 따라서는 대태·중태·소태·왜태·애

기태로 구분한다. 강원도 연안에서 잡은 명태를 강태라고 불렀다. 명태새끼
는 노가리·애기태·앵치라고 했다. 갓 잡아 살아 있는 것은 생태(生太) 또는
선태(鮮太), 얼리면 동태(凍太), 말린 것은 건태(乾太) 또는 간태(干太)이다. 잡는
법에 따라서는 투망으로 잡은 망태(網太), 낚시로 낚은 조태(釣太)로 구분한다.

함경북도 대초도의 청동기 유적에서 명태 뼈가 발견되었다. 그렇다면 선사
시대부터 명태를 먹었음이 확실하다. 그런데 어떤 이유에서인지 이후 명태와
관련된 기록이 나타나지 않는다. 그 이유를 군주나 조상의 이름을 사용하지
않는 피휘(避諱)와 관련하여 설명하기도 한다. 즉 명태라는 이름은 있었지만,
명의 태조 주원장(朱元璋)을 의식하여 명태를 기록에 남기지 않았다는 것이다.
그러나 고대와 고려시대에도 명태에 대한 기록은 찾을 수 없다. 조선시대에
는 명태를 무태(無太) 또는 무태어로 불렀다. 그러나 그 이유가 명태가 이름이
없어서인지 아니면 주원장을 의식해서인지 분명하지 않다.

19세기에 활약했던 이유원(李裕元)은 『임하필기(林下筆記)』에서 명태의 이
름과 관련하여 다음과 같이 설명했다.

> 명천에 사는 어부 중에 태씨 성을 가진 자가 있었다. 낚시로 물고기 한 마리를
> 낚아 주방 일을 보는 아전으로 하여금 관찰사에게 드리게 했다. 관찰사는 매우
> 맛있게 여겨, 그 이름을 물었으나 모두 알지 못하고, 단지 도의 태어부가 잡은
> 것이라고 하였다. 관찰사가 말하기를, 이름을 명태라 하는 것이 가하다. 이로부터
> 이 물고기가 해마다 수천 석씩 잡혀, 팔도에 두루 퍼지게 되었는데, 북어라고 불렀
> 다. [明川漁夫有太姓者 釣一魚使廚吏供道伯 道伯甚味之 問其名皆不之 但道太漁
> 夫所得 道伯曰 名以明太可也 自是此魚歲得屢千石 遍滿八路 呼爲北魚]

즉 명천에 사는 태씨 성을 가진 어부가 잡았기 때문에 명태라는 이름이
지어졌고, 북쪽지역에서 전국으로 퍼졌기에 북어로 불렸다는 것이다. 그런데
명태는 한자로 '明鮐'로도 표기한다. 때문에 '태'는 동해안에서 흔한 물고기의

어미(語尾)로 보아, 명천에서 주로 잡히는 물고기란 뜻에서 명태라는 이름이 유래되었다는 견해도 있다. 또 명태의 함경도 사투리 망태가 명태가 되었다고도 한다.

명태의 이름과 관련된 또 다른 이야기로는 삼수와 갑산에 사는 사람 중 영양부족으로 눈이 침침해진 이들이 많았는데, 명태의 간을 먹으면 눈이 밝아진다고 해서 명태로 불렀다는 이야기도 전한다. 실제로 명태 간에는 비타민A가 많이 들어 있어 시력회복에 효과가 있다고 하고, 지금도 명태를 잡으면 제약회사에 납품할 간유(肝油)부터 빼낸다고 한다. 그 외 함경도에서 명태 간으로 등잔불을 밝혔기 때문에 '밝게 해주는 물고기'라고 해서 명태로 불렀다는 말도 있다. 명태를 러시아는 민타이(минтай), 중국은 밍타이위(míngtàiyú), 일본에서는 멘타이(めんたい)라고 부른다. 우리가 부르는 명태가 주위 나라들에도 영향을 주었던 것이다.

명태를 말리면 황태(黃太)가 된다. 황태는 순우리말 노랑태의 한자어인데, 내장을 뺀 명태를 물에 하루 정도 담가 소금기와 핏기를 뺀 뒤 씻어 말린 것이다. 황태의 원산지는 함경도의 원산과 청진 등이다. 황태가 만들어지기 위해서는 눈이 많이 내리고, 겨울 기온이 -15℃까지 내려가야 하며, 햇볕이 좋으면서도 사방이 트여 바람을 막지 않아야 하는데, 원산과 청진이 여기에 적합했던 것이다.

남북이 분단된 후에는 한국전쟁 당시 원산과 청진 등에서 내려온 피난민들이 황태를 만들기 시작했다. 덕장(棚場)이 있었던 곳과 기후가 비슷한 곳을 찾았는데, 그곳이 바로 강원도 인제군 용대리와 평창군 횡계였다. 요즘에는 명태가 잡히지 않아 러시아 근해에서 잡은 명태를 얼린 원양태로 황태를 만든다.

황태작업은 늦가을 덕장 건설로 시작해서 동태를 거는 상덕 작업으로 이어진다. 이후 겨울 내내 얼기와 말리기를 반복한다. 삼한사온의 겨울 날씨는 황태 만들기에 필수적이다. 때문에 황태사업은 '하늘과 동업한다'는 말이 생

일제강점기 청진의 황태덕장
(공공누리 제1유형 국립중앙박물관 공공저작물)

겨났다. 3월경 봄기운에 얼었던 명태가 녹으면 노릇한 황태가 완성된다. 잘 말린 황태는 살결이 부드럽고 보슬보슬한 것이 더덕 같다고 해서 더덕북어라고도 부른다.

명태는 황태의 형태로만 존재하지 않았다. 새끼를 말린 것이 노가리이고, 약간 물기 있게 말리면 코다리가 된다. 날씨가 따뜻해 물러지면 찐태가 되고, 날씨가 너무 추워 겉이 하얗게 변한 것은 백태, 안개가 잦고 햇볕을 덜 받아 검게 마른 것은 먹태 또는 흑태, 딱딱하게 마른 것은 깡태, 배를 갈라 내장을 꺼내고 소금에 절여 말리면 짝태, 산란 후 뼈만 남아 상품가치가 떨어지는 것은 꺽태, 대가리를 떼고 말려 무두태가 되었다.

북어는 황태처럼 오랜 시간 말리지 않고, 바닷바람에 급속히 말린 것이다. 조선시대에는 명태를 북고어(北薧魚) 또는 북어로 부르기도 했다. 북어라는 이름의 유래에 대해서는 두 가지 이야기가 전하고 있다. 처음 명태를 본 사람이 대구의 새끼인 줄 알았는데 그것이 북쪽에서만 난다고 해서 붙인 이름이라는 것이다. 그 외 오랫동안 보존하기 위해 말려서 남쪽으로 유통했는데, 북쪽에서 온 물고기라고 해서 북어로 불렀다는 이야기도 전하다. 앞에서 살펴본 『임하필기』의 기록을 보면 북쪽에서 유통되었기에 북어라는 이름이 붙은 듯하다.

북어는 영·정조 시대 겨울에 잡은 명태를 말려 생산하면서 전국으로 퍼지게 되었다. 북어의 대중화는 흉년과도 일정한 관계가 있다. 영조대 함경도에 가뭄과 재해 등으로 흉년이 들면서 남부 지역의 쌀과 함경도의 명태의 교역이 이루어졌다. 그러면서 전국에 북어가 퍼져나갔던 것이다. 고종 즉위를 전후해서는 대구의 가격이 급등하면서 북어가 대구를 대신해 궁중에 공상되어 식재료로 사용되기 시작했다.

명태를 말린 황태와 북어는 우리에게 음식 이상의 의미를 가진다. 황태의 많은 알은 다산을 상징했기에 제사상에 빠지지 않는다. 북어는 명태에서 변한 것이지만, 모습은 그대로여서 안녕을 염원하는 것으로 여겨졌다. 이런 이유로 제사상에 북어를 올리는 것이다. 또 항상 두 눈을 뜨고 있어 귀신을 쫓는다고 여겨 북어를 매달아 액막이로 삼기도 한다.

말이 많거나 거짓말 하는 것을 속어로 '노가리 깐다'고 한다. 그 이유는 명태가 새끼를 한꺼번에 많이 낳기 때문이다. 이처럼 명태가 흔했다. 그러나 1971년 노가리 잡이가 허용되면서, 1975년 명태조업량 중 노가리 비율이 68%에 달할 정도로 치어가 남획되었다. 그 결과 명태조업량은 급감했다. 뿐만 아니라 지구온난화 때문에 한류성 어종인 명태는 더 이상 우리 바다에서 잡히지 않는다.

현재 생태의 대부분은 일본, 동태의 대부분은 러시아에서 수입한다. 북어도 중국에서 수입되고 있다. 때문에 귀하기가 황금 같다고 해서 명태를 금태(金太)로 부르기도 한다. 해양수산부에서는 명태복원사업에 나섰고, 2015년

12월 1만 5천 마리, 2017년 5월 15만 마리의 치어를 동해에 방류했다. 또 동해에 명태보호수역을 정하여 명태잡이를 금지시켰다. 명태복원사업이 성 공하여 우리 식탁에 우리의 명태가 오를 수 있는 날이 빨리 오기를 기원한다.

명태를 말린 것이 황태나 북어인 것처럼 조기(助氣)를 말린 것이 굴비(屈非) 이다. 조기는 말 그대로 몸에 기운을 복돋아 준다고 해서 붙여진 이름이다. 조기를 먹으면 기운이 나서 아침에 일찍 일어나게 된다고 해서 朝起라고도 했는데, 曹機로 표기하기도 한다. 그 외 머리에 돌 같이 단단한 은황색 뼈가 있다고 해서 석수어(石首魚)·석두어(石頭魚)·석어(石魚), 노란 몸에 돌이 들어 있다고 해서 황석어(黃石魚) 등으로도 불렀다. 『설문해자』에 낙랑에서 조기 가 난다고 기록된 것으로 보아, 초기철시시대부터 즐겨 먹었던 물고기인 것 같다.

『자산어보』에는 조기에 대해 "산더미처럼 잡아 배에 다 싣지 못한다[得魚如 山 舟不勝載]."라고 설명했다. 이처럼 수확량이 풍부했기 때문에 전라도에서는 함경도의 명태처럼 많이 잡혀 '전라도 명태'라는 별명이 붙기도 했다.

조기는 부끄러움[廉]과 더러운 곳에 가지 않는 치(恥)를 갖춘 물고기로, 이동 할 때를 아는 예(禮)와 소금에 절여도 구부러지지 않으니 의(義)를 갖췄다고 해서 제사상에 반드시 올렸다. 때를 따라 물을 쫓아오기에 추수(追水), 하늘의 뜻을 안다고 해서 천지어(天知魚)로 부르기도 했다. 또 조기 알을 먹으면 아들 을 낳을 수 있다고 여겼다. 그래서 친정어머니들이 조기 알을 모아 딸에게 보내기도 했다. 우리의 조기 사랑은 특별했던 것이다.

조기잡이가 유명한 지역은 대개 임경업(林慶業) 장군을 신으로 모신다. 조청 전쟁 중 임경업은 연평도 부근에서 가시가 있는 엄나무로 조기를 잡아 군사들 의 주린 배를 채웠다고 한다. 그 후 어민들은 임경업의 어살법을 배워 조기를 잡았고, 이런 이유에서 어민들은 임경업을 풍어제(豊漁祭)의 신으로 모시게 된 것이다.

조기는 대량으로 잡히는 만큼 보존이 큰 문제였다. 또 내륙까지 운반하기

위해서는 상하지 않도록 가공해야
만 했다. 때문에 원두막 지붕을 뾰족
하게 올려 통기구멍을 내고 지붕 안
쪽에 조기를 매단 후 바닥에 숯불을
피우고 바닷바람에 천천히 말렸다.
조기를 염장했다가 원형 그대로 말
린 것이 굴비, 등을 잘라 말린 것이
등태기, 배를 갈라 말린 것이 뱃태기
이다. 굴비는 문헌에 따라 구비석수

굴비

어(仇非石首魚)·구을비석수어(九乙非石首)·상어(鱶魚)·세린(洗鱗)·세린석수어
(洗鱗石首魚) 등으로 표기하기도 했다.

조기를 말린 것을 굴비로 부른 것은 이자겸(李資謙)과 관련 있다고 한다.
권력을 전횡하던 이자겸은 지금의 영광인 정주(靜州)로 귀양을 갔는데, 이곳
에서 말린 조기를 먹어 본 후 왕에게 진상했다. 그러면서 '자신의 뜻을 굽히지
[屈] 않겠다[非]'는 의미로 굴비라는 이름을 붙였다. 여기에서 굴비라는 이름
이 유래했다는 것이다. 하지만 조기를 짚으로 엮어 매달면 구부러지는데,
그 모양을 따서 굽이를 한자로 구비(仇非)라고 한 것이 굴비로 바뀐 것으로
보는 것이 타당할 것 같다.

원래 굴비는 봄에 조기를 잡아 상하지 않게 소금을 넣어 바짝 말린 것으로
거의 포와 비슷한 형태였다. 요즘 우리가 먹는 굴비는 반건조한 것으로 간조
기이다. 냉장시설이 발달하면서 간조기가 크게 유행하면서 간조기가 굴비로
둔갑한 것이다. 굴비 중에서 가장 귀하게 여긴 것은 산란 직전에 잡아 만든
앵월(櫻月)굴비이다. 벚꽃이 만개한 때 잡아서 만들기 때문에 앵월굴비로 부
르는 것이다.

조기를 건조시킨 굴비는 오랜 시간 보관이 가능하다. 하지만 좀 더 오래
보관하기 위해 굴비를 보리에 묻어 두기도 한다. 이렇게 하면 굴비의 기름을

보리 겉겨가 흡수하여 비린내가 적고, 보리의 구수한 향이 굴비에 베어 맛이 좋아진다. 하지만 보리는 비린내가 나서 먹을 수 없기 때문에 버렸다. 즉 보리굴비는 부유한 집에서만 먹을 수 있는 음식이었던 것이다.

보리굴비만큼 유명한 것이 고추장굴비이다. 요즘에는 굴비를 주로 구워 먹지만, 예전에는 살을 잘게 찢어 고추장에 찍어 먹었다. 그러던 것이 아예 굴비 살을 찢어 고추장에 박아 2~3개월 숙성시키는 형태로 바뀐 것이다. 보리굴비를 만들면 보리를 사용할 수 없듯이, 고추장굴비 역시 고추장을 2~3번 바꿔줘야 한다. 굴비를 고추장에 찍어 먹는 데에서 시작한 고추장 굴비는 당연히 고추가 수입된 이후에 등장한 음식이다. 고추장굴비의 역사는 그리 길지 않은 것이다.

굴비의 성지는 법성포이다. 굴비라는 이름이 유배된 이자겸에서 비롯되었다는 이야기가 있는 것으로 보아, 고려시대에도 영광굴비가 꽤나 유명했음을 알 수 있다. 영광굴비가 유명한 이유는 영광 앞바다인 칠산에서 잡은 조기들이 법성포에 모였고, 법성포에서 조기를 말려 굴비를 만들었기 때문이다. 하지만 최근에는 영광에서 조기가 잡히지 않고, 추자도나 목포 등지에서 잡힌다. 추자도와 목포에서 잡은 조기는 법성포로 옮겨져 굴비로 변신한다. 어쩌면 조기 자체보다 영광이라는 지역의 일조량·바람·습도 등이 굴비를 만들기에 적절한 것일 수도 있다.

물고기를 말린 것이 어포(魚脯)이다. 어포에는 암민어를 말린 암치와 대구포 등이 있지만, 최근 가장 많이 찾는 것은 쥐치로 만든 쥐포다. 쥐치는 잡으면 찍찍거리며 쥐와 같은 소리를 내기에 붙여진 이름이다. 때문에 『난호어목지』에는 서어(鼠魚), 『우해이어보』에서는 서뢰(鼠鱝)로 적었다. 지역에 따라서는 객주리·쥐고기·가치로도 불렀다. 대개 쥐를 싫어하기 때문에 어부들은 쥐치를 잡으면 재수가 없다고 여겨 버렸다. 그러던 것이 쥐치의 살을 포를 뜬 후 설탕·소금·화학조미료 등을 입히고, 여러 조각을 붙여 건조하여 쥐포를 만들기 시작했다. 정확하게 표현하면 쥐치포이지만 쥐포라는 이름이 더 친근하다.

　쥐포의 성지라 할 수 있는 곳이 삼천포이다. 일제강점기 삼천포에서는 가오리·밀지어·바닥대구·복어·새우·쥐치·학꽁치·홍감펭 등의 물고기를 머리와 뼈를 제거한 후 꼬리가 붙어 있는 상태로 조미하여, 국화·장미·해바라기 등의 모양으로 만들어 선물용으로 수출했다. 그렇다면 쥐포의 탄생은 일본식 건어물 문화에 일정한 영향을 받았을 가능성이 높다.

　1960년대 쥐포를 일본에 수출하면서 국내에서도 쥐포를 먹기 시작했다. 쥐포는 술안주나 간식, 그리고 반찬으로 큰 사랑을 받고 있다. 그런데 쥐포의 어획량이 줄어들면서 지금은 베트남의 쥐포가 우리 식탁을 장악하고 있다. 우리의 쥐포는 크고 두꺼워 2~3마리의 쥐치로 포를 만드는 반면, 베트남은 어린 쥐치를 사용하여 20마리 이상의 쥐치로 포를 만든다. 베트남 쥐포는 얇기 때문에 먹기 편하고 단맛이 난다. 베트남 쥐포에 입맛이 길들여지면서, 우리의 쥐포를 만나기는 점점 더 힘들어지는 것 같다.

그 밖의 물고기들

포유류이지만 물고기로 여겨지는 고래는 한자로 경(鯨) 또는 경예(鯨鯢)이다. 서유구는 고래가 미꾸라지와 비슷하게 생겨서 해추(海鰌)로 부르기도 한다고 설명했다. 울주대곡리반구대암각화에는 다양한 고래가 등장하며, 고래를 사냥하는 모습도 그려져 있다. 『삼국사기』에는 고구려에서 47년 9월 민중왕, 288년 4월 서천왕에게 고래의 눈을 바친 사실이 수록되어 있다. 고려 원종대 원은 다루가치[達魯花赤]를 보내 고래기름인 신루지(蜃樓脂)를 구했다. 선사시대부터 조선시대까지 지속적으로 고래잡이가 행해졌던 것이다.

　『세종실록』에는 1419년 상왕으로 있던 태종이 사신으로 온 명의 환관 황엄(黃儼)에게 고래수염을 선물로 준 기록이 있다. 영조대에는 왕실의 재정을

고래가 새겨져 있는 울주대곡리반구대암각화 탁본

담당하던 내수사에 고래수염을 조금만 보낸 일로 감세관(監稅官)을 처벌하기도 했다. 조선시대 고래의 수염은 가치가 있었던 것이다. 그렇다면 고래수염은 어디에 쓰인 것일까? 연산군은 상의원(尙衣院)으로 하여금 흰 고래수염을 사들이도록 하였다. 상의원은 국왕의 의복을 진상하던 기관이다. 서양에서 고래수염은 견고하고 탄력성이 뛰어나 여성의 코르셋(corset)에 사용되었다. 그렇다면 조선시대 고래수염 역시 고급 의복에 사용되었던 것 같다. 『자산어보』에는 고래수염으로 자[尺]를 만들 수 있다고 기록하고 있다. 그 외 고래의 눈으로 잔, 척추뼈로 절구를 만들었다고 한다.

고래수염이 유통되고 또 고래의 눈이나 뼈가 이용되었다면, 당연히 고래의 고기를 먹었을 것이다. 1505년 연산군은 전라도 지역에 고래를 생포해 바치라는 명령을 내렸다. 조선시대 어민들도 고래고기를 회로 먹었다. 1636년 통신사 종사관 황호(黃㦿)의 『동사록(東槎錄)』, 1655년 통신사 정사(正使) 조형(趙珩)의 『부상일기(扶桑日記)』 등에는 일본에서 통신사를 위해 고래고기를 제공한 모습이 수록되어 있다. 1711년 통신사행의 압물통사로 일본을 다녀 온 김현문(金顯文)은 일본에서 통신사 일행에게 고래회를 제공한 사실을 기록했고, 1748년 자제군관으로 일본을 다녀온 홍경해(洪景海)는 고래회를 먹고 노루고기와 맛이 비슷하다고 평했다. 『자산어보』에 일본인들은 고래회를 소중히 여긴다고 기록한 것으로 보아, 일본 역시 우리와 마찬가지로 고래고기를 먹었음이 확실하다.

러시아제국의 마지막 황제 니콜라이2세(Nikolay II)는 1891년 황태자 시절 태평양어업주식회사를 설립했다. 그는 대한제국으로부터 고래잡이 권한을 얻어 장생포항에서 고래 해체작업을 했다. 이후 1915년 일제는 장생포항을 포경업의 중심지로 삼았다. 해방 이후에도 일본 포경선에서 일하던 사람들은 고래잡이를 계속했다. 이런 이유로 고래하면 장생포가 떠오르게 된 것이다.

고래는 고기의 양이 많고 맛이 좋아 큰 인기를 끌었다. 특히 포경업의 전진 기지였던 장생포는 많은 사람들이 고래고기를 먹기 위해 모여들었다. 그러나 1982년 국제포경위원회(IWC)의 상업포경금지로 더 이상 고래를 잡을 수 없게 되었다. 물론 죽은 채로 그물에 걸려든 고래는 조사를 거쳐 발견한 사람이 처분할 수 있다. 때문에 여전히 고래고기를 맛볼 수 있는 것이다.

가자미는 한자로 가어(加魚) 또는 접어이다. 접어로 표현한 것은 헤엄칠 때 몸을 접었다 폈다 하는 모습이 나비[蝶]를 닮았기 때문이다. 광어와 도다리 역시 한자로 접어인데, 생긴 것이 가자미와 유사했기 때문일 것이다. 우리나라를 부르는 별칭 중 하나가 접역(鰈域)이었던 것으로 보아, 가자미는 많이 잡히는 물고기 중 하나였던 것 같다.

가자미류 물고기를 비목어(比目魚)라고도 한다. 그 이유는 가자미류는 어릴 때는 눈이 양쪽에 있지만, 몸 한쪽을 바닥에 붙이고 다녀 성장해서는 눈이 한쪽으로 몰려서이다. 이와 관련하여 가자미류는 한쪽에만 눈이 있는 줄 알고 나머지 반쪽 눈을 찾아다니다, 상대를 만나면 행복하게 살아갈 수 있다고 설명하기도 한다. 그래서 우리는 잠시도 떨어져서 살 수 없는 부부 사이를 비목어와 같다고 표현했다. 또 군주의 정치가 멀리까지 미치면 비목어가 나타난다고 여겼다. 우리에게 비목어는 다정하고 은혜로운 존재였던 것이다.

서대회무침

가자미처럼 눈이 한쪽으로 쏠려 있는 물고기 중 하나가 서대이다. 우리말로는 서대기 또는 셔대라고도 했는데, 생김새가 긴 혀와 같다고 해서 우설(牛舌) 또는 설어(舌魚)로도 표기했다. 서대는 회나 회무침으로 먹고, 말려서 찌거나 구워서도 먹는다. 육질이 부드럽고 비린내가 없는 서대는 여수에서는 제사나 혼례 등의 행사에서 빠지지 않는다. 여수를 중심으로 남해안에서만 서대회를 먹을 수 있기에, 서대를 먹지 않으면 여수 여행은 무효라는 말이 있다.

우럭은 울억어(鬱抑魚)·검어(黔魚)·검처귀(黔處歸) 등으로도 표기했다. 회로 많이 먹지만, 말린 후 구이와 찜으로도 먹는다. 또 소금에 절여 꾸덕하게 말린 우럭포는 제사상에도 오른다. 우럭은 탕으로도 인기가 있다. 보통은 매운탕으로 먹지만 대천·태안·서산 등지에서는 우럭젓국을 즐긴다. 우럭젓국은 살은 찜으로 먹고, 머리와 뼈를 제사상에 올렸던 두부를 넣고 끓인 후 새우젓으로 간을 해서 먹은 데에서 유래한다.

양미리는 통통하다고 해서 '양', 길다고 해서 '미리'가 합쳐져 붙여진 이름이다. 야미리 또는 앵매리로도 부른다. 그런데 동해안에서 양미리로 부르는 물고기는 사실 까나리이다. 서해안에서는 어린 까나리로 젓갈을 담그고, 동해안에서는 다 큰 까나리를 굽거나 탕 또는 조림으로 먹는 것이다.

'앗싸 가오리'란 말만큼이나 가오리는 우리에게 친근한 물고기이다. 그러나 서양에서 홍어와 가오리는 사람의 얼굴과 비슷하고, 특히 가오리는 소리 또한 사람과 비슷해서 '악마의 고기(Devil fish)'로 꺼려했다.

가오리는 꼬리가 아닌 가슴지느러미를 팔랑거리면서 움직이기 때문에 팔랭이라고도 하는데, 간재미·가부리·가우리·갱게미·찰때기·나무쟁이·갱게미 등으로도 불린다. 한자로는 요(鰩)·홍(魟)·가불어(加不魚)·가화어(加火魚)·가올어(加兀魚)·해

우럭구이

요어(海鰩魚) 등으로 표기했다. 『자산어보』에는 소분(小鱝), 속명은 발내어(發乃魚)라고 소개했다.

가오리는 홍어와 마찬가지로 죽으면 요소가 암모니아로 바뀐다. 하지만 홍어와 달리 발효되지 않고 상하기 때문에 삭혀서 먹을 수 없다. 홍어가 영산강 유역을 중심으로 음식권을 형성했다면, 가오리는 섬진강 유역에서 혼례와 장례에서 빠지지 않는 음식이다. 그러나 홍어 문화권이 확대되면서, 가오리를 찾는 이들은 점점 줄어들고 있다.

돔은 도미(道味)로 불렸고, 도미어(到美魚; 刀味魚; 掉尾魚) 또는 도음어(都音魚)로 표기했다. 서유구는 꼬리가 짧고 갈라지지 않은 것이 가위로 잘라 뭉툭한 것 같다고 해서 독미어(禿尾魚)로 설명했다. 감성돔·청돔·황돔·붉돔·실붉돔·줄돔·긴꼬리돔 등이 있는데, 가장 대표적인 것이 참돔[眞鯛]이다.

부산 동삼동 조개무지에서 참돔의 뼈가 출토된 것으로 보아 신석기시대 이미 돔을 먹었음을 알 수 있다. 『자산어보』에는 강항어(强項魚), 『전어지』에는 독미어(禿尾魚)로 표기했던 참돔은 물고기의 왕으로 여겨졌다. 수명이 길어 부모님의 무병장수를 기원하는 의미에서 환갑잔치에 올리는 음식이었고, 일부일처를 유지하는 물고기여서 혼례의 이바지음식에도 쓰였다.

옥돔[玉頭魚]은 돔과 이름이 비슷하지만 전혀 다른 물고기이다. 옥돔과 돔은 같은 농어목에 속하지만 돔은 도미과, 옥돔은 옥돔과로 나뉜다. 제주도에서는 제사나 잔치에 옥돔이 빠지지 않기 때문에, 물고기하면 옥돔을 가리킨다고 한다. 완도에서도 옥돔은 돔 중에 으뜸이라고 하여 황돔으로 부른다.

밴댕이는 한자로는 소어(蘇魚)로 표기하는 만큼 '어'에 속하는 물고기

도미회

이다. 그러나 소어라는 이름보다 밴댕이가 훨씬 친숙하다. 그 외 청소어(靑蘇魚)·늑어(勒魚)·빈징어·빈지매·반당으로 부르기도 한다. '오뉴월 밴댕이'라는 말이 있듯이 밴댕이는 5월부터 인기가 있었다.

밴댕이하면 떠오르는 말이 '밴댕이 소갈딱지'이다. 속 좁고 너그럽지 못한 사람을 흉보는 말이다. 밴댕이는 성질이 급해서 그물에 걸리면 스트레스를 이기지 못해 파르르 떨다가 육지에 닿기 전에 죽기 때문에 이런 속담이 생긴 것이다. 속담 때문인지 몰라도 밴댕이를 대수롭지 않게 여기는 사람이 많다. 그러나 1424년 4월 명 황제가 입맛이 없다며 조선에 밴댕이를 올릴 것을 명한 것을 보면, 조선의 밴댕이는 별미였던 것 같다. 또 '밴댕이 먹고 외박하지 말라'는 속담이 있듯이 최고의 정력제로 여겼던 음식이기도 하다.

『증보산림경제』에 밴댕이는 탕과 구이도 맛있지만, 회는 시어보다 낫고, 젓갈로 담아 겨울에 식초를 쳐서 먹어도 일품이라고 기록하고 있다. 『난중일기』에 이순신이 어머니를 위해 밴댕이젓을 보낸 사실을 기록한 것을 보아도 밴댕이젓의 맛이 매우 뛰어났음을 알 수 있다.

진미로 꼽혔던 만큼 밴댕이는 국왕에게 진상하는 음식이었다. 때문에 안산에 밴댕이를 관리하는 관청인 소어소(蘇魚所)를 설치했다. 정조대 학자인 이덕무는 국왕으로부터 밴댕이나 절인 절인밴댕이를 하사받은 경우가 많았다. 요즘에는 밴댕이를 양배추·깻잎·초고추장과 함께 무친 회무침을 많이 먹는다.

볼락은 이름이 색깔과 관계가 있다. 『우해이어보』에서는 볼락으로 부른 이유를 색이 엷은 자주색이기 때문이라고 설명했다. 즉 자주빛을 보라(甫羅)라 하는데, 보라는 아름다운 비단이어서 보어(甫鮱) 또는 볼락어(乶犖魚)로 불렀다는 것이다.

『자산어보』에는 볼락을 박순어(薄脣魚)라 했고, 속명을 발락어(發落魚), 『난호어목지』에는 열기어(悅嗜魚)로 기록하고 있다. 뽈락·뽈낙이·뽈라구·순볼래기·꺽저구·우레기·열갱이·구럭·점처구 등 지역마다 서로 다른 이름으로 부른다.

회

인간은 불을 사용하기 전에도 물고기를 먹었을 것이다. 『논어(論語)』향당(鄉黨)편에는 공자(孔子)가 "가늘게 썬 회를 즐겨 먹었음[膾不厭細]"을 기록하고 있다. 『예기』내칙(內則)에 "고기의 날 것을 잘게 썰은 것을 회[肉腥細者爲膾]"로 설명하고 있는 만큼, 공자가 먹은 회는 육회인 것 같다. 그러나 고향을 그리워하는 마음을 순채국과 농어회로 표현한 '순갱노회(蒪羹鱸膾)'라는 고사성어가 있는 것으로 보아, 중국에서는 물고기회도 먹었던 것 같다. 회를 표현하는 한자가 고기[月]를 뜻하는 膾에서 물고기[魚]를 나타내는 鱠로 바뀐 데에서 알 수 있듯이, 회는 점차 육회에서 물고기회로 바뀌어 나갔다. 그러나 송대부터 석탄이 보급되어 굽거나 튀기는 조리법 대세를 이루면서, 중국에서는 물고기를 회로 먹지 않았다고 한다.

일본은 당나라 문명과 함께 물고기회가 유입되었고, 도쿠가와바쿠후(德川幕府)부터 회를 먹는 문화가 널리 퍼졌다고 한다. 일본이 물고기회를 즐겨 먹은 것은 육식금지령과 상관이 있다. 675년 덴무덴노(天武天皇)는 "소·말·개·원숭이·닭의 고기를 먹는 것을 금하였다[且莫食牛馬犬猿鷄之宍]." 육식금지령은 불교 교의에 입각한 것이지만, 육고기를 멀리하면서 자연스럽게 물고기 음식이 발전하게 되었을 것이다. 일본은 물고기를 잘게 자른 것을 나마스(鱠), 크게 자른 것을 사시미(さしみ; 刺身)로 구분했는데, 사시미를 더 높게 평가했다.

우리는 육회뿐 아니라 물고기회도 즐겨 먹었다. 조선시대 물가에서 천렵(川獵)을 하여 잡은 물고기를 회를 쳐서 먹은 기록이 많이 나타나고 있다. 앞에서도 언급했듯이 조선시대에는 바다에서 잡은 물고기를 내륙까지 신선하게 이동할 방법이 없었다. 때문에 회는 주로 민물고기, 즉 생선이었다. 하지만 디스토마 등 민물고기회가 건강에 좋지 않다는 생각에서 먹지 않게 되면서, 그 자리를 바닷물고기가 대신하게 된 것이다.

조선시대인들이 먹었던 회는 일본의 사시미와는 차이가 있었다. 지금보다 훨씬 가늘게 썰었고, 회를 뜬 후 파와 생강을 채 썰어 회 위에 놓고 겨자장에 찍어 먹었다. 고추가 수입된 후에도 한동안 회는 겨자장에 찍어 먹은 듯하다. 회와 고추장이 함께 등장하는 것은 정조대 간행된 『원행을묘정리의궤』에서 확인된다. 의궤에 웅어회와 고추장이 함께 등장하는 것을 보아 이때부터 고추장에 회를 찍어 먹은 듯하다. 그러나 의궤에 등장하는 고추장이 지금의 초고추장인지는 확실하지 않다. 초고추장은 『시의전서』에 처음 나타나는 만큼, 19세기 전후 지금과 같은 초고추장이 등장한 것 같다.

우리는 살아 있는 물고기로 회를 뜬 활어회를 좋아한다. 쫄깃한 씹는 맛 때문이다. 활어회가 쫄깃한 이유는 물고기가 죽은 직후 사후강직 상태가 최고조이기 때문이다. 어쩌면 죽은 지 오래된 물고기를 회로 팔지 모른다는 불신도 활어회를 찾는 이유 중 하나일 수 있다. 반면 물고기를 잡은 후 어느 정도 숙성시켜 먹는 것이 싱싱회로도 표현되는 선어회(鮮魚膾)이다. 물고기는 숙성기간을 거쳐야 이노신산 함량이 높아지면서 글루탐산과 상승 작용을 해 맛이 좋아지는데, 대개 4~6시간 숙성시킬 때 최고의 회가 만들어진다고 한다. 6시간이 지나면 부패가 시작되므로, 6시간이 넘은 회는 먹지 않는 것이 좋다.

회는 익히지 않은 물고기의 살을 먹는 것이지만, 때로는 살짝 익히기도 한다. 그것이 바로 숙회(熟膾)이다. 조선시대의 경우 양반은 살짝 익힌 숙회를 선호한 반면, 민은 날것 그대로의 회를 좋아했다고 한다.

회는 생선의 살 만을 먹는 것이지만 뼈와 함께 먹기도 한다. 이를 세꼬시 또는 뼈째회·뼈회라고 부른다. 보통 세꼬시를 예전의 우리 회로 알고 있지만, 세꼬시는 우리말이 아니다. 일본어 せごし(背越)에서 유래된 것으로, 작은 물고기를 손질해 통째로 잘게 써는 것이다. 따라서 세꼬시는 회의 종류가 아니라 손질하는 방법의 하나라 할 수 있다.

우리가 가장 흔히 먹는 물고기회는 광어(廣魚)다. 광어는 맛이 좋을 뿐 아니라 빨리 자라며, 병에 잘 걸리지 않고 쉽게 양식할 수 있다. 국내 활어 생산 1위도 광어이고, 세계 광어 생산량 1위도 바로 우리나라이다.

광어의 표준명은 넓적한 물고기란 뜻의 넙치이며, 『자산어보』에는 접어로 표기하고 있다. 광어는 자연산의 경우 배의 색깔이 흰색이고 양식은 까만 얼룩이 있다. 광어와 유사

광어회

한 물고기가 도달어(鮡達魚)로 표기했던 도다리이다. 표준어는 문치가자미이지만, 대개는 도다리로 부른다.

광어와 도다리를 구분하기는 쉽지 않은데, 광어는 눈이 왼쪽, 도다리는 눈이 오른쪽에 있다. 또 광어는 이빨이 있지만, 도다리는 이빨이 없다. 지금은 광어를 주로 회로 먹지만, 조선시대에는 포를 만들어 먹었고, 어육장(魚肉醬) 등에 사용했다. 도다리 역시 회보다는 주로 구어 먹은 듯하다.

참치는 살이 붉은 색인데, 죽으면 바로 흑색으로 변한다. 때문에 잡는 즉시 머리와 내장을 제거한 뒤 냉동시켜 수송한다. 때문에 참치회는 냉동시켜 먹는 것이다. 참치의 표준어는 다랑어인데, 다랑어가 참치가 된 것에 대해서는 몇 가지 이야기가 전해지고 있다. 1957년 우리나라 최초의 원양조업선 지남호(指南號)를 타고 인도양에 출어한 선원들이 다랑어를 보고 진짜 고기라는 뜻에서 참치라고 불렀는데, 해무청(海務廳) 공무원이 참치가 다랑어임을 모르고 참치로 기록했기 때문이라는 것이다. 원양어업에서 잡아 온 물고기를 대통령 이승만에게 대접하면서, 선원들이 마땅한 이름이 없어 참 좋은 고기라는 뜻으로 참치로 했다는 이야기도 전한다. 1967년 다랑어가 수입되었을 때, 미끈한 모습을 보고 진치라고 불렀던 것이 참치가 되었다고도 한다. 어찌되었건 지금은 다랑어보다 참치라는 이름이 더 친숙하다.

참치회

우리의 참치 잡이는 1956년부터 시작되었지만, 값이 워낙 비싸 일본과 타이 등에 전량 수출했다. 동원그룹의 창업가 김재철(金在哲)은 육질이 좋은 물고기를 선호할 것이라는 생각으로, 1982년 11월 참치통조림을 출시했다. 이를 계기로 우리는 참치의 존재를 알게 되었다. 1988년부터는 참치를 회로 먹기 시작했고, 1991년 동원은 참치회 전문점을 열고 영업을 시작했다. 통조림용 참치와 회로 먹는 참치는 서로 다르다. 가다랑어·날개다랑어는 주로 통조림용, 참다랑어와 눈다랑어는 횟감으로 사용한다. 황다랑어는 회와 초밥용으로도 쓰이고 통조림으로도 만든다. 새치는 다랑어와는 다른 물고기이지만, 최근에는 새치도 참치로 부른다. 대개 새치는 무한리필 횟집이나 뷔페에서 많이 사용한다. 회든 통조림이든 우리가 참치를 먹기 시작한 것은 그리 오래된 일은 아닌 것이다.

전통시대 우리가 먹었던 회는 생선을 잘게 썰어 장류에 비벼 먹는 막회였다. 막회의 횟감은 세꼬시와 비슷한데, 막회에 물을 넣으면 물회가 된다. 물회는 어부들이 배위에서 잡은 물고기 중 상품가치가 떨어지는 물고기를 썰어 고추장을 풀어먹던 것에서 시작되었다. 선원들이 해장용으로 먹던 물회는 지역음식으로 정착한 뒤, 1990년대 낚시꾼들에게 알려지면서 대중화되었다.

막회

동해에서는 주로 고추장이나 초장을 물에 타서 물회를 만들지만, 남해안에서는 된장을 풀기도 한다. 식재료도 속초는 오징어, 포항은 가자미와 도다리 등을 주로 사용한다. 그외 한치물회·학꽁치물회 등도 있고, 오징어·멍게·해삼 등이 들어간 모듬물회도 등장했다. 물회는 밥이나 국수를 말아 먹기도 하고, 술 마신 후 해장을 위해서도 많이 먹는다.

자리돔물회

제주도의 자리돔물회 역시 남해지역 물회와 마찬가지로 된장을 풀어 만든다. 된장 외 제피를 넣은 양념에 누렇게 익은 오이인 노각과 약간 쉬기 시작한 밥에 누룩을 넣어 만든 쉰다리를 발효시킨 식초를 넣어 만들었다. 그러나 지금은 관광객들의 입맛에 맞춰 된장 대신 고추장과 고춧가루를 넣고 제피는 넣지 않는 경우가 많다. 또 노각 대신 오이, 쉰다리식초가 아닌 일반 식초를 넣어 만든다. 대부분의 물회는 어부들이 먹는 음식에서 비롯되었지만, 제주도의 자리돔물회는 민이 여름에 먹는 일상식이었다.

회의 가격은 비싼 편이다. 신선한 물고기만이 횟감이 되는 만큼 당연한 것이라 할 수 있다. 그러나 과거보다 값이 많이 내려갔고, 어떤 의미에서는 대중화되었다고 볼 수도 있다. 회가 대중화된 것은 양식장이 생기면서부터이다. 또 도로망이 개선되고 냉장차 및 이동식 수족관을 가진 활어차 등이 등장하면서 가격이 크게 하락했기 때문이기도 하다.

매운탕

매운탕은 물고기를 넣고 맵게 끓인 탕이다. 그 자체가 음식이지만, 회를 먹은 후 먹기도 한다. 맵게 끓인 탕을 매운탕으로 부른 것이 언제부터인지는 확실하지 않다. 일제강점기인 1939년 출간된 『조선요리법』에 생선고추장찌개가 등장한다. 아마도 생선고추장찌개가 지금의 매운탕인 것 같다.

『고려사』에는 김방경(金方慶)이 몽골군과 함께 일본 원정에 나서기 전, 원 세조가 그에게 '고려국도원수' 칭호를 내려주며 잔치를 베풀어 준 사실이 기록되어 있다. 이때 김방경을 위해 하얀 쌀밥과 물고기국[魚羹]을 차려주며 세조가 직접 "고려인들이 좋아하는 음식[高麗人好之]"이라고 말했다. 고려인들이 즐겨 먹는 음식 중 하나가 물고기국이었던 것이다.

고려시대 먹었던 물고기국은 고추가 전래되기 이전인 만큼 지금의 매운탕과는 차이가 있었음이 분명하다. 맑은 탕이었겠지만, 지금의 지리와는 다른 음식이었을 가능성이 크다. 고려 후기 문인 이색이 지은 시에 "매운 물고기국[香辣雜羹魚]"이 등장한다. 이로 보아 고려시대인들이 먹은 물고기국은 산초 등을 넣어 매운 맛을 낸 맑은 색의 매운탕이었을 가능성이 높다.

고려시대 매운탕은 조선시대에도 이어졌을 것이다. 17세기 활약했던 조경이 지은 '기로소에서 잠곡 상공께 올리는 제문[耆老所祭潛谷相公文]'에 어갱(魚羹)이 등장한다. 어갱은 말 그대로 물고기국이지만, 산초 등을 넣고 끓인 매운탕일 가능성도 있다.

우리는 통상 회를 먹고 남은 뼈와 부속물로 끓여 낸 매운탕을 먹는다. 그것을 서더리탕이라고 부른다. 서더리의 본래 말은 서돌이다. 서돌은 집 짓는 데 중요한 재목으로 서까래·보·기둥의 통칭이다. 물고기의 경우 대가리·등뼈·꼬리 등을 서돌이라고 부른다. 때문에 회를 뜬 나머지 부속물로 끓인 매운탕을 서더리탕이라 부르는 것이다.

물고기 전체를 사용해 끓이는 매운탕은 민물고기를 사용하는 경우가 많다.

기생충 때문에 민물고기를 회로 먹지 않게 되면서 매운탕으로 먹게 된 것 같다. 민물고기 매운탕 중 많은 사람들이 찾는 음식 중 하나가 메기매운탕이다.

메기매운탕

서유구는 메기의 몸이 미끄럽고 끈적이기 때문에 점(鮎), 이마가 고르고 평평하기 때문에 이(鮧)라고 설명했다. 그 외 언(鰋)·제(鯷) 등으로 표기하기도 한다. 우리는 메기를 민물고기의 으뜸으로 여겼기에, 종어(宗魚)라고 불렀다. 때문에 매운탕 하면 사람들이 메기매운탕을 떠올리게 된 것 같다.

쏘가리매운탕 역시 많은 사람들이 즐겨 찾는 음식이다. 쏘가리는 지느러미에 여러 개의 가시가 있어 잘 못 만지면 사람을 쏘아 쏘가리라는 이름을 얻었다. 한자로 궐어(鱖魚)인데, 鱖의 발음이 대궐[闕]과 같아 문인들은 '궁궐을 들락거릴 정도로 높은 벼슬을 하라'는 의미에서 쏘가리를 그려 선물하기도 했다.

『규합총서』에서는 쏘가리를 금린어(錦鱗魚)로 소개하면서, 천자가 좋아해서 천자어(天子魚)로 부른다고도 했다. 『지봉유설』에는 면린어(綿鱗魚), 『증보산림경제』에는 금호어(錦戶魚)로 기록했다. 『난호어목지』에는 돼지고기처럼 맛있어서 수돈(水豚), 아롱진 무늬가 모직물[罽]과 같기 때문에 계어(罽魚)로도 불렀다고 설명하였다. 그 외 부모님께 고아 드린다고 해서 효자어(孝子魚)라고 했고, 쏘가리의 쓸개는 웅담과 성분이 비슷하다고 여겨 수담(水膽)으로도 불렀다.

한강 주변에 사는 사람들은 여름 보양 음식으로 쏘가리매운탕을 즐겨 먹었다. 때문에 쏘가리를 효자어로 불렀듯이, 부모님을 봉양하는 쏘가리매운탕을 효자탕으로 부르기도 한다. 쏘가리매운탕이 대중화된 것은 1970년대 중반 이후의 일이다. 전국에 댐이 건설되면서 댐 주변에 관광객들이 찾아들기 시작했다. 그러면서 민물매운탕이 큰 인기를 얻었고, 쏘가리매운탕 역시 관광 음식 중 하나로 자리 잡게 되었던 것이다.

빠가사리매운탕 역시 많은 사람들이 찾는 음식 중 하나이다. 빠가사리의 원래 이름은 동자개인데, 한자로는 앙사어(鮟絲魚)·감(鱤)·황협(黃頰) 등으로 표기했다. 적을 만나면 가시를 뒤로 젖히고 지느러미 아래 관절을 마찰시켜 빠각빠각 소리를 낸다고 해서 빠가사리로 부르게 되었다고 한다. 지역에 따라서는 황쟈개·챠가사리·자가사리·황빠가·황어 등으로도 부른다.

매운탕과 유사한 음식이 어탕국수 또는 어죽이다. 민물고기의 내장을 제거하고 뼈를 발라 끓인 매운탕에 국수가 들어가면 어탕국수, 쌀이 들어가면 어죽이 된다. 요즘에는 통상 국수와 수제비 그리고 쌀을 함께 넣어 끓이는 경우가 많다. 무더운 여름 냇물에서 고기를 잡으며 놀 때 먹었던 음식이었고, 식량이 부족하던 때 물고기를 잡아 끓여먹던 구황음식이기도 했다. 지금은 보양식과 영양식, 또는 별미로 어죽을 많이 찾는다.

어죽

PART 10

수산물

조개

조개는 석회질의 껍데기를 가진 연체동물이다. 한자로 방합(蚌蛤)으로 표기하는데, 둥근 모양의 조개는 합(蛤), 긴 모양의 조개는 방(蚌)으로 나누기도 한다. 조개는 바다뿐 아니라 민물에도 있다. 즉 물이 있는 곳이면 어디에서든 조개를 만날 수 있는 것이다. 조개는 그물이나 낚시 등의 특별한 어구 없이도 쉽게 채집할 수 있다. 때문에 우리는 선사시대부터 조개를 먹어 왔다. 이는 조개의 무덤인 조개무지를 통해서도 쉽게 확인할 수 있다.

함경도와 황해도에는 밥 대신 먹는 밥조개가 있다고 한다. 동해안에서는 조개를 제곡(薺穀) 또는 적곡합(積穀蛤)으로도 부른다. 이러한 사실은 조개가 주식으로 활용되기도 한 사실을 알려준다. 조개를 먹기만 했던 것이 아니다. 조개껍질은 장신구로 이용되었고, 나전칠기에 활용되었다. 심지어 조개껍질이 화폐로 사용된 때도 있었다.

우리가 가장 귀하게 여겼던 조개는 전복(全鰒)인 것 같다. 전복은 생긴 것이 귀와 같다고 해서 귀조개로도 불리고, 한자로는 복어(鰒魚)·포(鮑)·포합(鮑鮯) 등으로 표기한다. 조선시대 전복을 전문으로 잡아 진상하던 이들이 포작(鮑作)이었다. 포작은 포작간(鮑作干)이라고도 했는데, 전복뿐 아니라 각종 조개와 미역 등도 채취하였다. 이들은 제주도에서 떠돌아다니며 살다, 점차 육지의 해안 지역으로 옮겨 활동 영역을 넓혀 갔다. 포작은 해상 방위의 보조 병력으로도 활용되었고, 조일전쟁 때 이순신은 포작선(鮑作船)을 전투에 투입시키기도 했다.

조선시대에는 진상된 전복은 사재감, 선세(船稅)로 공납된 전복은 내수사, 노비가 공물로 바친 전복은 수진방(壽進坊)에서 관리했다. 용도에 따라 전복을 각 관청이 별도로 관리했던 사실은 전복이 귀했기 때문일 것이다. 실제로 전복은 조개의 황제 또는 바다의 산삼으로 불린다. 그 이유는 전복은 깊은 바다에서 채취해야 했고, 1년에 1cm씩 자라는 매우 귀한 식재료였기 때

전복회

문이다.

전복 역시 다른 해산물과 마찬가지로 말려서 식재료로 사용하였다. 때문에 얼음에 채워 파는 생전복은 특별히 생복(生鰒)·생포(生鮑)·전포(全鮑)라고 했다. 전복을 통째 말린 것은 건복(乾鰒), 말리면서 두드려 편 것은 추복(搥鰒) 또는 장복(長鰒), 돌려서 띠처럼 말린 것을 인복(引鰒)이라고 한다. 전복은 귀했던 만큼 살과 내장을 모두 먹는다. 뿐만 아니라 전복의 껍질은 누룽지를 긁을 때와 바위에 붙은 김이나 파래를 모을 때 사용되었고, 공예품의 재료가 되기도 했다.

전복은 다양한 약재로도 사용되었다. 산모의 젖이 나오지 않으면 전복을 고아 먹었다. 꾸준히 먹으면 눈이 좋아진다고 여겨 석결명(石決明)이란 이름으로도 불렸다. 이처럼 전복은 귀한 식재료이자 약이었던 만큼, 명에서 끊임없이 조선의 전복을 요구해 사회 문제가 되기도 했다.

전복은 귀한 식재료였던 만큼 국가적 수요가 많았다. 때문에 전복의 진상으로 고통을 받는 민도 있었다. 1474년 9월 전라도관찰사 이극균(李克均)은 전복을 따기 위해 무인도에 갔다가 일본 배를 만나 민들이 서로 죽이고 노략질 한 사실을 보고했다. 1704년 5월에는 제주에 전복을 채취하기 위해 잠입한 무리들이 민가를 약탈하고 살인을 행한 일이 발생하기도 했다.

1646년 1월 3일 인조의 수라상에 오른 전복구이에 독이 들어 있었다. 인조는 소현세자(昭顯世子)의 빈인 강씨를 의심하고 궁녀를 국문했다. 궁녀들은 자백하지 않았고, 『인조실록』에도 사관은 인조의 후궁 소원조씨(昭媛趙氏)가 모함한 것으로 기록하고 있다. 그럼에도 불구하고 인조는 강빈에게 사약을 내렸다. 전복에는 역사의 아픈 모습도 담겨 있는 것이다.

1892년 완도에서 전복통조림이 제작되었다. 우리 역사에서 수산물 중 가장 먼저 통조림으로 가공된 것이 전복인 것이다. 최근에는 전복이 여름 보양식의 재료로 널리 사용되고 있다. 이는 전복 양식에 성공했기 때문이다. 국내에서 전복 양식에 성공한 것은 1960년대 이후의 일이다. 처음에는 어린 전복을 생산한 후 바다에 뿌리는 방식이었는데, 1990년대 말 이후 그물로 가두는 우리를 만들어 키우는 가두리양식이 대세를 이루고 있다. 전복 양식을 가장 많이 하는 곳은 완도군이다. 완도는 물이 맑고, 수온이 섭씨 7~28℃ 정도로 전복 양식에 적합하다. 전복의 먹이로 쓰이는 미역과 다시마도 풍부하다. 이처럼 완도 지역을 중심으로 전복 양식에 성공하게 되면서, 이제는 쉽게 전복을 만날 수 있게 되었다.

신석기시대부터 먹었던 것으로 여겨지는 홍합(紅蛤)은 색깔이 붉다고 해서 붙여진 이름이다. 한자로는 문설(文蛤)로 표기하는데, 모양이 여성의 생식기와 비슷하다고 해서 해빈육(海牝肉) 또는 동해부인(東海夫人) 등으로도 불렸다. 껍질로 몸을 싸고 있어서 각채(脚菜)·해폐(海蜌)라고도 했고, 맛이 채소와 같이 짜지 않고 심심하다고 해서 담채(淡菜) 또는 담채합(淡菜蛤)으로도 불렸다. 서유구는 홍합이 조개인데 나물[菜]로 불리는 이유를 해조류 근처에 살며, 맛이 달고 담백한 것이 나물과 같기 때문이라고 설명했다. 지역에 따라 담치·합자·열합·섭 등으로 부르기도 한다.

지금과 마찬가지로 조선시대에도 홍합은 생홍합과 말린 형태의 건홍합으로 유통되었다. 『성종실록』에 명에 건홍합을 보내거나, 사신에게 선물로 준 사실 등이 기록된 것으로 보아 조선시대 홍합은 꽤 귀한 식재료 중 하나였던 것 같다.

홍합은 물 속 암초에 붙어 어린 게

술안주로 인기 있는 홍합탕

따위를 먹고 살며, 1년 내내 잡을 수 있어 인기 있는 식재료 중 하나이다. 홍합의 종류는 다양한데, 우리의 경우 참담치와 진주담치가 있다. 참담치는 원래 우리가 먹던 홍합으로 2~3년은 지나야 먹을 수 있을 정도의 크기가 된다. 진주담치는 지중해담치로도 불리는 외래종으로 1년만 양식해도 식탁에 오를 수 있다. 때문에 유통되는 홍합 대부분은 진주담치이다.

새조개는 생김새가 새머리와 닮았다고 해서 붙여진 이름인데, 맛이 닭고기와 비슷하다고 해서 조합(鳥蛤)으로도 부른다. 부산과 창원에서는 갈매기조개, 남해에서는 오리조개라고도 하는데, 경남 지역에서는 일제의 강점에서 해방되면서 많이 잡혀 생계를 유지했다고 해서 해방조개라고 부른다. 반면 여수에서는 일본인이 부르던 그대로 토리가이(トリガイ)로 부르기도 한다. 새조개는 초밥을 만드는 재료로 일본에 수출되면서 알려지기 시작했다. 여수에서는 삼겹살·묵은 김치 등과 살짝 익힌 새조개를 함께 먹는 새조개삼합이 유명하다.

키조개는 생김새가 곡식을 까불리는 키와 닮았다고 해서 붙여진 이름이다. 부산에서는 채지조개, 마산과 진해에서는 채이조개, 보령·서천·홍성 등에서는 치조개, 군산과 부안에서는 게지, 그 외 전라도 지역에서는 게이지라고 부른다. 동해에서 홍합을 동해부인으로 부르는 것처럼, 서해에서는 키조개를 서해부인으로 부르기도 한다.

키조개의 관자(貫子)는 탕·회·무침·구이 등 다양한 음식에 활용되며, 한우·표고버섯과 함께 키조개삼합을 이루기도 한다. 키조개는 자연산보다 양식이 더 비싸다. 키조개는 주로 일본으로 수출되었지만, 최근에는 생산량이 많아 쉽게 먹을 수 있다.

껍질 표면이 모시처럼 세밀한 무늬가 새겨져 있는 것이 모시조개이다. 『난호어목지』에서는 흰모시의 실오라기와 같다고 해서 저포합(苧布蛤)으로 설명했다. 지역에 따라 백합으로 부르기도 하는데, 가무락조개·까무락·까막조개·까막·깜바구·흑대롱·검정조개·백대롱·흑대롱·대동·대롱·다령 등 다양한 이름으로 불리고 있다.

조개구이

『난호어목지』에서는 대합(大蛤)을 껍데기 안쪽은 희고 바깥쪽은 자줏빛을 띤 검은 색의 무늬가 있어 문합(文蛤) 또는 화합(花蛤)으로 부른다고 설명했다. 껍질에 있는 다양한 무늬가 백여 가지에 이른다고 해서 백합(百蛤), 껍질 안쪽이 희다고 해서 백합(白蛤)이라고도 한다. 모양이 예쁠 뿐 아니라, 맛도 좋아 '조개의 여왕'으로도 불린다. 부안 지역에서는 혼례에 반드시 백합을 내놓는다. 백합은 껍질을 아무 때나 열지 않는데, 백합의 이런 모습이 여성의 정절을 상징하는 것으로 여겨져서 혼례에 빠지지 않는 음식이 된 것 같다.

김대중 정부는 우리의 쌀을 북한에 공급하는 대신 북한의 농수산물을 들여올 수 있도록 했다. 그 결과 1998년부터 북한에서 조개가 대량으로 들어오면서, 조개구이전문점이 급속하게 증가했다. 그런데 요즘은 바닷가가 아니면 조개구이 먹기가 쉽지 않다. 이는 경색된 남북관계와도 일정한 관계가 있을 것이다.

오징어와 문어

서양인들은 머리에 다리가 붙어 있는 오징어·문어·주꾸미·한치·낙지 등 두족류(頭足類) 연체동물은 잘 먹지 않는다. 반면 우리에게는 매우 익숙한 식재료이다. 특히 오징어는 젓갈, 회 또는 숙회, 볶음, 국이나 탕 등으로 먹는다. 뿐만 아니라 말려 먹기도 한다.

오징어의 원래 이름은 오적어(烏賊魚), 즉 까마귀의 적이다. 이규경(李圭景)은 『오주연문장전산고』에서 오적어라는 이름은 나무처럼 물 속에서 서 있다가 까마귀가 쉬려고 앉으면 다리로 까마귀를 움켜쥐어 물속으로 들어가 잡아먹기 때문이라고 설명했다. 하지만 이는 중국의 이야기를 전한 것에 불과한 것 같다. 이규경은 다시 바다를 지나갈 때 눈에 보이지 않기 때문에 오즉(烏鰂), 즉 까맣게 생긴 붕어로 설명하기도 했다. 반면 이태원은 『현산어보를 찾아서』에서 오징어의 유래를 입에서 찾았다. 흔히 오징어의 눈으로 알고 있는 검은 각질이 오징어의 입인데, 그 모양이 새의 부리처럼 생겨 오징어가 새를 잡아먹는 것으로 이해했다는 것이다.

오징어는 먹물을 내뿜기 때문에 흑어(黑魚)로도 불렸다. 『난호어목지』에서는 사람이나 큰 물고기를 만나면 먹물을 뿜어 자신을 보이지 않게 하여 묵어(墨魚), 바람과 물결을 만나면 수염을 닻처럼 내리기 때문에 남어(纜魚)로 부른다고 설명했다. 『난호어목지』에서 수염으로 표현한 것은 오징어의 발인 것 같다. 오징어는 다리가 열 개라고 해서 십초어(十樵魚)라고도 했다. 그러나 오징어의 다리는 8개이며, 양쪽의 긴 것은 팔이다. 오징어는 팔을 이용해 먹이를 잡아먹는다. 수컷 오징어의 팔은 암컷과 사랑을 나눌 때 상대방을 끌어안는 수단이어서 교미완(交尾腕)이라 부른다. 때문인지 동해안에서는 오징어 팔 33쌍을 먹으면 남편의 사랑을 받는다고 해서 오징어 팔 도둑이 성행했다고 한다.

오징어숙회
(김동찬 제공)

'먹물 꽤나 마셨겠다.'는 말의 먹물이 바로 오징어 먹물이다. 옛날 중국에서는 시험을 잘 보지 못하면 오징어 먹물을 먹였다. 그래서 공부를 많이 했지만 출세하지 못한 지식인들을 비꼬아 말할 때 이렇게 표현했던 것이다. 오징어 먹물로 글씨를 쓰기도 했는데, 시간이 지나면 글씨가 사라진다. 때문에 믿지 못하거나 지켜지지 않는 약속을 '오적어묵계(烏賊魚墨契)'라고 했다.

우리가 옛 문헌을 접할 때 주의해야 할 점이 있다. 그것은 조선시대 오징어로 부른 것은 지금의 갑오징어이며, 지금의 오징어는 꼴뚜기로 불렀다는 사실이다. 일제강점기 수산업 용어가 일본식으로 바뀌면서 꼴두기가 오징어가 된 것이다. 지금 북한에서는 여전히 갑오징어를 오징어로 부르는 반면, 우리의 오징어는 낙지로 부른다.

오징어 가격이 크게 오르면 금징어로 부르기도 한다. 오징어 가격이 폭등하는 이유는 중국 어선들의 무분별한 포획, 유통업자들의 폭리 등에 있다. 그 외 총알오징어 때문이기도 하다. 총알어징어는 오징어의 새끼인데, 내장까지 통째로 먹을 수 있어 인기가 높다. 처음에는 오징어를 잡는 과정에서 포획된 새끼를 버리기 아까워 판매했는데, 이것이 별미로 여겨지면서 아예 새끼 오징어를 잡고 있다. 그러다 보니 오징어의 개체 수는 갈수록 줄어들고 있다. 오징어가 귀해지면서 짬뽕·오징어튀김·오징어젓 등에는 훔볼트해류(Humboldt Current)에서 서식하는 오징어를 수입해 사용하기도 한다. 명태가 우리 바다에서 사라진 어리석은 행동을 반복하고 있는 것이 아닌지 모르겠다.

문어(文魚)는 먹물을 지니고 있어 글자를 안다고 해서 붙여진 이름이라고도 하고, 모양이 사람의 믿머리여서 믿어로 부르던 것이 문어가 되었다고도 한다. 그런데 우리가 문어의 머리로 알고 있는 부분은 사실 몸통이며, 문어의 머리는 몸통과 다리의 연결 부위에 있다. 한자로 문어는 다리가 여덟 개 여서 팔초어(八稍魚) 또는 팔대어(八帶魚)로 표기했다. 특별히 대팔초어(大八梢魚)라고도 하는데, 앞에 大가 붙은 이유는 똑 같이 다리가 여덟 개인 낙지보다 몸통이 크기 때문이다. 그 외 석거(石距)·초어(梢魚)라고도 했고, 지역에 따라서는 물꾸럭·문에로도 부른다.

유럽과 미국에서는 문어를 '악마의 물고기(Devil fish)'로 부르며 먹지 않는다. 문어를 금기시했던 이유는 유대교에서 지느러미와 비늘이 있는 수중 동물만 먹을 수 있다고 규정한 것과 관계있다. 또 긴 촉수로 배를 바다 밑으로 끌어 들이는 전설상의 괴물 클라켄(Krakhan)이 문어의 모습이기 때문이기도 하다. 그러나 우리에게 문어는 수라상과 잔칫상에 오르는 귀한 음식이었고, 제사상에도 빠지지 않는다.

우리는 문어가 바다 속 낮은 곳에 몸을 낮추어 산다고 해서 '양반고기'로 부르며 귀하게 여겼다. 다른 물고기와 달리 문어라는 이름에 '글월 문(文)'이 들어간다. 어쩌면 우리는 문어를 글을 아는 존재로 여겼을 수도 있다. 이런 이유로 안동·영주·의성 등 사림의 세력이 강했던 지역에서는 제사상에 문어를 올렸던 것 같다. 관례·혼례·상례에도 문어는 빠지지 않는다. 문어는 다리가 여덟 개인 팔족(八足)인 만큼, 친가와 외가 등 팔족(八族)이 모두 모이는 날 반드시 준비해야 한다고 여겼기 때문이다.

문어와 피문어가 다른 종인 것으로 아는 이들이 많은데, 피문어는 문어의 내장을 제거한 후 바닷바람과 햇볕에 껍질 째 말린 것이다. 피문어를 가공하여 먹기 시작한 것은 100여 년 전부터의 일로, 오랜 역사를 가진 것은 아니다. 여수·고흥·장흥·보성 등 전라남도 지역에서는 문어를 피문어로 부른다.

오징어와 문어를 언급하면 떠오르는 연체동물이 한치(寒治)다. 한치는 화살오징어 또는 화살꼴뚜기라고도 하는데, 제주도에서는 창오징어로도 부른다. 추운 바다에서 잘 잡혔기 때문에 한치로 불렸다고도 하고, 다리가 한 치[一村]밖에 되지 않아 한치로 불렸다는 이야기도 전한다. 한치는 말리면 오징어보다 살이 부드럽고 쫄깃하다. 때문에 제주도에는 "한치가 인절미면 오징어는 개떡"이라

문어숙회

는 말이 전하고 있다.

울산지역에서 한치로 부르는 물고기는 꼴뚜기이다. 한자로는 유어(柔魚)·
망조어(望潮魚)로 표기했고, 지역에 따라 고록·꼬록·꼬록지·꼴띠·꼴띠기·꼴
뜨기·호래기 등으로 부르기도 한다. '생선 망신은 꼴뚜기가 시킨다.', '어물전
털어먹고 꼴뚜기 장사한다.' 등의 속담에서 나타나듯이 꼴뚜기는 볼품없고
가치가 적은 것으로 인식되었다.

낙지와 주꾸미

낙지는 뱀이 강이나 바다로 들어가 변한 것으로 여겼는데, 돌을 들어 올릴
정도로 빨판의 힘이 좋다고 해서 석거(石距)라고 했다. 『난호어목지』에서는
석거라는 이름의 유래를 돌 틈 구멍 속에서 사람이 잡으려 하면 다리로 돌에
붙어 저항하기 때문으로 설명했다. 문어를 한자로 대팔초어로 표기하는 데
반해, 낙지를 소팔초어(小八梢魚)라고 했다. 또 낙체(絡締)·장거(章擧)·초어(梢
魚)·해초자(海梢子)로도 표기했다.

낙지를 판매하는 음식점에 가면 대개 "지쳐 쓰러진 소에게 낙지를 먹이니
벌떡 일어났다."는 글이 소개되어 있다. 이처럼 낙지는 몸에 좋다고 여겨
뻘 속의 산삼으로도 불린다. 『자산어보』에는 낙지는 사람의 원기를 돋운다고
소개하고 있다. 실제로 낙지에는 타우린 성분이 많아 피로회복에 효과가 있다.

몸에 좋은 낙지지만 『어우야담』에는 조선시대 과거 응시생들은 낙지를
먹지 않는다는 사실을 기록하고 있다. 그 이유는 낙지를 한자로 낙제(絡蹄)라
고도 쓰는데, 시험에 떨어진다는 의미의 낙제(落第)와 발음이 같았기 때문이
다. 반대로 낙지를 입제(立蹄)라고 불러 입신(立身)의 의미를 부여하기도 했다.

낙지는 볶음·탕·산적·전골 등 다양한 방법으로 조리한다. 갈비와 만나 갈
낙, 새우와 만나 낙새, 곱창과 만나 낙곱이 된다. 낙지는 다른 어떤 음식과도

산낙지

궁합이 잘 맞는 식재료인 것이다. 그러나 낙지하면 가장 먼저 떠오르는 것은 역시 낙지회에 해당하는 산낙지인 것 같다. 조일전쟁을 배경으로 한 군담소설 『임진록(壬辰錄)』에는 명의 장수 이여송(李如松)이 벌레를 안주로 내놓고 먹지 못하는 선조를 무시하자, 이항복(李恒福)이 산낙지를 가져와 선조가 이를 먹지 못하는 이여송에게 큰 소리 치는 장면이 나온다. 비록 소설에서의 모습이지만 낙지는 우리의 자존심을 지켜준 고마운 존재인 것이다. 우리나라를 찾는 외국인들은 산낙지를 먹는 것을 신기해하면서도 한 번씩은 경험해보고 싶어 한다. 어쩌면 낙지가 또 하나의 우리의 대표음식이 될 수도 있을 것 같다.

주꾸미는 『난호어목지』에서 망조어(望潮魚)로 설명했고, 『자산어보』에서는 준어(蹲魚)로 소개하고, 속명으로 죽금어(竹今魚)라고 했다. 죽금어가 주께미를 거쳐 주꾸미가 된 것 같다. 지역에 따라 죽거미·쯔그미·쭈깨미·쭉지미·쭈게미 등으로 부르기도 한다.

주꾸미볶음

우리가 주꾸미의 머리로 알고 있는 부위는 문어와 마찬가지로 몸통이며, 다리로 알고 있는 부분 역시 주꾸미의 팔이다. 주꾸미는 야행성으로 수심 10m 아래 바위틈에 서식한다. 그물로 잡기도 하지만, 소라 껍데기를 이용해서도 잡는다. 주꾸미는 자신의 몸이 들어갈 만한 틈이 있으면 숨는 버릇이 있기 때문에, 소라 껍데기를 바다에 던져두면 주꾸미가 이곳에 들어간다. 이러한 습성을 이용해 주꾸미를 잡는 것이다.

주꾸미는 피로회복을 돕고 간 기능을 보호해주는 타우린의 함량이 낙지보다 2배 높다. 회로도 먹지만, 다양한 방법으로 조리하기도 한다. 대개는 볶아서 먹는데, 그 이유는 주꾸미를 냉동해서 보관하면 신선도가 떨어지기 때문이다. 특히 주꾸미는 삼겹살과 함께 볶아 먹기도 하는데, 주꾸미의 타우린이 돼지고기의 콜레스테롤을 낮춰주는 효과가 있다고 한다.

게와 대하

단단한 껍질로 둘러싸인 갑각류(甲殼類) 중 가장 쉽게 볼 수 있는 것이 게와 새우이다. 명태 살에 게 맛 향료를 첨가한 게맛살, 새우 맛 과자와 버거도 인기가 있다. 이는 많은 사람들이 게와 새우를 좋아하고 있음을 보여준다.

게는 뱃속이 노랗다고 해서 내황후(內黃候), 눈을 두리번거리는 모양이 곁눈질하는 듯 보여 의망공(倚望公), 창자가 없다고 해서 무장공자(無腸公子), 뱃속이 비어서 무복공자(無腹公子), 옆으로 걸어 횡보공자(橫步公子), 다리를 요란스럽게 놀리며 걸어 곽삭(郭索), 용왕님 앞에서도 기개 있게 옆걸음 치는 무사라고 해서 횡행개사(橫行介士) 등으로 불렀다. 『물명고』에서는 다리를 굽히면 꿇어앉은 것과 같아 궤(跪)라 이름 붙였다고 설명하고 있다. 그렇다며 궤가 게가 되었을 가능성이 높다.

게는 바다뿐 아니라 민물에서도 잡혔던 만큼 쉽게 접할 수 있었을 것이다. 그렇다고 해서 모든 사람들이 게를 즐겨 먹었던 것은 아니었다. 조선시대 과거를 앞둔 사람들이 꺼리는 음식 중 하나가 게였다. 앞으로 나가도 붙기 힘든 시험에 옆으로 가면 떨어진다고 여겼기 때문이다. 이덕무는 과거를 앞두고 게를 먹지 않는 이유를 게의 한자인 해(蟹)에는 풀어진다는 뜻의 글자해(解)가 들어 있기 때문이라고 설명했다. 한편『규합총서』에는 해라는 이름을 늦여름에서 이른 가을 매미가 허물 벗듯이 껍질을 벗기 때문으로 풀이하였다.

게는 제사상에 올리지 않는다. 게의 가시는 귀신이나 부정한 것의 접근을 막는 벽사(辟邪)의 의미가 있기에, 제사상에 놓을 수 없다고 여겼기 때문이다. 또 게는 속이 비었고, 눈알을 부라리고 게거품을 품는 것도 제사상에 올리지 않는 이유 중 하나이다.

지구상에는 4,500여 종의 게가 있는데, 우리나라에는 183종이 분포하고 있다. 우리가 식용으로 이용했던 게는 꽃게·대게·참게 등이다. 꽃게와 참게는 왕실에 진상되었고, 주로 탕이나 젓갈을 담아 먹었다. 반면 대게는 찜이나 포를 만들어 먹었다.

조선시대인들은 꽃게를 방해(方蟹; 旁蟹; 蚄蟹) 혹은 방게라고 불렀다. 꽃게라는 이름은 알록달록한 것이 꽃과 같아 붙여진 것으로 아는 이들이 많다. 하지만 꽃게의 본래 이름은 '곶게'이다. 이익은『성호사설』에서 등에 두 개의 꼬챙이인 곶(串)처럼 생긴 뿔이 있기 때문에 곶게라는 이름이 붙여졌다고 설명했다. 곶게가 변해 꽃게로 불리게 된 것이다.『자산어보』에서는 꽃게의 뒷다리가 노[棹]와 같아 남쪽에서는 발도자(撥棹子)로 부른다고 설명했다.

곶처럼 생긴 뿔이 있는 것이 꽃게라면, 뿔이 없는 것이 민꽃게이다. 민꽃게는 돌게 또는 박하지 등으로도 불리는데,『자산어보』에서는 무해(舞蟹)로 소개했다. 또 춤추듯이 집게발을 펼치고 일어서기를 즐겨하기 때문에 속명은 벌덕궤(伐德跪)라고 하였다. 민꽃게는 꽃게보다 얕은 바다에 산다. 그 외 얼룩 문양이어서 범게로 불리는 게도 있다.

대게 역시 많은 사람들이 즐겨 찾는다. 대게라는 이름은 크다는 의미가 아니라, 길게 뻗은 다리가 마치 대나무 마디처럼 이어졌다고 해서 붙여진 것이다. 때문에 한자로는 죽해(竹蟹), 대나무처럼 뻗은 다리가 여섯 마디라고 해서 죽육촌어(竹六寸魚)라고도 했다. 또 보랏빛 게라는 의미에서 자해(紫蟹)라고도 한다.

1950년대까지 '밥 대신 대게를 먹었다'는 말이 있을 정도로 대게의 수확량이 많았지만, 지금은 매우 귀하다. 대게는 1년에 1cm 정도 자라는데, 산란하기 위해서는 7년이 지나야 한다. 때문에 암컷과 어린 대게는 잡아도 다시 풀어줘야 하고, 6~11월까지를 금어기로 정해 보호하고 있다. 그러나 해양오염, 수온 상승, 불법 조업 등으로 대게의 어획량은 계속 줄어들고 있다.

대게 중 가장 유명한 것은 영덕대게이다. 영덕대게는 울진 근해가 원산지이다. 울진에서 잡은 대게를 내륙으로 유통하기 위해서는 영덕을 거쳐야만 했다. 때문에 영덕대게라는 이름이 붙여졌다. 최근 울진에서는 영덕대게가 아닌 울진대게로 부르자는 움직임도 있다.

대게와 맛과 생김새가 비슷한 것이 '청게'이다. '청게'는 '너도대게'로도 불리는데, 대게와 홍게의 교잡종이다. '붉은 대게'로 불리우는 '홍게'는 껍질이 단단하고 붉은 색을 나타낸다. 대게 중 가장 상품가치가 높은 것이 박달나무처럼 단단하다는 '박달대게'이다. 박달대게는 집게발이 노란색이다.

여러 게 중에서 으뜸으로 친 것은 참게이다. 때문에 이름도 진짜 게[眞蟹]라는 뜻에서 참게로 표현했던 것이다. 참게는 민물에서 흔히 잡을 수 있었던 만큼 꽃게나 대게보다 민에게 훨씬 친숙했다. 이러한 점이 참게를 높이 평가한 이유였을 것이다. 참게는 꽃게보다 살이 적지만 지방을 적절하게 함유하고 있어 맛이 좋다. 참게는 겨울에는 산란을 위해 바다로 가지만, 가을까지는 강에 살기 때문에 흙냄새가 난다. 때문에 음식재료로 사용할 때는 반드시 해감을 해야 한다. 참게·동남참게·애기참게·남방참게 등 4종류의 참게가 있다.

참게와 꽃게 모두 탕으로도 먹고 게장을 담그기도 한다. 그러나 예전에는 꽃게는 주로 찜이나 탕으로 먹었고, 참게로 게장을 담았다. 참게장을 만들 때 간장을 끓이고 붓는 일들을 반복한다. 때문에 참게장은 담그는 것이 아니라 달인다고 표현했다.

조선시대의 경우 게는 주로 탕을 끓여 먹은 것 같다. 그러나 지금과 마찬가지로 게장을 담아 먹기도 했다. 게장은 게젓으로 부르기도 했고, 한자로 해해(蟹醢)·해장(蟹醬; 蟹腸)·해서(蟹胥)·해황(蟹黃) 등으로 표기했다. 흔히 간장에 담은 것을 게장으로 알고 있지만, 원래 암게의 등딱지 안에 있는 내장을 게장이라고 불렀다. 간장에 숙성된 등딱지의 내장은 깊은 맛이 있어 밥도둑이란 이름이 붙었다.

2007년 충청남도 태안군 부근 바다에서 1208년 2월 여수를 떠나 개성으로 향하다 침몰했던 고려의 배가 발견되었다. 그런데 이 배의 목간(木簡)에 해해가 적혀 있다. 이로보아 늦어도 고려시대에는 게장을 담아 먹었음을 알 수 있다.

조선시대에도 게장의 인기는 대단했던 것 같다. 『세종실록』에 의하면 1445년 사옹방(司饔房)에서 게를 잡아 젓을 담는 기사가 나온다. 게로 담근 젓은 아마도 간장게장일 가능성이 높다. 조선시대에는 소고기나 닭고기를 먹인 게로 게장을 담았다. 고기가 없을 경우에는 게에게 두부를 먹이기도 했다. 조선시대 게장은 지금과 비교할 수 없을 정도로 고급 음식이었던 것이다.

조선의 경종은 배다른 동생 연잉군(延礽君)이 올린 게장과 생감을 먹은 후 5일 만에 세상을 떠났다. 때문에 경종을 지지했던 소론은 게장을 먹지 않았다고 한다. 이덕무는 선비들의 지켜야 할 예절을 적은 '사소절(士小節)'에서 게의 등딱지에 밥을 비벼 먹지 말라고 했다. 이는 역으로 선비들이 체면을 잃고 게장을 먹었기 때문일 것이다.

간장게장

도교에서 새우는 과거급제, 다산, 화합 등을 상징한다. 때문에 조선 후기 민화에 많이 등장한다. 지구상에 새우는 2,500여 종이 있는데, 우리의 경우 90여 종이 서식한다. 크기도 다양한데 작은 새우는 젓갈로 담고, 건어물로 유통되고, 반찬으로도 먹는다. 횟감으로는 딱새우(가시발새우), 독도새우(물렁가시붉은새우·가시배새우·도화새우) 등이 인기가 있다. 그러나 역시 다양한 음식으로 활용되는 것은 대하(大蝦)인 것 같다.

왕새우 또는 큰새우로도 불리는 대하는 해하(海蝦)·홍하(紅蝦)로도 표기했다. 긴 수염과 구부러진 허리가 바다에 사는 노인과 비슷하다고 해서 해로(海老)라고도 했는데, 부부가 함께 늙는다는 뜻의 해로(偕老)와 음이 같다. 때문에 새우는 부부의 금슬을 상징했고, 혼례식이나 회갑연을 기념하는 그림에 등장하기도 한다. 대하는 명절 선물로 인기가 있다. 이러한 모습은 조선시대에도 마찬가지여서 명 황제에게 대하를 진헌하거나 사신에게 선물로 주기도 했다.

조선시대에는 대하를 저며 표고버섯을 넣고 찐 대하찜, 말린 대하를 가루로 내어 기름·후추·잣가루를 넣고 간을 맞춘 다음 반죽하여 다식판에 박은 대하다식 등을 먹었다. 대하는 열구자탕에도 들어가는 중요한 식재료였다. 요즘에는 소금을 깔고 대하를 구워 먹는 것이 가장 일반적이다. 소금을 까는 이유는 대하가 바닥에 둘러붙는 것을 막기 위한 것이고, 다른 한편으로는 구울 때 소금 간이 적당히 배어 맛을 더 좋게 만들기 위해서이다. 또 대하를 간장게장과 같은 방법으로 담근 대하장도 많은 사람들이 좋아하는 음식 중 하나이다.

우리는 큰 새우를 모두 대하로 부르지만, 대하라는 새우는 별도로 존재한다. 현재 유통되는 큰 새우 대부분은 흰다리새우이다. 2004년 처음 전해진 것으로 알려진 흰다리새우는 2005년 양식에 성공하면서 우리 식탁을 점령하고 있다.

대하소금구이

해삼과 멍게 그리고 개불

지구에서 바다가 차지하는 면적은 3억 6천 1백만km²로 지구 전체의 71%를 차지한다. 우리의 경우 3면이 바다인 만큼 바다에서 다양한 식재료를 채취해 왔다. 그 중에서도 특히 해삼(海蔘)을 귀하게 여겼다. 척차(戚車)라고도 했던 해삼은 모양이 오이와 비슷하다고 해서 바다오이로도 부른다. 바다에서 나오는 인삼이라는 의미의 해삼은 몸에 좋다고 여겼고, 특히 정력에 좋다고 해서 해남자(海男子)라고도 했다. 모양뿐 아니라 작아졌다가 커지는 것이 남성의 성기와 비슷하다고 해서 성적 능력을 높인다고 생각했기 때문이다. 그 외 토육(土肉)·흑충(黑蟲)이라고도 했고, 우리말로 뮈 또는 미로도 불렀다.

해삼은 여러 색깔을 지니는데, 이는 먹이와 관계가 있다. 갯벌 흙의 유기물을 먹는 해삼은 흑해삼이나 청해삼이 된다. 또 홍조류를 먹은 해삼은 홍해삼이 된다. 홍해삼은 '먹은 다음 값을 물어보라'는 말이 있을 정도로 몸에 좋다고 여겼다.

우리의 해삼은 중국에서도 귀하게 여겼다. 명의 사신이 오면 반드시 챙겨가는 품목 중 하나가 해삼이었다. 자신이 먹기 위한 것이 아니라, 팔기 위해서였다고 한다. 조선의 해삼은 품질이 뛰어나 중국에서도 인기가 높았던 것이다. 심지어 영조대에는 중국의 어선들이 해삼을 얻기 위해 바다를 불법 침입하는 일이 발생하기도 했다.

조선시대에는 해삼을 최고의 안주로 여겼는데, 지금과 마찬가지로 싱싱한 해삼을 회로 먹었다. 그러나 식재료로 이용할 해삼은 말려두었다가, 음식을 만들 때 물에 담아 사용했다. 해삼·홍합·소고기에 찹쌀

해삼

을 넣고 끓인 삼합미음(三合米飮)은 최고의 건강식 중 하나였고, 해삼으로 전을 부치기도 했다.

멍게는 생긴 모양 때문에 바다의 파인애플 또는 바다의 꽃 등으로도 불리기도 한다. 멍게는 우렁쉥이의 경상도 사투리였는데, 이제는 표준어로 정착되었다. 멍게라는 이름은 우멍거지에서 유래되었다고 한다.

멍게회

우멍거지는 포피가 덮여 있는 포경(包莖) 상태의 성기를 가리키는 우리말이다. 우멍거지의 가운데 두 글자인 멍거가 시간이 지나면서 멍게로 정착된 것 같다.

멍게는 바닷가에서는 예전부터 식용으로 사용되었지만, 내륙에서는 그 존재를 잘 알지 못했다. 멍게가 전국적으로 알려지게 된 것은 한국전쟁 이후의 일이다. 멍게는 암초와 해초에 붙어서 자라기 때문에 바다에 직접 들어가 잡아야 했다. 때문에 무척 귀했고 고가였다. 1970년대 이후 남해안에서 멍게 양식이 이루어지면서, 멍게회·멍게젓갈·멍게비빔밥·멍게된장국 등의 형태로 서민도 쉽게 맛볼 수 있는 음식이 되었다.

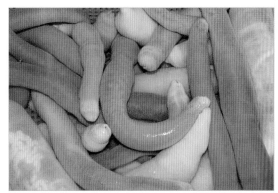

안주로 많이 찾는 개불은 말 그대로 개의 불알이라는 말에서 유래되었다. 실제로 개불은 길쭉한 몸을 스스로 줄였다 늘였다 할 수 있어서 남성의 성기와 모양이 비슷하다. 『우해이어보』에서는 말의 음경과 같이 생겼다고 해서 해

개불

음경(海陰莖)으로 설명하기도 했다.

　우리와 중국을 제외하면 개불은 거의 먹지 않는다. 우리는 특유의 맛과 향이 있고, 남성의 성기능 장애에 효과가 있다고 여겨 많이 찾는다. 이러한 인식은 예전에도 마찬가지여서 남성의 정력제로 여겨졌다. 실제로 개불에는 글리신과 알라닌 성분이 있어 성기능장애에 효과가 있다고 한다. 하지만 개불이 정력에 좋다는 인식은 해삼과 마찬가지로 생김새와 상관성이 큰 것 같다.

PART 11
채소

채소의 의미

산에서 자연스럽게 자라난 것이 산채(山菜), 들에서 나는 것이 야채(野菜), 재배해서 먹는 것이 채소(菜蔬)이다. 다른 말로는 저절로 자란 풀을 푸새, 심어서 가꾼 채소를 남새라고 한다. 그렇다면 나물은 무엇일까? 『한국민족문화대백과사전』에는 나물을 "산이나 들에서 채취한 식물 또는 채소를 조미하여 만든 반찬"으로 정의하고 있다. 즉 산채·야채·채소 등으로 만든 음식 내지는 음식의 재료가 되는 것이 나물인 것이다.

채소는 조리법에 따라 날것, 날것에 조미한 생채(生菜), 삶거나 찌거나 볶아서 익힌 숙채(熟菜), 말린 채소를 조리한 진채(陣菜), 살짝 데쳐 식초로 무친 초채(醋菜), 육류를 섞은 잡채(雜菜), 소금 등에 절인 침채(沈菜) 등으로 나눈다. 2015년 경제개발협력기구(OECD)보고서에 의하면 회원국 중 채소 섭취량 1위 국가가 대한민국이다. 이는 우리가 채소를 다양하게 가공해서 많이 먹는다는 사실을 나타낸다. 서양에도 샐러드가 있지만, 종류와 다양성은 우리 음식에 미치지 못하는 것 같다. 데치거나 볶거나 생으로 먹는 등 조리법이 다양할 뿐 아니라, 채소의 잎·뿌리·줄기·열매까지 모두 식재료로 사용한다. 우리가 채소를 적극적으로 활용했던 이유는 농경민족이기 때문이겠지만, 어쩌면 먹을 것이 부족했기 때문일 수도 있다.

채소 중에는 먹을 수 있는 것도 있고, 먹을 수 없는 것도 있다. 우리는 이를 어떻게 이것을 구분했을까? 아마도 소나 염소 등이 먹는 풀을 맛보면서 입맛에 맞는 채소들을 골라냈을 것이다. 그렇다면 채소재배는 어떻게 시

윤두서(尹斗緖)의 '채애도(採艾圖)'

작된 것일까? 선사시대인들은 먹고 남은 것을 주변에 버렸고, 그곳에서 새롭게 식물이 자라는 일들을 반복해서 보게 되었을 것이다. 그러면서 채소를 재배하기 시작했을 것이며, 이러한 과정은 과일의 재배 역시 마찬가지였을 것이라고 생각한다.

> 한 푼 두 푼 돈나물, 쑥 쑥 뽑아 나싱개, 이개 저개 지칭개, 어영 구부정 활나물, 잡아 뜯어 꽃다지, 매끈매끈 기름나물, 칭칭 감아 감돌레, 이 산 저 산 번개나물, 머리끝에 댕기나물, 뱅뱅 도는 돌개나물, 말라 죽기냐 고사리, 비 오느냐 우산나물, 강남이냐 제비풀, 군불이냐 장작나물, 마셨느냐 취나물, 취했느냐 곤드래, 담 넘었느냐 넘나물, 바느질 골무초, 시집갔다 소박나물, 오자마자 가서풀, 안줄까 봐 달래나물, 간지럽네 오금풀, 정 주듯이 찔끔초….

'산나물 타령'을 보면 우리가 얼마나 다양한 나물을 먹었는지 알 수 있다. 나물을 반찬으로만 먹었던 것이 아니었다. 예전 식량이 부족하면 보릿고개를 넘겨야 했다. 그런데 '봄산은 사촌보다 낫다'라는 말이 있듯이, 봄철 산에서 나는 풀은 모두 먹을 수 있는 것이었다. 즉 봄에 부족한 식량을 보충하기 위해 가장 흔하게 접할 수 있는 것이 산과 들에서 나는 채소였던 것이다. 그러다보니 자연스럽게 다양한 종류의 채소를 먹게 되었을 것이다.

채소는 우리 밥상에서 친근한 찬거리이자 양념이었고 훌륭한 약재였지만, 제철이 아니면 먹기 힘들었다. 조선 세조대 편찬된 『산가요록』에는 추운 겨울 온실에서 채소를 길렀음을 기록하고 있다. 1권에서 언급했던 잡채판서(雜菜判書) 이충(李沖)도 겨울에 땅 속에 큰 집을 짓고[大作土室], 채소를 심어 광해군에게 올렸다. 조선시대 이미 온실에서 채소를 재배했던 것이다. 그러나 이는 일반적인 모습은 아니었다. 겨울철에는 톳·파래·청각·매생이·우뭇가사리 등의 해초가 채소의 역할을 대신했다. 그러나 바닷가가 아니면 해초류를 먹는 것은 쉬운 일이 아니었다. 때문에 우리는 채소를 오래 보관할 수 있는 방법을 찾아냈다. 그것은 채소를 말린 후 다시 물에 불려 식재료로 활용하는 것이었다. 대표적인 것이 호박고지·고사리·가지오가리·버섯·곰취 등이다. 이러한 채소들은 겨울에도 밥상에 올랐을 것이다.

시래기와 우거지도 채소를 말린 것이다. 무청을 말린 것이 시래기인데, 무를 쓰고 남은 쓰레기가 시래기로 변용되었다는 이야기가 있다. 그러나 이는 전하는 말에 불과하다. 배춧잎을 말린 우거지는 '웃걷이'에서 나온 말이다. 김칫독에 김치를 담을 때 그 위에 소금을 뿌려 두었는데, 아래 있는 김치와 소금 사이에서 배추 겉잎은 막의 역할을 했다. 그것을 삶은 것이 우거지이다. 『조선요리제법』에는 마른 무청을 시래기 또는 우거지라고 설명한 것으로 보아, 일제강점기에는 시래기와 우거지에 대한 구분이 명확하지 않았던 것 같다. 최근에도 무청과 배춧잎 말린 것 모두를 시래기, 말리지 않은 것을 우거지로 구분하기도 한다.

『조선무쌍신식요리제법』에는 살림이 구차할 때 먹는 세 가지 '지'로 선지·비지와 함께 우거지를 들었다. 또 이 세 가지를 맛이 좋은 음식이라는 의미의 용미봉탕(龍味鳳湯)으로 설명했다. 즉 우거지는 사시사철 민의 식재료로 이용되었던 것이다.

우리는 다양한 채소를 먹었지만, 불가에서는 파·마늘·달래·부추·흥거(興渠), 도가에서는 부추·마늘·파·자총(紫蔥)·유채(油菜) 등을 오신채(五辛菜)라고 해서 먹지 않는다. 경우에 따라 갓·생강·산초·무나 순무·순검초 등을 오신채에 포함시키기도 한다. 오신채는 오훈채(五葷菜) 또는 오신반(五辛盤)이라고도 하는데, 매운 맛과 향이 강한 채소들이다. 오신채는 익혀 먹으면 음란한 마음이 일어나고, 날것으로 먹으면 분노하기 쉽다고 믿어 먹지 않았다. 김치를 만들 때도 젓갈류뿐 아니라 오신채에 속하는 파와 마늘을 사용하지 않는다. 때문에 사찰의 김치는 담백하다.

우리는 입춘이 되면 오신채를 먹었다. 여기에는 첫 절기에 매운 채소를 먹으면서 삶의 쓴맛을 미리 깨우치고 참을성을 키운다는 교훈이 들어 있다.

1권에서 우리의 밥상은 음양오행의 구현임을 설명한 바 있다. 우리는 오신채를 화합과 융합의 우주적 기운으로 이해했다. 때문에 국왕은 신하들에게 오신채를 하사하기도 했다.

잎줄기채소

잎줄기채소는 잎을 주로 먹는 채소로 엽채(葉菜)라고도 한다. 시금치·미나리·부추·고사리·파·두릅 등이 여기에 속한다. 김치를 담을 때 사용되는 배추와 갓, 쌈으로 즐겨 먹는 상추 등도 잎줄기채소이다.

우리는 전 세계에서 미나리를 가장 많이 생산하고 먹는다. 한자로 근채(芹菜) 또는 초규(楚葵)인 미나리는 물이 있는 곳에서 기르기 때문에 수근(水芹)·수영(水英)·수채(水菜)라고도 한다. 우리말 고어 '미'는 물을 뜻한다. 또 개나리·참나리·땅나리 등에서 알 수 있듯이 '나리'는 식물 내지는 풀을 이르는 말인 것 같다. 그렇다면 물에서 나기 때문에 미나리로 불렀을 가능성이 높다.

미나리는 물미나리와 돌미나리로 구분된다. 물미나리는 논에서 재배되기 때문에 논미나리로도 부른다. 습지나 물가에서 야생하는 미라니가 돌미나리인데, 물미나리에 비해 줄기가 짧고 잎사귀가 많다. 요즘에는 밭에서 돌미나리를 재배한다.

미나리는 진흙밭에서 푸르게 자라며, 음지에서도 꿋꿋하게 버티며, 가뭄을 이겨내는 강인함 등의 세 가지 덕이 있다고 여겼다. 예전에는 미나리를 마을 근처 물이 있는 곳에 심었는데, 이곳이 미나리꽝이다. 미나리는 생활수를 정화시키는 고마운 채소였던 것이다.

『고려사』 예지에는 각종 제사에 올리는 음식으로 미나리가 등장한다. 또 『고려사』 반역전(叛逆傳)에는 원 간섭기 활약했던 임유무(任惟茂)가 원종에게 제거될 때, 임유무의 어머니가 미나리밭[芹田]에 숨었다가 사로잡힌 사실이 기록되어 있다. 그렇다면 고려시대 이미 미나리가 계획적으로 재배되고 있었음을 알 수 있다.

중국 주나라 때 제후의 학교 주변에는 호를 파서 물로 주위를 두르게 했는데, 이것이 반수(泮水)이다. 조선시대 성균관(成均館) 주변에도 반수를 두었다. 때문에 성균관을 반수가 둘러싼 궁전이라는 의미에서 반궁(泮宮), 성균관의 책임자인 대사성(大司成)을 반장(泮長)이라고 했다. 반수에는 미나리를 심었다. 이런 이유로 성균관을 미나리 궁전이라는 뜻에서 근궁(芹宮), 성균관의 강학장소인 명륜당(明倫堂)을 근당(芹堂)이라고 했다.

성균관이 미나리와 밀접한 관련이 있기에, 성균관에서 공부하는 것을 미나리를 뜯는다는 뜻의 채근(菜芹)으로 표현했다. 때문에 양반 집에서는 자식이 훌륭한 인재로 성장하는 것을 바라는 뜻에서 연못에 미나리를 심는 경우가 많았다. 요즘은 쉽게 볼 수 없지만, 예전에는 돌잡이 때도 미나리가 등장했다. 강인하고 싱싱한 생명력과 줄기를 잘라도 다시 자라는 미나리처럼 돌을 맞은

근당으로도 불렸던 성균관 명륜당

아이가 오래 살기를 바랐던 것이다.

미나리는 갈증을 풀어주며 독을 제거하는 효과가 있어 숙취해소에 좋다. 식욕을 돋게 하는 향이 있어 매운탕 등에도 빠지지 않는다. 미나리를 살짝 데친 미나리강회는 석가탄신일에 많이 먹었던 음식이다. 원래 미나리강회에는 고기가 들어가지 않았는데, 19세기 무렵부터 고기가 들어간 것으로 여겨지고 있다.

부추의 원산지는 중국의 동북부인데, 우리에게는 삼국시대 전해진 것으로 여겨지고 있다. 부추의 줄기는 흰색, 싹은 노란색, 잎은 푸른색, 뿌리는 붉은색, 씨앗은 검은 색이다. 날로 먹어도 되고, 데쳐 먹어도 좋고, 절여 먹여도 되며, 오래 두고 먹어도 되며, 매운 맛이 변하지 않는다. 때문에 우리는 부추를 오색과 오덕을 갖춘 채소로 여겼다.

부추의 한자어는 구(韭; 韮)인데, 이는 부추가 자라는 형상을 나타낸 것이라고 한다. 후채(厚菜)·풍본(豊本) 등으로도 표기했던 부추는 심어 놓으면 저절로 자라 '게으른 사람이 키우는 채소'라는 말이 있다. 잎이 난(蘭)과 비슷하고 줄기가 파[蔥]를 닮아 난총, 겨울에도 얼지 않게 덮어 두기만 해도 잘 산다고 해서 초종유(草鍾乳), 생명력이 강했기 때문에 양기를 일으키는 풀이라는 의미에서 기양초(起陽草)·장양초(壯陽草) 라고도 했다. 그 외 부부간의 정을 오래도록 유지시켜 준다고 해서 정구지(精久持), 정력이 넘쳐 과부집의 담을 넘는다고 해서 월담초(越譚草), 부부 사이가 좋으면 집을 허물고 심는다고 해서 파옥초(破屋草)로도 불렸다. 이처럼 부추는 생명력이 넘치는 좋은 채소로 여겼기 때문에 손님을 맞거나 제사를 지낼 때 반드시 상에 올렸다.

고사리는 새순이 나올 때 줄기가 구부러진 모양이 실처럼 하얗게 붙어 있어 곡사리(曲絲里)로 불렸고, 한자로는 고사의(古植宜)·궐채(蕨菜)·별(虌) 등으로 표기했다. 수절하는 사람이 먹는다고 해서 양절초(養節草)로도 불렸다.

서양에서는 고사리를 독초로 분류하고, 가축이 먹어도 죽는다고 해서 '목장의 살인마'로 여긴다. 중국에서도 고사리를 오래 먹으면 눈이 어두워지고,

머리가 빠지며, 헛배가 부르고, 아이들은 허약해진다고 해서 먹지 않는다. 『규합총서』에서도 고사리가 양기를 죽이는 만큼 남성은 많이 먹으면 안 된다고 설명하고 있다. 때문에 첩에 빠진 남편에게 부인이 계속 고사리를 먹였다는 이야기도 전한다.

고사리는 부정적 이미지가 강하지만, 우리는 고사리를 많이 먹는다. 고사리는 제사상에도 올려지는데, 제주도에서는 고사리가 나는 철에 1년 제사와 명절 때 쓸 고사리를 미리 마련해 두기도 한다. 고사리는 돋아날 때 꺾어도 아홉 차례나 다시 난다. 때문에 고사리처럼 자손이 번성하기를 바라는 뜻에서 제사상에 올리는 것이다. 또 제사상을 찾은 조상이 차린 음식을 싸서 메고 가는 밧줄의 역할을 고사리가 한다고 여겼기 때문이기도 하다.

파[蔥]는 양념이나 국에 빠지지 않는 식재료이다. 이처럼 여러 음식과 잘 어울리기 때문에 화사초(和事草) 또는 채소의 으뜸이라고 해서 채백(菜伯)이라는 별명이 붙었다. 파 밑둥의 흰 부분과 뿌리는 총백(蔥白)이라 하여 약재로도 쓰였다.

파는 크기나 모양에 따라 대파와 쪽파로 구분한다. 대파는 말 그대로 '큰파'인데, 중국에서 전래된 것으로 여겨지고 있다. 쪽파는 뿌리가 여러 쪽으로 갈라지기 때문에 붙여진 이름이다. 쪽파를 호총(胡蔥)으로 표기한 것으로 보아, 쪽파 역시 중국에서 전래되었음이 분명하다.

파 중에는 양파[洋蔥]도 있다. 양파는 옥파[玉蔥]·주먹파·둥글파 등으로도 불리는데, 모양 때문인 것 같다. 우리가 먹는 양파를 뿌리로 아는 경우가 많은데, 이는 잘못된 상식이다. 양파의 가장 안쪽이 줄기이며, 줄기에서 잎이 포개져 나온 것이다. 즉 우리가 먹는 양파는 줄기와 잎인 것이다.

양파의 원산지에 대해서는 서이란과 파키스탄 등 서아시아, 우즈베키스탄 등 중앙아시아, 지중해 연안 등 여러 학설이 제기되고 있다. 기원전 5천년 무렵부터 재배되기 시작했고, 중국은 7세기부터 양파를 먹기 시작했다. 그러나 우리가 양파를 먹기 시작한 것은 최근의 일이다. 양파가 전래된 경로와

시기는 명확하지 않은데, 19세기 미국에서 일본으로 전래된 양파가 우리에게 전해진 것 같다. 양파의 본격적 재배는 1930년경 일본의 양파농가에서 일하던 강동원(姜東遠)이 숙부 강대광(姜大光)에게 양파 종자와 재배기술을 전하면서부터라고 한다. 이후 무안·함평·장성·나주·영광 등에서 양파가 재배되기 시작했고, 1960년대부터 대량 생산이 이루어졌다.

서양에서 양파는 감기약으로 이용되었다. 우리도 양파를 건강을 지키는 음식으로 주목하고 있다. 양파는 혈압을 내리고 모세혈관을 강화시키며, 혈당수치를 내리고 인슐린 분배까지 촉진한다. 또 숙취해소, 니코틴 해독, 수은 배출에도 탁월한 효과가 있음이 알려졌다. 때문에 둥근 불로초로 불리며 양파를 쉽게 섭취하기 위해 양파즙을 먹는 이들도 늘어나고 있다. 때문인지 양파는 2009년 이후 소비량이 배추 다음으로 많은 채소이다.

시금치는 뿌리가 붉은 채소라는 중국어 시근[赤根]에 명사를 만드는 말인 '치'가 합쳐진 것 같은데, 是根菜·時根菜 등으로 적기도 했다. 그 외 마아초(馬牙草)·파릉채(波菱菜)·파채(波菜) 등으로도 표기했다. 이란을 중심으로 하는 중동 지역에서 재배했던 시금치는 중국의 당대에 전래되어 송대에 대중화된 것으로 여겨지고 있다. 그렇다면 우리에게는 고려시대를 전후하여 전래되었을 가능성이 높다.

시금치 중 유명한 것이 포항에서 재배되는 포항초와 남해에서 재배되는 남해초이다. 그 외 비금도에서 재배되는 섬초도 유명하다. 이들의 공통점은 해안가에서 바닷바람을 맞고 자라면서 뿌리부터 줄기와 잎까지 영양분이 고르게 분포되어 당도가 높다는 것이다.

두릅은 두릅나무에 열리는 새순을 말한다. 산채의 여왕으로 표현되는 두릅은 한자로는 나무의 머리 채소라는 뜻의 목두채(木頭菜)이다. 두릅나무는 땅두릅과 나무두릅의 두 종류가 있다. 땅두릅은 땃두릅이라고도 하며, 한자로는 독활(獨活)로 표기하는데 주로 한약재로 사용된다. 우리는 나무두릅을 으뜸으로 쳤고, 그 중에서도 개두릅보다는 참두릅을 더 좋게 여긴다. 두릅은 그대로 초고추장에 찍어 먹기도 하고 전을 부치기도 한다. 또 장아찌로도 담아 먹는다.

곰취는 겨울잠에서 깬 곰이 가장 먼저 먹는 풀이라고 해서 붙여진 이름이다. 잎 모양도 곰의 발바닥을 닮아 웅소(雄蔬)라고도 부른다. 곰취의 뿌리와 땅속줄기인 호로칠(胡蘆七)은 약용으로 쓰인다.

열매채소

열매채소는 과채(果菜)라고도 하는데, 말 그대로 열매를 먹는 채소이다. 대표적인 열매채소인 오이[瓜]의 원산지는 인도로 여겨지고 있는데, 오랑캐땅에서 전해졌다고 해서 호과(胡瓜), 익으면 노랗게 변한다고 해서 황과(黃瓜)로도 불렀다. 기원전 1세기 유적지로 여겨지는 광주 신창동에서 오이씨가 발굴된 것으로 보아, 선사시대 이미 오이를 먹었음을 알 수 있다.

『신증동국여지승람』에는 최씨집 딸이 오이를 먹고 도선국사(道詵國師)를 낳았다고 기록하고 있다. 이는 오이의 모양이 남성의 성기와 비슷한 것과 일정한 관계가 있다. 또 오이의 한자 瓜를 둘로 나누면 八 八이 되어 열여섯 살을 나타낸다. 때문에 열여섯 살을 파과기(破瓜期)라고 하는데, 이는 여성이 생리를 시작하는 때라는 뜻이다. 즉 우리는 오이를 생식과 관련된 것으로 생각했고, 때문에 오이꿈을 태몽으로 여겼던 것이다.

오이는 여러 음식에 사용된다. 김치를 담기도 하지만, 그대로 먹을 수도 있다. 등산 갈 때 오이를 가져가는 사람들이 많은데, 성질이 차고 수분이 많아 열을 내리고 갈증을 풀어주는 효능이 있기 때문이다. 이런 이유로 오이를 물외로도 불렀다.

가지[茄子]는 가(茄)·조채자(弔菜子)·홍피과(紅皮瓜)·낙소(落蘇)라고도 한다. 원산지는 인도인데, 1~2세기경 동쪽으로 전래된 듯하다. 중국에서는 가지를 치즈와 비슷한 맛이 난다고 해서 낙소(落蘇)라고 불렀다. 중국의 수양제는 가지를 곤륜과(崑崙瓜)로 불렀는데, 이를 통해 가지가 곤륜산을 넘어 서쪽에서 전래되었음을 알 수 있다. 다른 한편으로는 신선들이 사는 곤륜산에서 자라는 오이라는 말을 통해 신선들이 먹는 음식임을 나타내기도 한 것이다.

『해동역사』에는 신라의 가지는 "달걀 모양으로 생겼는데 광택이 있으며 꼭지가 길쭉하고 맛이 달아 씨앗이 중국에 널리 퍼져 있다[形如鷄子 淡光微紫色 蔕長味甘 今其子已運中國]."고 기록했다. 이는 우리의 가지가 맛이 뛰어났던 것을 설명한 것이지만, 여기에서 유의해야 할 사실이 하나 있다. 그것은 신라의 가지를 중국에서 수입했다는 사실이다.

신라의 왕 석탈해는 배를 타고 온 이국인이다. 흥덕왕릉(興德王陵)과 원성왕의 무덤으로 추정되는 괘릉(掛陵)의 무인석은 곱슬머리, 크게 부릅뜬 눈, 큰 코와 튀어나온 광대뼈 등의 얼굴 형태와 의복은 서역인이 분명하다. 신라에

괘릉의 무인석

서 활약했던 처용(處容) 역시 서역인일 가능성이 높다. 이러한 사실들은 고대 우리가 인도 등 서역과 교류하였을 가능성을 알려준다. 그렇다면 인도에서 우리에게 전래된 가지가 다시 중국으로 전해졌을 가능성도 있는 것이다.

이규보는 '가포육영'에서 가지를 "생으로 먹고 익혀서도 참으로 좋구나[生喫烹嘗種種嘉]."라고 노래했다. 그렇다면 고려시대 대중적인 채소 중 하나가 가지이며, 지금과 달리 날것으로도 먹었음을 알 수 있다.

가지는 여름에 체열을 식혀 식욕부진으로 약해진 몸에 에너지를 효과적으로 공급할 수 있다고 한다. 가지는 식용으로만 이용했던

것이 아니다. 문에 매어놓고 드나들면서 보면 눈병을 예방하고 고칠 수 있으며, 말린 가지나 가지꼭지·가지뿌리 등을 태워 재를 고약으로 바르면 부스럼을 치료할 수 있다고 여겼다.

호박(胡朴)의 원산지는 아메리카이다. 우리나라에서는 중앙아메리카의 동양계 호박, 남아메리카의 서양계 호박, 멕시코 북부와 북아메리카의 페포계 호박 등이 재배되고 있다. 우리가 재배하는 호박 중 애호박과 청둥호박은 동양계 호박, 단호박은 서양계 호박이다.

1478년 2월 류큐(琉球)에 표류했다가 돌아온 김비의(金非衣)·강무(姜茂)·이정(李正) 등은 성종에게 류큐의 채소를 소개하면서 호박을 언급했다. 그렇다면 이때까지 조선에 호박이 존재하지 않았음이 분명하다. 호박이 언제 어떤 경로로 전래되었는지는 명확하지 않다. 조일전쟁 이후 일본을 통해서 호박이 전래되었다는 견해가 있다. 때문에 호박을 왜과(倭瓜)라고도 했고, 일본에서 전래된 담배를 남초(南

신사임당(申師任堂)의 초충도(草蟲圖) 가지
(선문대학교박물관 제공)

草)라 했듯이 남과(南瓜) 또는 남과자(南瓜子)로 부르기도 했다는 것이다. 반면 '호'라는 접두사가 붙은 것을 근거로 조청전쟁 무렵 중국으로부터 전래된 것으로 보는 이들도 있다.

호박은 민이 먹는 채소였고, 절에서 승들이 먹어 승소(僧蔬)로도 불렸다. 겉과 속이 다름을 '뒷구멍으로 호박씨 깐다', 못생긴 여성을 '호박꽃', 주제넘은 행동을 '장마 개구리 호박잎에 뛰어오르듯 한다' 등으로 표현했듯이 호박은 부정적 이미지가 강하다. 그러나 호박은 열매뿐 아니라 잎과 순, 씨까지 먹는다. 이처럼 버릴 것이 없는 식재료였기 때문에 '호박이 넝쿨째 굴러 들어

늙은호박

왔다'는 말이 생겨나게 되었다.

호박은 막 익었을 때도 먹을 수 있고, 한참이 지난 후에도 먹을 수 있다. 덜 여문 어린 호박이 애호박인데 동호박이라고도 한다. 우리가 가장 많이 먹었던 늙은호박은 청둥호박 또는 맷돌호박으로 불렀다. 그 외 단호박도 있다. 일반적으로 호박은 척박해도 잘 자라지만, 단호박은 비옥한 땅에서 성장한다. 또 다른 호박과 달리 다 익은 다음에도 색깔이 녹색이므로 열매가 달린 날짜를 따져 수확해야 한다. 단호박은 1920년대 일본인에 의해 전래되었다. 때문에 왜호박으로 부르며 멀리하기도 했다. 그러다가 1990년대 단맛을 강조하여 단호박으로 불렀고, 밤맛이 난다고 해서 밤호박으로 불리기도 한다.

세계에서 가장 많이 생산되고 소비되는 농산물인 옥수수의 원산지는 멕시코를 비롯한 중부아메리카지역이다. 옥수수는 채소가 아닌 곡물로 취급되기도 하는데, 인간이 먹는 양보다 가축의 사료로 활용되는 양이 훨씬 많다. 콜럼버스(Christopher Columbus)가 신대륙을 발견하면서 옥수수를 스페인에 전했고, 30년이 되지 않아 유럽 전역에 퍼졌다. 인도와 중국은 16세기 초 유럽으로부터 옥수수를 받아들였다.

중국에서 전래되었다고 해서 당서(唐黍)라고 불렀던 옥수수는 수수와 달리 알맹이가 구슬처럼 빛나 옥과 같다고 해서 생긴 이름이다. 껍질을 벗기면 바로 알곡이 되는 유일한 곡물이기 때문에 귀하게 여긴 '옥'을 붙인 것이다. 한자로도 수수인 촉서(蜀黍)에 옥(玉)을 붙인 옥촉서, 수수를 가리키는 고량(高粱)에 옥을 붙여 옥고량이라고 했다. 옥수수를 가리키는 강냉이는 중국의 강남에서 전래되어 강남이로 부르던 것이 변한 것이다.

옥수수가 언제 전래되었는지는 확실하지 않다. 고려말 원나라 군사가 종자를 가져왔다는 이야기가 전하지만, 그럴 가능성은 희박하다. 그 이유는 고려가 30여 년에 걸친 항쟁 끝에 몽골과 강화를 맺은 것이 1258년인데, 콜럼버스의 신대륙탐험은 이보다 234년 후인 1492년에 이루어졌기 때문이다. 조일전쟁을 전후하여 옥수수가 전래되었다는 주장도 있다. 그런데 『선조실록』에는 1593년 비변사에서 굶주린 민의 구제를 위해 옥수수 종자 지급을 건의한 사실이 기록되어 있다. 조일전쟁 중 옥수수 농사가 언급되었다면, 전쟁 전 이미 옥수수가 전래되었을 것이다.

옥수수는 벼에 비해 생육 기간이 짧고, 단위면적당 생산량도 높다. 지금은 다양한 음식으로 활용되고 있지만, 조선시대에는 마지못해 먹는 음식 중 하나가 옥수수였다. 옥수수의 껍질을 벗겨 옥밥을 지어 먹었고, 옥수수를 갈아 나물을 넣고 된장으로 간을 한 옥수수죽을 먹었다. 일제강점기에도 옥수수는 밥 대신 먹는 구황식품으로 여겼을 뿐이었다. 물론 옥수수로 국수를 만들기도 한다. 옥수수로 만든 국수가 바로 올챙이국수이다. 옥수수를 맷돌에 갈아 가마솥에서 고아 구멍 난 체에 흘려 내린 것인데, 올챙이 모양을 했다고 해서 붙여진 이름이다.

인기 있는 옥수수 중 하나가 '대학찰옥수수'이다. 이는 1991년 전 충남대학교 교수 최봉호(崔鳳鎬)가 개발한 품종이다. 15~17줄인 일반 옥수수와 달리 8~10줄로 알이 굵고 색이 희다. 원래 품종명은 '장연연농1호'지만 대학 교수가 개발하고 종자를 보급했다고 해서 '대학찰옥수수'라는 이름이 붙었다. 차지고 고소한 맛에 껍질도 얇아 이빨 사이에 끼거나 달라붙지 않는 것이 특징이다.

북한에는 옥수수를 삶아 만든 옥수수밥, 옥수수 가루로 만든 속도전떡, 강냉이골무떡, 강냉이설기떡, 옥수수 온면 등의 음식이 있다. 옥수수가 다양한 식재료로 활용되고 있지만, 어떤 의미에서는 구황식품의 역할을 하고 있는 것이다. 북한의 민도 배고픔을 면하기 위해서가 아닌 별미로 옥수수를 찾았으면 하는 바람이다.

뿌리채소

뿌리채소는 근채(根菜)라고도 하는데, 말 그대로 뿌리 또는 땅속 줄기 부분을 먹는 채소이다. 대표적인 뿌리채소인 마늘의 원산지는 중앙아시아나 이집트로 추정된다. 기원전 2세기 장건(張騫)이 서역에서 중국으로 가져왔고, 이것이 다시 우리에게 전해진 만큼 고조선 건국 이후 전래되었을 가능성이 높다. 그런데 단군신화에서 곰은 마늘을 먹고 사람으로 변했다. 『삼국유사』에서는 곰이 먹은 것을 "산20매(蒜二十枚)"로 기록하고 있다. 마늘을 대산(大蒜)으로 표기했던 만큼, 단군신화에 등장하는 산은 마늘이 아닌 달래 내지는 산마늘이었을 가능성이 높다. 울릉도에서는 산마늘로 밥도 짓고 죽도 끓였으며, 반찬도 만들어 먹었다. 때문에 '목숨을 이어준다.'고 해서 명이 또는 맹이라고 부르는데, 이것이 명이나물이다.

일제강점기 일본인들은 조선인의 몸에 마늘 냄새가 난다고 비난하기도 했다. 그러나 우리는 마늘이 귀신을 쫓을 수 있다고 믿어 밤길을 떠날 때는 마늘을 먹었고, 전염병이 돌면 마늘을 문 앞에 걸어두었다. 마늘은 생명력의 상징이며, 힘의 원천인 신비한 채소였던 것이다.

마늘은 모양이 남성의 고환(睾丸)을 닮아 다산의 상징이기도 했다. 불가에서 마늘은 오신채의 하나로 날것으로 먹으면 기(氣)가 발동하고, 삶아 먹으면 음심(淫心)이 뻗친다고 여겼다. 이러한 사실들은 우리가 마늘이 정력에 좋다고 여겼음을 보여준다. 이처럼 마늘은 성욕을 증진시킨다고 여겼기에 수절을 하거나 절개를 지킬 때는 금했던 음식이기도 하다.

한자로 대산인 마늘은 마여을(亇汝乙)로 표기했는데, 오랑캐 땅에서 나는 풀이라고 해서 호(葫), 강하고 독특한 냄새가 나서 훈채(葷菜) 또는 사향초(麝香草)라고도 했다. 맛이 매우[猛] 매워[辣] 맹랄이라고 했는데, 이것이 마랄이 되어 마늘이 되었다고 한다. 또 몽골어 만끼르(manggir) → 마닐(manir) → 마늘이 되었다는 이야기도 전한다.

2017년 우리의 1인당 마늘소비량은 6.2kg으로 압도적인 차이로 세계 1위이다. 마늘은 우리 음식에서 빠질 수 없는 양념이며, 그 자체가 음식이 되기도 한다. 약용으로도 활용되었고, 마늘종[蒜苗]도 먹는다. 마늘의 꽃줄기인 마늘종은 마늘속대라고도 하는데, 장아찌를 담거나 볶아서 먹는다. 심지어 마늘햄과 마늘라면이 등장했을 정도이다

무의 원산지는 지중해 연안이라고 하지만 명확하지는 않다. 무는 한사군이 설치되면서 전래된 것으로 여겨지고 있는데, 오장의 나쁜 기운을 씻어주기 때문에 한방에서는 흙에서 나는 인삼이라는 뜻으로 토인삼(土人參)이라 불렀다. 그 외 나복(蘿葍; 蘿葍)·만청(蔓菁)·당청(唐菁)·나소자(蘿小子)·나백자(蘿白子)·내복(萊菔; 來葍; 萊葍)·내복근(萊菔根)·노복(蘆菔)이라고도 했고, 지역에 따라서는 무·무수·무시라고도 했다.

무는 고구마와 감자가 전래되기 전 가장 대표적인 구황식물이었다. 1436년 윤6월 세종은 무를 심어 구황에 대비할 것을 명했다. 1481년 5월 호조는 무가 구황에 긴요한 것이니 많이 심도록 할 것을 성종에게 건의하기도 했다. 『난중일기』에도 이순신이 1597년 6월 24일 무밭을 갈도록 했고, 이튿날 다시 무씨를 심도록 한 사실이 기록되어 있다. 아마도 무를 군사들의 식량으로 활용한 것 같다.

우리는 국수를 먹을 때 단무지 또는 무김치를 함께 먹는다. 무가 밀가루나 메밀가루의 독성을 막는다고 여겼기 때문이다. 회를 무채 위에 놓는 이유 역시 마찬가지이다. '무 장수는 속병이 없다'는 속담이 말해 주듯이 무에는 뛰어난 해독능력 있다고 생각했던 것이다.

함경도에서는 입춘 날 무를 먹으

무

면 늙지 않는다고 여겼다. 『동의보감』에도 무는 성질이 따뜻하고, 맛이 매우 면서도 달며, 독이 없어 음식을 소화시키는데 도움을 주고, 가래를 멈추게 하며, 위장병에 좋다고 하였다. 특히 무는 날것으로도 먹을 수 있고, 김치를 담글 수 있으며, 시장기를 면할 수 있고, 염증이 치료되고, 삶아 먹으면 기운을 보충할 수 있다고 하여 오미채(五美菜)로 부르기도 했다. 또 무를 먹으면 속살이 예뻐진다고 해서 미용채(美容菜)라고도 했고, 두 갈래로 갈라진 무를 먹으면 아들을 낳을 수 있다고 여겨 다산채(多産菜)로도 불렀다. 또 무의 씨인 나복자(蘿蔔子)는 한약재료도 활용되었다.

순무는 한자로는 만청(蔓菁) 또는 무청(蕪菁), 한글로는 쉿무·쉿무수·숫무·쉰무 등으로 표기했다. 순무의 원산지는 유럽인데, 인도와 중국을 거쳐 전래된 것으로 여겨지고 있다. 우리는 주로 순무를 먹었는데, 점차 무에게 그자리를 내주었다. 현재 강화도의 특산품인 순무는 우리나라 최초의 근대 해군학교인 강화통제영학당(江華統制營學堂)의 교관으로 초빙된 영국의 콜웨이 대위 부인이 강화도에 옮겨 심어 한국의 토질과 기후에 적응한 것이다.

흙에서는 나는 계란으로 불리는 토란(土卵)은 고려시대부터 재배된 것으로 여겨지고 있다. 토란은 연잎처럼 퍼졌다고 해서 토련(土蓮), 올빼미[鴟]가 엎드린[蹲] 것과 비슷하다고 해서 준치로도 불렀다. 그 외 우(芋)·우두(芋頭)·우자(芋仔)·우괴(芋魁)·이우(里芋)·토지(土芝)·야우(野芋)라고도 했다.

추석에 많이 먹는 토란국은 장국에 토란을 넣은 것인데, 토란을 삶아 체에 걸러 다진 고기를 넣고 완자로 빚어 국을 끓이기도 했다. 또 토지단(土芝丹)이라고 하여 토란을 구워 먹었다. 소금에 절여 장아찌를 만들었고, 줄기로 나물을 만드는 등 일상적으로 토란을 먹었다. 1798년 정조가 서쪽 지역 기근 구제에 토란의 공이 크다고 지적하였듯이, 조선시대 토란은 구황식품으로도 활용되었다.

생강(生薑)의 원산지는 인도로 추정되며, 우리에게 언제 전해졌는지는 분명하지 않다. 고려시대에 생강을 전문으로 생산하는 강소(薑所)가 있었고, 1018

년 고려 현종은 변방에서 전사한 장수와 병사의 가족에게 생강을 하사했다. 이로 보아 고려시대 이전에는 생강이 전래되었을 것이다.

『동의보감』에서는 생강이 담을 삭이고, 기를 내리며 토하는 것을 멎게 하며, 풍(風)·한(寒)·습기를 없애고, 딸국질과 숨이 차고 기침하는 것, 코가 막히는 것을 치료하는 효과가 있다고 설명했다. 또 말린 생강[乾薑]은 위장염과 배가 아프고 토하는 것을 치료한다고 하였다. 때문에 생강을 인삼과 마찬가지로 귀한 약재로도 여겼다.

생강은 물고기나 고기의 냄새를 없애주는 양념으로도 사용했고, 차를 만들어 마시기도 했다. 조선시대 생강차는 감기약이나 소화제로도 사용되었다. 특히 금주령을 강화했던 영조는 술 대신 생강차를 마셨다.

당근의 원산지는 아프가니스탄으로 여겨지고 있는데, 원나라 때 중국에 전해졌다. 우리는 붉은색이 난다고 해서 홍당무라 불렀는데, 중국[唐]에서 들어온 뿌리[根]라는 의미에서 당근으로 표현한 것이다. 또 중국에서 전래되었기에 호라복(湖蘿蔔) 또는 당나복(唐蘿蔔), 붉은 색 무라는 뜻에서 홍나복(紅蘿蔔)으로도 표기했다. 당근이 언제 전해졌는지 역시 명확하지 않다. 조선시대 궁중음식에 당근이 들어간 것으로 설명하는 이들도 있지만, 당근이 식재료로 사용된 것은 일제강점기부터인 것으로 여겨지고 있다.

뿌리에 작은 혹이 더덕더덕 붙어 있다는 뿌리 채소가 더덕이다. 한자로는 사삼(沙蔘)이며, 양유(羊乳)·문희(文希)·식미(識美)·지취(志取)라는 별명도 가지고 있다. 한약재로 이용될 때는 양유근(羊乳根) 또는 산해라(山海螺)로 부른다. 『선화봉사고려도경』에 "관에서 매일 제공하는 나물이 더덕[館中 日供食菜 亦謂之沙參]"이라고 기록한 것으로 보아, 더덕이 매우 흔했음을 알 수 있다. 조선 광해군 때 한효순(韓孝純)은 벼슬이 좌의정까지 올랐는데, 그는 사삼밀병(沙蔘蜜餠)을 바쳐 정승 자리를 얻었다고 해서 사삼각노(沙蔘閣老)로 불렸다. 사삼은 더덕이고 밀병은 꿀떡인 만큼, 사삼밀병은 더덕으로 만든 강정이었을 것이다.

더덕은 장아찌나 무침으로도 먹고 최근에는 튀김으로 먹기도 한다. 더덕으로 담은 더덕주도 인기가 있다. 그래도 가장 많이 찾는 것은 역시 양념장을 발라 구어 먹는 더덕구이[蔘炙]인 것 같다.

버섯

지구상에는 2만여 종의 버섯이 있는데, 이 중 사람이 먹을 수 있는 것은 1,800여 종이라고 한다. 우리나라에서 확인된 버섯은 1,880여 종인데, 먹을 수 있는 버섯은 500여 종이다. 이 중에서 재배를 통해 생산되는 버섯은 12종 정도에 불과하다.

한자로 균(菌)·심(蕈)·지(芝)·고(菰; 藁; 孤)·이(栮) 용(茸) 등 다양하게 표현했던 버섯은 독특한 식재료이다. 서양에서 버섯을 'Vgetable beefsteak'라고 부르듯이, 버섯은 육류와 채소의 장점을 모두 갖추고 있다. 『청장관전서』에서 "버섯은 산속에만 있는 것으로 풀과 나무의 기름이 땅에 스며들어 생기는 것[蕈惟山中有之 蓋艸木之脂入土 兼得膏澤則生]"으로 기록한 것으로 보아, 우리도 버섯을 신비롭게 여겼던 것 같다.

참나무 뿌리에 기생하는 능이(能栮)는 독특한 향 때문에 향버섯이라고도 한다. 맛과 향이 뛰어날 뿐 아니라, 약재로도 활용되고 있다. 인공재배가 되지 않는 만큼, 생산량이 적어 가격이 비싸다.

표고는 향심(香蕈)·마고(磨菰)·참나무버섯 등 여러 이름으로 불렸는데, 갓의 형태에 따라 등급이 결정된다. 최상품이 화고(花菇)로 갓의 퍼짐이 거의 없고, 거북 등처럼 표면이 갈라져 있다. 그 다음이 갈라진 틈의 색깔이 흰 백화, 검은 색을 띠는 흑화이다. 갓의 퍼짐이 50% 이하인 것이 동고(冬菰)인데, 육질이 두텁고 색깔은 흑갈색이다. 입맛을 돋우며 구토와 설사를 멎게 하는 약재로도 이용되었던 표고는 우리에게는 처음으로 인공재배에 성공한 버섯이기도 하다.

소나무 아래에서 자라는 송이(松栮; 松耳)는 송용(松茸)·송심(松蕈)·송지(松芝)라고도 했다. 향과 맛이 뛰어날 뿐 아니라, 한 번 송이가 생긴 곳에서는 다시 생산되지 않아 무척 귀하게 여긴 버섯이다. 지금도 송이는 인공재배가 되지 않으며, 장기간 보존이 어려워 신선할 때에만 먹을 수 있다.

이규보는 송이에 대해

내 들거니 솔 기름 먹는 사람	吾聞啖松膜
신선 길 가장 빠르단다.	得仙必神速
이것도 솔 기운이라	此亦松之餘
어찌 약 종류가 아니랴.	焉知非藥屬

라고 했다. 송이는 약이며, 신선이 되는 가장 빠른 길은 송이를 먹는 것이라고 극찬한 것이다. 『증보산림경제』에는 송이 중에서도 흙을 뚫고 나오지 않은 것을 동자버섯이라고 부르며 맛이 가장 좋다고 했다. 조선시대에는 송이를 주로 구워서 먹었는데, 이러한 모습은 지금도 마찬가지인 것 같다.

송이와 모양·맛·질감 등이 비슷한 것이 새송이다. 그러나 새송이는 송이와 같은 향은 나지 않는다. 이탈리아에서 처음 인공재배 된 새송이는 1995년 일본에서 균주(菌株)가 들어오면서 우리도 재배하기 시작했다.

느타리는 한자로는 천화심(天花蕈) 또는 만이(晩栮)로 표현한다. 그런데 조선시대에는 진이(眞栮) 또는 진용(眞茸)이라 불렀다. 『오주연문장전산고』에서는 "진이는 상수리나무에서 나는데, 상수리나무가 진목이기에 진이로 부른다[今所謂眞茸生於橡櫟樹 而橡櫟俗稱眞木 故呼以眞耳]."고 설명했다. 진이는 일제강점기 진이와 느타리가 혼용되다가, 느타리로 정착되었다. 느타리는 익히면 부드러워져 식감이 좋아지기 때문에 국거리나 나물로 많이 먹는다. 현재 우리가 가장 많이 생산하고 가장 많이 먹는 버섯이 느타리이다.

석이(石耳)는 모습이 바위에 붙은 귀와 같다고 해서 붙여진 이름이며, 한자로는 석용(石茸)으로 표기했다. 석이는 균류와 조류가 바위에서 공생해 성장한 것으로, 엄밀히 말하면 버섯이 아니다. 지름이 10cm 정도가 되려면 50년 이상 자라야 하는 만큼 매우 귀한 석이는 명·일본과의 교역에도 빠지지 않는 물품이었다. 뿐만 아니라 기를 보하여 몸을 가벼워지게 하고, 출혈을 멎게 하는 약재로도 사용되었다.

목이(木耳)는 나무에서 귀 모양으로 자란다고 해서 붙여진 이름인데, 흐르레기라고도 한다. 활엽수의 죽은 나무에 무리지어 서식하는데, 색에 따라 흑목이와 백목이로 나뉜다. 백목이는 설이(雪耳)·은이(銀耳)·백이(百耳)로도 불린다. 생산지에서는 생것을 먹기도 하지만, 대개는 건조시켜 식용으로 이용한다.

진시황이 찾던 불로초가 영지(靈芝)라고 한다. 복초(福草) 또는 지초(芝草)로도 불리는 영지는 부귀·아름다움·장수 등의 상징으로 각종 문양에 응용되기도 했다. 지금은 음료나 각종 건강식품 등으로도 개발되고 있다.

우리는 전통적으로 첫째 능이, 둘째 표고, 셋째 송이, 넷째 느타리, 다섯째 석이, 여섯째 목이라고 해서 능이를 최고로 쳤다. 하지만 일제강점기를 거치면서 일본인들의 기호를 따라 송이가 최고의 자리에 올라서게 되었다.

콩나물과 숙주나물

콩에서 싹을 키운 콩나물을 먹는 민족은 우리가 유일한 것 같다. 중국이나 일본에서도 숙주나물은 먹지만 콩나물은 먹지 않는다. 서양에서는 콩나물을 털이 있고 다리가 하나인 유령이 들어 있다고 여겨 먹지 않는다고 한다.

우리에게 콩나물은 그 자체가 훌륭한 반찬이 되기도 하지만, 비빔밥이나 해장국 등에 반드시 들어가는 식재료이다. 그러나 나물 위에 콩이 붙어 있어 어떻게 분류해야 할지 애매하기만 하다.

콩나물은 한자로는 태채(泰菜)인데, 두아(豆芽)·두채아(豆菜芽)·두아채(豆芽菜)·황두아채(黃豆芽菜)·대두황권(大豆黃卷)·황권(黃卷)·대두얼(大豆蘗)·대두황(大豆黃)·대두아(大豆芽) 등 다양한 이름으로 불렀다. 콩나물을 언제부터 먹기 시작했는지는 확실하지 않다. 콩의 원산지가 고구려에 속했던 만주인 만큼, 고대국가 단계 이미 콩나물을 먹었을 가능성이 있다. 전해지는 말로는 후삼국시대 활약했던 장수 배현경(裵玄慶)이 전쟁으로 군사들이 질병에 시달리자, 콩을 냇물에 담가 싹을 틔운 후 먹게 하여 군사들의 허기와 질병을 다스렸다고 한다.

『향약구급방』에 콩나물을 "햇볕에 말려 사용한다[曝乾用之]."고 설명한 것으로 보아, 고려시대에는 콩나물을 말려서 약으로 이용했음을 알 수 있다. 그러던 것이 조선시대에는 나물로 무쳐 먹었고, 굶주림을 면하기 위해 콩나물을 먹었던 것이다.

콩나물로 굶주림을 면했던 것은 1950년대에도 마찬가지였다. 배고픈 시절 군부대에서는 콩나물 공장을 운영하기도 했다. 그러다보니 병사들은 거의 매일 콩나물국을 먹어야만 했다. 당시 군인들은 콩나물을 악보에 비유해 콩나물국을 '도레미탕'으로 불렀다.

녹두에서 싹을 틔운 숙주나물은 콩나물과 모양이 비슷한데, 원 간섭기에 전래된 것 같다. 조선시대에는 생일날 아침에 숙주나물을 올렸고, 돌날 국수상에도 반찬으로 올랐다. 그 외 숙주나물은 묵이나 빈대떡 등 다양한 음식의 재료로 활용되었다.

조선시대 이전 콩나물과 숙주나물 모두 숙두(菽豆)나물이라고 불렀다. 이것이 녹두에서 싹이 나온 것은 숙주나물이 되면서 콩나물과 구분된 것 같다. 숙주나물은 녹두채(綠豆菜)·두아채(豆芽菜)·녹두장음(綠豆長音) 등으로 표기했다. 그렇다면 숙주나물이라는 이름은 어떻게 생긴 것일까? 1924년 출간된 이용기(李用基)의 『조선무쌍신식요리제법』에는 숙주나물의 이름은 신숙주(申

叔舟)에서 유래된 것으로 설명했다. 즉 만두소를 넣을 때 세조의 반역을 도운 신숙주를 찧듯이 짓이겨서 숙주나물로 부르게 되었다는 것이다. 그 외 숙주나물이 잘 변하기 때문에 변절자 신숙주의 이름을 딴 것으로 설명하기도 하고, 신숙주가 끼니 때마다 녹두나물을 먹자 세조가 나물의 이름을 숙주로 고쳤다는 이야기도 전해지고 있다. 또 흉년에 민을 구제하기 위해 진휼사(賑恤使)로 임명된 신숙주가 녹두를 심어 기근에 허덕이는 민을 구제하여 녹두나물을 숙주나물로 부르게 되었다고도 한다. 숙주나물과 관련된 모든 이야기들이 신숙주와 관련이 있는 것이다.

구황식물

농업은 자연기후에 의지하는 만큼 홍수[水災]·가뭄[旱災]·바람으로 인한 풍재(風災)·병충해(病蟲害) 등이 발생하면 흉년이 들어 굶주릴 수밖에 없다. 때문에 국가는 민의 배고픔을 해결하기 위한 대책을 마련했다. 고구려의 진대법(賑貸法), 고려의 의창(義倉) 등이 그것이다. 이런 모습은 조선시대 역시 마찬가지였다. 고려의 의창을 계승하여 사족들은 사창(社倉)을 운영했다. 수령들은 진휼곡(賑恤穀)을 비축하고, 그 상황을 관찰사에게 보고했다. 세종대 『구황벽곡방(救荒辟穀方)』, 중종대 『충주구황절요(忠州救荒切要)』, 명종대 『구황촬요(救荒撮要)』, 인조대 『구황촬요벽온방(救荒撮要辟瘟方)』, 현종대 『신간구황촬요(新刊救荒撮要)』 등이 편찬된 것은 흉년을 대비할 구황식품이 얼마나 중요한 것인지를 잘 보여준다.

1511년 극심한 가뭄이 들자 조선 정부는 진휼청(賑恤廳)을 설치하여 진휼 관련 사무를 전담토록 했다. 진휼청은 필요에 따라 설치되었다가 없어지곤 했는데, 17세기 중반에는 상설기구화되었다. 흉년이 들면 진휼소(賑恤所)를 설치하여 굶주린 민을 구제했다. 진제소(賑濟所)·진소(賑所)·진제장(賑濟場)·

진장(賑場) 등이라고도 한 진제소에서는 죽을 쑤어 주었는데, 이것이 설죽(設粥)이다. 또 굶주린 민에게 곡물을 분급하는 진급(賑給)을 행했다.

곡식이 여물지 않아 생기는 굶주림은 기(飢), 채소가 자라지 않아 생기는 굶주림은 근(饉)이다. 기근이 들면 민은 먹을 것 없는 황폐한 상태[荒]에서 목숨을 구하는[求] 식품을 통해 배고픔을 면하려 했다. 개구리나 메뚜기 등의 곤충 등으로 배고픔을 면하기도 했지만, 구황식품 대부분은 식물의 잎·줄기·뿌리·꽃·나무의 열매나 껍질 등이었다.

곡물이 조금이라도 있을 경우에는 채소나 열매 등의 재료를 곡물가루에 섞은 범벅을 만들어 먹었다. 솔잎가루와 곡식가루를 함께 넣은 죽을 먹기도 했다. 죽은 별미로 먹기도 했고, 환자들이 먹기도 했지만, 훌륭한 구황식이었다. 그 이유는 일반사죽(一飯四粥)이라는 말이 있듯이, 한 사람이 밥을 먹을 쌀로 죽을 끓이면 네 사람이 먹을 수 있기 때문이다. 느티나무 잎에 콩가루를 묻혀 쪄먹기도 했고, 메밀과 나뭇잎을 썪어 탕을 끓여 먹기도 했다.

곡물이 없을 경우에는 나무껍질이나 나무뿌리를 먹었다. 『구황촬요』에서는 솔잎을 최고의 구황식물로 꼽았고, 『산림경제』에는 느릅나무와 상수리나무 껍질, 개나리뿌리, 삽주뿌리[朮], 소루쟁이뿌리 등의 구황식물이 소개되어 있다.

칡의 열매가 갈곡(葛穀)이다. 칡의 열매에 곡식이라는 표현을 사용한 것은 칡이 얼마나 구황식으로 유용했는지를 보여준다. 칡의 뿌리[葛根]도 훌륭한 구황식이었다. 우리나라 전역에 있는 소나무도 구황식물이었다. 소나무의 딱딱한 껍질을 벗겨낸 후 드러나는 속 껍질인 송기(松肌)를 날로 씹어 먹었다. 때로는 송기를 물에 불려 찌거나 절구에 넣고 찧어 먹었고, 송기를 찧은 후 메밀가루를 묻히거나 콩을 썪어 쪄먹거나 탕을 끓여 먹기도 했다. 솔잎은 찧어 즙을 내어 덩어리를 지은 후 말렸다가, 다시 찧어 가루를 내어 곡식가루와 섞어 죽을 쑤어 먹었다. 문제는 솔잎을 많이 먹으면 변비가 생긴다는 것이었다. '똥구멍이 찢어지게 가난하다'는 말은 솔잎을 먹고 연명할 수밖에 없는 고통을 알려준다. 솔잎뿐 아니라 팽나무잎[橀葉], 느티나무잎[檽葉]도 구황식으로 활용되었다.

일본과 중국 등 일부 국가를 제외하면 도토리를 먹지 않는다. 그러나 우리의 경우 선사유적지에 도토리가 자주 출토되는 것으로 보아, 이 시기 이미 도토리를 먹었음을 알 수 있다. 『고려사』에는 충선왕이 흉년이 들자 반찬수를 줄이고 도토리를 맛본 사실이 기록되어 있다. 이는 고려시대 도토리가 구황식이었음을 말해주는 것이다. 조선시대 역시 마찬가지였다. 1409년 강원도 관찰사는 굶주린 민들이 도토리로 연명했는데, 도토리마저 떨어졌다며 곡식을 지급해 줄 것을 태종에게 요청했다. 1424년 호조에서는 흉년에 대비하여 도토리를 준비할 것을 요청했고, 세종은 이를 받아들였다. 이처럼 도토리는 훌륭한 구황식물이었던 만큼, 수령으로 임명되면 제일 먼저 마을에 떡갈나무를 심어 기근에 대비했다.

도토리는 참나무 종류의 열매이다. 즉 굴참나무·졸참나무·신갈나무·상수리나무의 열매가 모두 도토리인 것이다. 그런데 상수리나무의 열매[橡實]는 특별히 상수리로 부른다. 그렇다면 도토리는 어떻게 상수리가 된 것일까? 조일전쟁 중 피난길에 오른 선조가 먹을 것이 없자 상수리나무 열매로 묵을 쑤어 올렸다고 한다. 즉 도토리묵이 수랏상에 오른 것이다. 때문에 수랏상에 올랐다고 해서 상수리로 부르게 되었다는 이야기가 전해지고 있다.

도라지는 도래·돌가지로도 불리는데, 한자로는 길경(桔梗)·백약(白藥)·경초(梗草)·고경(苦梗) 등으로 표기했다. 이두식 표현인 도라차(道羅次)가 도랒이 되고, 다시 도라지가 되었다고 한다.

생으로도 먹고 말려서도 먹었던 도라지는 생채·구이·찜·정과 등 여러 음식으로 활용되었다. 도라지는 오래 저장할 수 있고 구하기도 쉬워 중요한 구황식물의 하나였다. 도라지를 씻은 후 삶아 주머니에 넣고 물에 담가 발로 밟아 쓴 맛을 빼고 밥에 섞어 먹었는데, 이것이 도라지밥이다. 도라지를 가루 내어 죽을 쑤어 먹었고, 도라지로 구황장을 담기도 했다. 때문에 수확이 좋지 않은

해에는 이듬해를 대비해 도라지를 미리 저장해 두기도 했다.

구황식물하면 가장 먼저 떠오르는 것이 고구마와 감자다. 그러나 우리가 고구마와 감자를 먹기 시작한 것은 그리 오래된 일은 아니었다. 고구마의 원산지는 아메리카로 신대륙 발견 이후 유럽에 전해졌다. 1571년 스페인이 필리핀을 식민지로 삼으면서 고구마가 필리핀에 전래되었다. 1593년 필리핀과 무역을 하던 진진룡(陳振龍)에 의해 중국 푸젠성(福建省)에 고구마가 전해졌고, 중국에서는 고구마를 감저(甘藷)·홍저(紅藷)·홍서(紅薯) 등으로 표기했다. 18세기 중반에는 중국 전역에서 고구마가 재배되었다.

일본에 고구마가 처음 전해진 것은 1597년의 일이다. 류큐의 관리가 푸젠성에 표류했는데, 그는 미야코섬(宮古島)으로 돌아오면서 고구마 종자를 가지고 왔다. 이후 미야코섬 전역에서 고구마가 재배되었지만, 류큐에는 전해지지 않았다. 1604년 경 류큐의 사신 노쿠니(野國)가 명에서 고구마 종자를 가지고 돌아왔는데, 중국에서 전래되었다고 해서 도이모(唐藷)로 불렀다고 한다. 1609년 일본의 사츠마한(薩摩藩)은 류큐를 복속시켰고, 1615년 고구마 종자가 가고시마(鹿兒島)에 전해졌다. 이런 과정을 거쳤기 때문에 일본에서는 고구마를 류큐이모(琉球芋) 또는 사쓰마이모(薩摩芋)로 부르기도 한다.

1763년 조엄(趙曮)은 통신사 정사로 일본으로 향하던 중 쓰시마에서 고구마 종자를 부산에 보냈는데, 이는 이광려(李匡呂)의 요청에 의한 것이었다. 1715년 하라다 사부로에몬(原田三郎右衛門)이 사츠마에서 고구마 종자를 쓰시마로 가져 왔다. 그렇다면 쓰시마와 왕래가 잦았던 왜관(倭館) 등을 통해 조선인들은 고구마의 존재를 알고 있었을 가능성이 높다. 이광려는 중국을 통해 고구마 종자를 도입하려다 실패하자, 일본을 통해 종자를 구입하기 위해 조엄에게 부탁했던 것이다.

조엄은 『해사일기(海槎日記)』에서 고구마에 대해 "맛은 밤과 비슷한데, 날로 먹어도 좋고 굽거나 삶아서도 먹으며, 곡식과 함께 죽을 끓여 먹어도 되며, 과자와 떡도 만들 수 있고, 밥 대신 먹을 수도 있어 구황작물로도 좋다[或似半

고구마 종자를 구해 온 조엄의 묘

煨之栗味 生可食也 炙可食也 烹亦可食也 和穀而作糜粥可也 拌淸而爲正果可也 或作餅或
和飯 而無不可 可謂救荒之好材料也]."고 기록했다. 조엄과 함께 일본사행을 했던
김인겸(金仁謙)은『일동장유가(日東壯遊歌)』에서 고구마를 '효자토란(孝子土卵)'
으로 소개하면서, 쓰시마에서 고구마로 빈민을 구제한 사실을 소개했다.

이광려는 조엄이 보낸 고구마 종자의 재배에 성공했다. 이광려의 노력을
본 동래부사 강필리(姜必履)는 왜관을 통해 고구마를 도입하여 재배를 장려했
다. 또 자신의 경험을 바탕으로 1766년 우리나라 최초의 고구마 전문서적인
『감저보(甘藷譜)』를 저술하여 고구마 재배법을 보급하였다.

처음 부산 절영도에서 재배되었던 고구마는 쓰시마와 기후가 비슷한 제주
도에도 보내졌다. 제주도에서는 고구마를 조엄이 들여왔다 해서 조저(趙菹)라
고 불렀다. 고구마의 한자어는 감저이다. 저(藷)는 마이고, 감(甘)은 달다는
뜻이다. 즉 마처럼 생겼는데 단맛이 나는 식물로 여겼던 것이다.

고구마라는 이름은 쓰시마 사투리에서 비롯된 것이다. 『해사일기』에는 고

구마에 대해 "감저라 하고 혹 효자마라고도 하는데, 일본의 발음으로는 고귀위마[名曰甘藷 或謂孝子麻 倭音古貴爲麻]"라고 기록하고 있다. 고귀위마는 효자마의 일본어 발음인 고우시마(こうしま)를 한자로 표기한 것인데, 쓰시마에서만 사용하는 단어다. 이것이 고구마로 되었다는 것이다. 한편 이규경은 『오주연문장전산고』에서 "우리나라의 고금도에서 많이 길러 고금이라고 칭하였다[我東以盛於古今島稱古今伊]."며 고금이에서 고구마가 유래된 것으로 설명했다. 때문에 고금도에서 재배된 마라는 의미에서 고구마가 되었다는 이야기도 전한다.

고구마는 유리국·류큐·나가사키에서 전해진 토란과 같다고 해서 유리우(琉璃芋)·유구우(琉球芋)·장기우(長崎芋)·번저(番藷)·남저(南藷), 붉은 색 마 또는 토란과 비슷하다고 해서 주저(朱藷)·주서(朱薯)·홍서(紅薯)·적우(赤芋)라고도 했다. 그 외 백서(白薯)·향서(香薯)·미서(米薯)·문미서(文米薯)·만서(蔓薯)·양감서(洋甘薯)·산우(山芋)·홍산약(紅山藥) 등으로도 불리웠다. 이처럼 고구마에 여러 이름이 있었다는 사실은 고구마에 대한 관심이 높았음을 보여준다.

서호수(徐浩修)는 『해동농서(海東農書)』에서 고구마를 구황작물로 소개했다. 1813년 김장순(金長淳)이 『감저신보(甘藷新譜)』, 1834년 서유구가 일본과 중국 서적을 참조하여 『종저보(種藷譜)』를 편찬하였다. 19세기경 저술된 것으로 여겨지는 『감저경장설(甘藷耕藏說)』에서는 고구마의 재배법·요리법·저장법 등과 함께 고구마의 이로운 점을 설명하면서 고구마 재배를 권장했다.

고구마에 대한 관심은 높았지만, 널리 재배되지는 않았다. 그 이유는 첫째, 고구마는 따뜻한 곳에서 자라며, 잘 썩고 저장이 어려웠기 때문이다. 뿐만 아니라 고구마는 관리들의 수탈의 대상이었다. 때문에 농민들은 고구마 심는 것을 꺼려했던 것이다. 둘째, 고구마의 단맛은 조선인들에게는 낯설었다. 고구마를 넣은 고구마밥[藷飯]을 지어 먹기도 했지만, 대개는 간식으로 먹었다. 이런 이유로 구황식물로 효과를 보지 못했던 것이다. 고구마의 대중화는 고구마에서 알콜을 뽑아내는 기술이 도입된 일제강점기에야 이루어졌다.

고구마와 함께 많이 찾는 감자는 간식이나 반찬으로 활용되지만, 사실 감자는 쌀·밀·옥수수와 함께 세계 4대 식용작물 중 하나이다. 고구마보다 늦게 전래된 감자는 아무 곳에서나 잘 자라 구황식물로서 중요한 역할을 하였다.

감자의 원산지는 남아메리카의 안데스산맥인데, 1540년 스페인의 탐험가 페드로 시에사 데 레온(Pedro Cieza de Leon)이 스페인으로 가져가면서 재배되기 시작했다. 페루에서는 감자를 파파(papa)라 했는데, 16세기 후반 유럽에 전해지면서 파타타(patata)로 불렸다. 당시 유럽인들은 고구마를 바타타(batata)라고 불렀는데, 감자가 고구마와 비슷해서 이렇게 불렸던 것이다. 파타타가 영어권에 전해지면서 드디어 포테이토(potato)가 되었다. 처음 유럽에 감자가 전래되었을 때는 『성경(Bible)』에 없는 작물이어서 악마의 작물로 기피되었다. 이후 감자는 감상용 작물로 활용되거나 사료 또는 포로의 식량으로 활용되다가, 17세기 아일랜드에서 식용으로 이용하기 시작했다고 한다.

우리의 감자 전래에 대해서는 세 가지 이야기가 전한다. 『오주연문장전산고』에 의하면 1824년 인삼을 캐기 위해 국경을 넘어 온 청나라 사람들이 산속에서 감자를 경작해 먹다가 돌아가면서 밭이랑 사이에 감자를 남겨 놓고 간 데에서 비롯되었다고 한다. 하지만 1862년 김창한(金昌漢)이 지은 『원저보(圓藷譜)』에는 1832년 영국 상선 로드 앰허스트(Lord Amherst)호가 태안반도에 머물렀는데, 네델란드 선교사 카를 귀츨라프(Karl Friedrich August Gützlaff)가 감자의 종자를 나눠주고 재배법을 가르쳤다고 기록하고 있다. 그 외 함경도에 사는 관상쟁이가 청의 옌징에서 감자 종자를 가져왔다는 이야기도 전한다. 이들 이야기는 모두 사실일 가능성이 있다. 즉 이미 북쪽지역에 감자가 소개되었지만, 남쪽 지역에는 감자의 존재가 알려지지 않아 선교사에 의해 감자가 전래되었다는 기록이 남은 것 같다.

감자는 뿌리에 달려 있는 모습이 마치 말의 목에 다는 방울 같다고 해서 마령서(馬鈴薯)라고도 했고, 땅에서 난다고 해서 지저(地藷) 또는 토감저(土甘藷)라고도 했다. 고구마를 남저로 부른 것에 대칭하여 북저(北藷)로 불렸던 감자는 고구마에 비해 빠른 속도로 전국에 전파되었다. 감자는 햇빛이 부족해도, 기온이 낮아도 잘 자란다. 때문에 고구마의 한자 감저도 감자가 차지하게 된 것이다.

일제강점기 일제는 자신들에게 모자란 쌀을 강제로 반출해 가면서 우리나라에서는 고구마와 감자가 전국적으로 확산되었다. 특히 일제는 쌀을 공출해 가면서 대체 식량으로 분질감자인 '남작(男爵)'을 재배토록 했다. '남작'은 재배가 어려워지면서 사라지고 있는데, 일제가 공급했던 '남작'을 토종 감자로 알고 있는 사람들이 많다. 요즘 많이 재배되는 '수미(秀味)'는 미국에서 온 점질감자이다.

감자는 지금도 구황식물로 활용되고 있다. 북한은 1995~1998년 식량이 부족한 '고난의 행군기'를 겪으면서 감자를 대대적으로 육성했다. 1998년 조선로동당 총비서 김정일(金正日)은 '감자농사혁명'을 강조하면서 북한을 '아시아의 감자 왕국'으로 만들어야 한다고 역설했다. 그 결과 2000년 들어 북한에서 감자는 옥수수와 함께 주식이 되었다. 북한에서 감자로 만드는 음식은 1천여 가지가 넘는다고 한다. 남과 북 모두 농마국수·농마지짐·언감자국수·언감자떡 등을 주식이 아닌 별식으로 먹을 수 있는 날이 빨리 왔으면 하는 바람이다.

인과류

식물의 먹을 수 있는 과실 부위를 과일이라고 부른다. 그중에서도 꽃받침이 발달하여 성장하면서 열매를 맺은 과일이 인과류(仁果類)이다. 배·사과·모과 등이 인과류에 속하는 과일이다.

배[生梨]는 『삼국사기』에 등장하는 만큼 우리나라에서 재배되었던 토종 과일인 것 같다. 허균(許筠)의 '도문대작(屠門對嚼)'에 하늘 배[天賜梨]·금색배[金色梨]·검은배[玄梨]·붉은배[紅梨]·대숙배[大熟梨] 등이 기록된 것으로 보아, 조선시대에는 다양한 종류의 배가 생산되었음을 알 수 있다.

우리가 예전에 먹던 배는 아이 주먹 크기의 돌배였다. 1910년 일본인 마쓰후지 덴로쿠(松藤傳六)가 일본 배의 품종인 옥상키치(晩三吉)를 전했다. 이에 대해 우리의 돌배가 일본에 건너갔다가, 일본의 육종기술로 지금의 배가 되어 다시 돌아 온 것이라는 이야기도 전한다. 현재 가장 많이 먹는 배는 일본의 아마노가와(天の川)와 이마무라(今村秋)를 교배 육성한 니이타카(新高)이다.

이수광은 『지봉유설』에서 "배는 한 가지 유익하고 백가지 손해된다[梨一益百損也]."고 해서 백손황(百損黃)으로 부른다고 소개했다. 그러면서도 배를 뜻하는 한자 '리(梨)'는 "명치를 이롭게 한다[梨以利膈]."는 뜻이라고 설명하였다. 즉 배는 가슴이 아플 때 먹으면 좋은 과일이라고 했는데, 『동의보감』에도 배는 가슴이 답답한 것을 멎게 하고 풍열과 가슴 속에 뭉친 열을 없애 준다고 소개하고 있다. 또 술 마신 후 갈증이 날 때 먹으면 좋다고 여겼다.

남양주의 특산물 먹골배에는 특별한 설화가 전한다. 수양대군에게 왕위를 내준 후 영월의 청령포로 단종을 호송하던 왕방연(王邦淵)은 갈증으로 고생하는 단종에게 물 한바가지 올리지 못한 것이 한이 되었다. 그래서 단종이 승하한 날 자신이 재배한 배를 수확하여 영월을 향해 절을 했다. 왕방연이 배를 재배한 곳이 묵골이어서 묵골배가 먹골배로 불리게 되었다는 것이다. 달고 수분이 풍부한 먹골배에는 역사의 아픔이 어려 있는 것이다.

단종이 영월에 유배되었을 때 머물던 단종어소(端宗御所)

능금[林檎]을 사과(砂果; 沙果; 楂果)의 옛 이름으로 아는 이들이 많다. 그러나 능금은 지금 우리가 먹는 사과와는 다른 것으로 크기도 사과보다 작다. 뿐만 아니라 능금과 사과는 종도 서로 다르다.

능금은 맛이 좋아 날짐승[禽]이 숲[林]에 모여[來]들어 '래금' 또는 '임금'이라 하던 것이 능금으로 변한 것이다. 능금은 중국을 통해 고려로 전해졌는데, 서울의 세검정 일대와 황해도가 능금으로 이름난 곳이었다. 능금을 한자로 사과(沙果)라고도 했기 때문에 능금과 사과를 같은 과일로 오해하게 된 것 같다.

지금 우리가 먹는 사과는 17세기 이전 사과와는 다른 것이다. 예전의 사과는 재래종 사과 내[柰]였다. 내는 능금과 비슷하지만 조금 더 컸다. 지금의 사과는 개량종으로 평과(苹果)로도 표기한다. 박지원은 『열하일기』에서 사과는 효종의 4녀인 숙정공주(淑靜公主)와 혼인한 동평위(東平尉) 정재륜(鄭載崙)이 청에 사신으로 갔다가 가지에 접을 붙여 들어온 것이라고 설명했다. 정재

류은 1670년, 1705년, 1711년 등 세 차례 청에 사신으로 파견되었다. 그 외 효종의 동생 인평대군(麟坪大君)이 청의 사신으로 갔다가 가져온 것이라는 이야기도 전한다. 누가 사과를 들여왔는지는 명확하지 않지만, 사과가 전해진 것은 17중반~18세기 초반 무렵인 것이다.

사과하면 떠오르는 곳이 대구이다. 1892년 미국인 선교사 플랫처(Flecher)는 자신이 머물던 대구에 사과나무를 심었다. 이것이 일제강점기 대구를 중심으로 경북 전역으로 확대되어 대구의 사과가 유명해지게 된 것이다.

1901년 윤병수(尹秉秀)는 미국인 선교사를 통해 사과 묘목을 들여와 원산 부근에 과수원을 조성했다. 이때 윤병수가 재배한 사과가 국광(國光)과 홍옥(紅玉)이다. 국광은 수확 직후에는 신맛이 강하지만, 점차 단맛과 신맛이 적당히 조화를 이룬다. 홍옥은 붉은색과 짙은 향이 있으며 신맛이 강하다. 국광과 홍옥은 지금은 찾아보기 힘든 사과가 되었다.

'인도사과' 역시 미국에서 들여 온 사과이다. 종자를 가져온 선교사의 고향이 인디애나주였는데, 이것이 잘못 알려져 인도사과가 된 것이다. 인도사과의 특징은 빨간색이 아닌 초록색이라는 점이다. 그래서 초록색 사과를 인도사과로 아는 사람들이 많다. 하지만 요즘 유통되는 초록색 사과는 인도사과가 아닌 아오리(あおり)이다. 아오리라는 이름에서 알 수 있듯이, 이 사과는 1973년 일본에서 들여 온 품종이다.

아오리에 앞서 일제강점기에 이미 일본 품종의 사과가 들어왔다. 대표적인 것이 후지(ふじ; 富士)와 홍로이다. 후지는 국광과 델리셔스(Delicious)를 교배하여 육성한 것인데, 크고 단맛이 강하기 때문에 지금도 인기가 높다. 홍로는 1980년 국내에서 최초로 육성된 품종으로, 단맛이 강하고 신맛이 적다.

'과일전 망신은 모과가 시킨다'는 말이 있을 정도로 못생긴 과일을 대표하는 것이 모과이다. 모과는 나무에서 열리는 참외 비슷한 열매라고 해서 목과(木瓜; 木果)로 표기했다. 중국이 원산지인 모과는 석세포가 많아 날것으로 먹기 힘들다. 때문에 차나 술을 담글 때 사용했다. 특히 모과정과는 왕실

연회상에 반드시 오르는 음식이었다. 『동의보감』에서는 모과가 근육과 뼈를 강하게 하며, 구역질을 멎게 하고, 습기에 의해 뼈마디가 쑤시는 습비(濕痺), 곽란(霍亂) 등을 치료하는 약재로 설명하고 있다. 또 담을 삭이고 가래를 멎는 효과가 있어 한방에서는 기침약으로 사용되었다. 지금 모과는 방향제로 많이 이용되고 있다.

준인과류

형태상으로는 인과류와 다르지만, 인과류와 마찬가지로 중심부에 씨가 모여 있는 과일이 준인과류(準仁果類)이다. 감·귤·유자 등이 대표적인 준인과류 과일이다.

감(柑)나무는 우리나라를 비롯하여 중국과 일본이 원산지인 만큼 선사시대부터 우리는 감을 먹었을 것이다. 『고려사』에 의하면 유천우(兪千遇)는 접대로 나온 감을 어머님께 드리기 위해 먹지 않았다고 한다. 그렇다면 고려시대 감은 귀한 과일 중 하나였을 것이다.

이수광은 『지봉유설』에서 감은 맛이 달기 때문에 달다는 뜻의 '감(甘)'자를 따라 지은 이름이라고 설명했다[柑以味甘 故字從甘]. 감나무는 오래 살고, 그늘이 많고, 새가 둥지를 틀지 않고, 벌레가 없고, 단풍이 들면 즐길 수 있고, 과실이 아름답고, 떨어진 잎도 기름지고 크다며 일곱 가지 좋은 점이 있다고 여겼다. 또 감은 처음에는 파랗고 맛이 떫지만, 익으면 빨갛게 되면서 저절로 떫은맛이 없어지게 된다고 칭송했다.

감이 익어 딸 때에는 까치가 먹을 수 있는 '까치밥', 마을 아이들이 따 먹을 수 있는 '서리밥'을 남겼다. 옆집에는 떨어진 나뭇잎을 쓸어준 값이라는 이름의 '소지(掃地)밥'으로 감 한바구니를 주었다. 감은 나눔의 정이 담겨 있는 과일인 것이다.

1909년 캐나다의 선교사 게일(James Scarth Gale)은 『전환기의 조선(Korea in Transition)』에서 "한국의 감은 세계에서 가장 훌륭한 과일"이라고 기록했다. 1886년부터 1894년까지 육영공원(育英公院)의 교사로 있었던 길모어(George William Gilmore) 역시 『서울풍물지(Korea from its Capital)』에서 한국 감의 맛은 세계 최고라고 극찬하였다. 또 그는 한국에서는 감을 말리고 눌려서도 먹는다고 설명했다. 길모어가 말리고 눌려서 먹는다고 설명한 감은 준시(蹲柿)나 곶감일 것이다.

준시는 꼬챙이에 꿰지 않고 납작하게 눌러 말린 감이다. 준시는 백시라고도 했는데, 곶감보다 귀하게 여겼다. 곶감은 감이 완전히 익기 전에 껍질을 벗겨 말린 것이다. 말 그대로 꼬지[串]에 꿰어 말린 감인 것이다. 아마도 감을 오래 보관하기 위해 나타난 것이 곶감일 것이다. 곶감을 한자로는 건시(乾柿) 또는 시건(柿乾)으로 표기한다. 그런데 이익은 『성호사설』에서 곶감은 건시나 시건이 아닌 시저(柿藷)라고 주장했다. 곶감은 떡에 비유하여 시병(柿餠), 곶감의 하얀 가루는 눈에 비유하여 시설(柿雪)로 표현하기도 했다.

명절 선물로 곶감을 주고받는 경우가 많은데, 이런 모습은 조선시대에도 마찬가지였다. 선물로 이용했을 뿐 아니라, 혼례나 상례 때 곶감으로 서로 도왔다. 쓰시마도주에게 내린 하사품에도 곶감이 있었고, 인조대 청에 보낸 공물에도 곶감이 포함되어 있었다. 곶감은 조선을 대표하는 과일 중 하나였던 것이다.

홍시(紅柿)는 빨갛게 익어 단 맛이 강해지고 말랑말랑해진 감을 가리킨다. 물렁물렁하다고 해서 연시(軟柿) 또는 연감이라고도 한다. 최근에는 홍시를 얼려 아이스홍시로 먹기도 한다. 『증보산림경제』에는 홍시를 물동이에 넣어 얼린 후 얼음 창고에 넣으면 여름을 넘길 수 있다고 설명했다. 조선시대에도 아이스홍시를 먹었던 것이다.

귤 역시 준인과류에 속하는데 감귤(柑橘) 또는 밀감(蜜柑)으로도 부른다. 원산지는 동남아시아와 중국으로 우리나라는 세계 귤류 재배지 중 가장 북부에 위치하고 있다. 때문에 재배품종이 제한적이다. 최근 통영·완도·거제·남해·고흥 등에서 귤이 재배되고 있지만, 귤의 대표적인 생산지는 역시 제주도이다.

제주도에서 귤이 언제부터 재배되었는지는 명확하지 않다. 선사시대부터 자생했다는 설도 있고, 남방에 표류한 원주민들이 가져왔다는 이야기도 전한다. 백제 문주왕대인 476년 탐라에서 귤을 보내왔다는 기록이 있는 것으로 보아, 고대 제주도에서 귤이 재배되었음은 확실하다. 그러나 우리가 먹는 귤은 재래종이 아니다. 지금의 귤은 1911년 프랑스 신부 엄탁가(Esmile J. Taque)가 일본에서 가져 온 온주밀감 계열 15그루가 효시이다.

『니혼쇼키(日本書紀)』에는 스닌덴노(垂仁天皇)대 신라 왕자의 후손인 타지모마리(田道間守)가 토코요노쿠니(常世國)에서 향과(香菓)를 가져 온 사실을 기록하고 있다[田道間守 至自常世國 則齎物也 非時香菓八竿八縵焉]. 『고지키(古事記)』에도 타지모마리로 하여금 때를 정하지 않고 항상 향기로운 나무 열매를 구하게한 사실을 기록했다[名多遲摩毛理 遣常世國 令求登岐士玖能迦玖能木實]. 타지노마리가 가져 온 향과, 항상 향기로운 나무 열매는 귤이다. 그렇다면 삼국시대 귤이 일본에 전해졌던 것이다.

1052년 삼사(三司)에서 탐라에서 바치는 귤의 정량을 1백 포로 개정할 것을 건의했다. 이러한 사실은 고려시대 역시 탐라가 세공으로 귤을 바쳤음을 알려준다. 그런데 『고려사』에 1085년 2월 쓰시마구당관(勾當官)이 귤을 바쳤다는 기록이 있는 것으로 보아, 일본으로부터도 귤이 들어왔음을 알 수 있다.

1412년 11월 조선 태종은 제주의 귤나무를 순천 등 바닷가에 옮겨 심도록 했고, 이듬해 10월에도 귤나무를 전라도 바닷가 고을에 심게 하였다. 제주가 아닌 내륙에서 귤을 재배하려 했던 사실은 귤이 귀했기 때문일 것이다. 실제로 문종대 환관들이 귤을 훔친 일이 발생했다. 성종은 성희안(成希顔)이 궁궐에서 옷 속에 귤을 넣어 어머니께 드리려 하자, 귤을 하사하기도 했다. 조선시대 귤은 매우 귀했던 것이다.

『신증동국여지승람』에는 제주도에서 금귤(金橘)·산귤(山橘)·하정귤(洞庭橘)·왜귤(倭橘)·청귤(靑橘) 등이 생산된다고 기록하고 있다. 귀한 귤이 진상되면 성균관 유생들에게 귤을 나누어주고, 황감제(黃柑製)라고 하여 과거시험을 치르기도 했다. 1536년 1월 중종에 의해 처음 황감제가 실시된 후, 명종·선조·인조대에도 황감제가 실시되었다. 숙종대 이후에는 황감제가 거의 매년 실시되었다.

귤은 과육만 먹었던 것이 아니었다. 1970년대만 해도 귤의 껍질을 말려 차를 끓여 마셨다. 이런 모습은 조선시대에도 마찬가지였다. 궁중에서는 귤 껍질을 달인 향귤차(香橘茶), 계피와 귤껍질을 달인 계귤차(桂橘茶), 생강과 귤껍질을 더한 강귤차(薑橘茶), 산삼과 귤껍질을 달인 삼귤차(蔘橘茶) 등을 약재로 활용했다.

얼마 전까지 제주도에서는 귤나무를 대학나무라 불렀다. 귤나무만 있으면 자식을 대학에 보낼 수 있을 정도의 수익을 얻을 수 있었기 때문이다. 그러나 조선시대의 경우 귤은 원수처럼 여겨지기도 했다. 귤이 귀하다 보니 수탈이 심했기 때문이었다. 성종대에는 제주도 농민이 귤나무를 뽑는다는 장계(狀啓)가 올라왔다. 그 이유는 귤을 재배하면 이익보다 피해가 크기 때문이었다. 그러자 성종은 귤나무를 심는 자에 대한 포상방안을 의논케 했다. 명종대인 1565년 사간원(司諫院)에서는 제주목사 이선원(李善源)이 귤을 지나치게 거두어 들였다며 파직할 것을 청하기도 했다.

감귤류에는 귤 외에도 낑깡(きんかん)으로 불리는 금감(金柑)·레몬·오렌지·자몽·유자(柚子) 등이 있다. 이 중 유자는 신라 문성왕 때 장보고(張保皐)가 당나라 상인에게 선물로 받아 온 것이 남해안에 전파된 것으로 여겨지고 있다. 고려시대 유자와 관련된 기록은 찾아보기 쉽지 않다. 조선시대의 경우 제주도 외에도 전라도와 거제·고성·남해·진주 등 경상도의 남쪽 해안에서 유자를 진상했다. 종묘에 천신되었던 유자는 왕실의 잔칫상에도 올랐다. 그 외 오렌지와 자몽 등도 준인과류 과일에 속한다.

장과류

껍질은 얇고, 먹는 부분에 즙이 많으며, 그 속에 작은 종자가 들어 있는 과일이 장과류(漿果類)이다. 석류·포도·딸기·무화과·다래 등이 장과류에 속한다.

『규합총서』에서는 석류(石榴)를 지금의 베트남인 안남국(安南國)에서 전래 되었기 때문에 안석류라는 이름이 붙었고, 신라시대 바다 밖에서 들여 온 것은 해류(海榴)라고 설명했다. 석류는 열매 안에 씨가 많아 백자옹(百子翁)으로 불렸는데, 자식을 잉태케 하는 과일로 사랑받았다. 때문에 혼례 축하연에 석류그림이 사용되었고, 집 안에 석류나무를 심기도 했다. 비녀 머리를 석류 모양으로 새긴 석류잠(石榴簪)도 유행했고, 문갑이나 장롱 등에 석류를 새기기도 했다.

포도(葡萄)는 기원전 6천 년 터키 북부와 조지아 지역에서 처음 재배된 것으로 여겨지고 있다. 한나라 때 장건이 대원(大宛)에서 가져왔다고 한다. 포도라는 이름은 이란어 부다우(Budaw)를 중국에서 음역한 것이다.

우리 문헌에 포도가 처음 등장하는 것은 『동국이상국집』인 만큼 원 간섭기에 포도가 전래된 것으로 여겨지고 있다. 그러나 우리는 중국과 빈번한 교류가 있었고, 경주 지역 절터[寺址]와 월지(月池)에서 발견된 와당(瓦當)에 포도당초문(葡萄唐草文)이 나타나고 있는 만큼 통일신라 때 포도가 전래되었을 가능성도 있다.

조선을 건국한 이성계(李成桂)는 포도를 무척 좋아했다. 1398년 9월 태조는 왕자들에게 포도가 먹고 싶다고 했고, 왕자들은 상림원사(上林園史) 한간(韓幹)을 통해 포도를 구했다. 태조는 목이 마를 때마다 포도

석류 무늬를 조각한 비녀 석류잠
(공공누리 제1유형 국립민속박물관 공공저작물)

한두 알씩을 먹었고 병이 낫자 한간에게 쌀 10섬을 상으로 내렸다. 세종 역시 포도를 먹고 병이 나았다고 한다. 이러한 기록들로 보아 조선시대 포도는 건강을 지키는 음식이었던 것 같다.

포도는 다산의 상징이기도 했다. 민가에서는 첫 포도를 따면 사당에 고한 후 맏며느리가 한 송이를 먹었다. 주렁주렁 달린 포도알을 통해 다산을 기원했던 것이다. 조선시대 백자(白磁)에 포도 문양이 많은 것 역시 마찬가지 이유에서였다. 포도를 그릴 때에는 덩굴을 같이 그렸는데, 덩굴을 의미하는 만대(蔓帶)가 만대(萬代)와 음이 같아 자손이 계속 번성한다는 의미가 있기 때문이다.

『세종실록』의 지리지에는 충청도에서 건포도를 특산물로 바쳤다고 기록하고 있다. 조선시대 이미 건포도가 만들어졌던 것이다. 그러나 포도의 유통이 활발했던 것은 아니었다. 그 이유는 포도가 상업 작물로 재배되지 않았기 때문이다. 포도의 판매는 1906년 뚝섬[纛島]에 원예모범장, 1908년 수원에 권업모범장이 설립되어 외국에서 수입한 포도 품종들이 재배되면서부터이다.

신사임당의 초충포도도
(선문대학교박물관 제공)

가장 많이 판매되는 포도는 캠벨얼리(Campbell early)이다. 1982년 미국에서 개발된 캠벨포도는 당도가 높지 않고 껍질도 두껍다. 맛은 달면서 시큼하다. 캠벨포도가 많은 것은 무더위를 잘 견디며 단위면적당 수확량이 높기 때문이다. 우리 고유의 품종으로 알고 있는 거봉(巨峰)은 1937년 일본인 오오이노우에야스(大井上康)가 교배하여 육성한 일본 품종의 포도이다. 거봉은 맛이 달고 알이 굵지만, 캠벨에 비해 향은 적은 편이다. 알이 굵고 당도가 높으며

껍질째 씹어 먹는 씨없는 포도가 샤인머스캣(Shine muscat)이다. 햇살이 비추는 모습이 윤기가 나서 샤인머스캣이란 이름이 붙었는데, 망고향이 나서 망고포도로 부르기도 한다. 1988년 일본에서 샤인마스캇토(シャインマスカット)를 개발했다. 2006년 일본은 국내 품종등록을 했지만, 해외품종등록 기한 2012년까지 해외품종등록을 하지 않았다. 2014년 농촌진흥청은 우리 기후에 맞게 재배기술을 표준화시켜 품종 생산판매 신고를 했다. 때문에 우리는 자유롭게 샤인머스캣을 생산할 수 있게 되었다.

우리가 먹는 딸기는 1764년 영국의 식물학자 필립 밀러(Philip Miller)가 칠레의 야생딸기와 미국 버지니아의 토종딸기를 교배해 품종개량으로 얻은 종자이다. 인간이 딸기를 먹기 시작한 것은 그리 오래된 일은 아닌 것이다. 우리에게 딸기가 전래된 것은 20세기 초반의 일이지만, 전래 경로는 명확하지 않다. 1905년 미국의 선교사 잉골드(Ingold)가 전주 화산동에 듀이(Dewey) 품종 딸기를 심어 정착시키고, 전국에 딸기를 보급했다고 한다. 반면 일본에 의해 전래된 것으로 보는 이들도 있다.

우리가 딸기로 부르는 과일은 예전에는 양딸기로 불렀다. 반면 원래 우리나라에 있던 딸기는 조선딸기 또는 한국딸기로 불렀다. 그러던 것이 양딸기는 딸기, 조선딸기는 산딸기가 되었다. 2005년 국산딸기 품종은 9.2%에 불과하고 대부분 일본 품종이었다. 그러나 2002년 저장성과 운반성이 좋은 수출전용 딸기 매향, 2005년 수확량이 많은 설향, 2009년 과즙이 풍부한 싼타, 2012년 당도가 높은 죽향, 2016년 손바닥만 한 크기의 딸기 킹스베리 등 다양한 딸기가 개발되었다. 그 결과 2019년 딸기의 국산 품종은 95.5%에 이르렀고, 우리 딸기는 홍콩·싱가포르·태국·베트남·말레이시아 등에 수출되고 있다.

산딸기를 복분자(覆盆子)로 알고 있는 경우가 많은데, 사실 복분자는 산딸기 중 하나이다. 복분자라는 이름은 중국의 노부부가 늦게 낳은 아들이 허약했는데, 복분자를 먹고 건강해졌고, 커서는 오줌을 누면 요강이 엎어질 정도였다고 해서 붙여졌다고 한다. 또 복분자를 먹은 처녀가 오줌을 누면 요강을 엎는다고 해서라고도 하고, 모양이 항아리를 엎어 놓은 것처럼 생겨서라는 이야기도 전한다. 때문인지 복분자를 먹으면 남성은 정력이 증강되고, 여성은 아이가 생긴다고 여겼다.

복분자는 그 자체로 먹기보다는 술을 담아 먹는 경우가 많다. 복분자주가 문헌에 처음 등장하는 것은 남용익(南龍翼)의『부상일록(扶桑日錄)』이다. 1655년 일본에 통신사 종사관으로 파견되었던 남용익은 일본에서 복분자주 접대를 받았다. 또 1718년 통신사 제술관(製述官)으로 일본을 다녀 온 신유한 역시『해유록』에 빨간색 복분자주를 접대 받은 사실을 기록했다. 그렇다면 복분자로 술을 담는 문화는 일본의 영향일 가능성이 높다. 하지만 그것이 지금 우리가 마시는 복분자주와 어떤 상관성이 있는지는 명확하지 않다.

복분자는 6월 경 수확하는데 따자마자 물러지기 때문에 빨리 처분해야 했다. 복분자는 열매가 작기 때문에 그냥 먹는 데 한계가 있다. 때문에 고창지역 주민들은 복분자에 설탕을 넣고 소주를 부어 술을 담아 먹었다. 이렇게 만들어진 복분자주는 선운산 주변 식당에서 판매되면서 알려지기 시작했고, 이후 장어와 짝을 이루어 별미로 자리 잡았다. 그러자 보해·국순당·배상면주가·롯데·진로 등에서 복분자주를 출시했다. 현재 복분자주는 주정(酒精)을 넣은 것과 와인(Wine)처럼 빚는 형태가 있다. 그 외 고두밥과 누룩에 복분자를 넣고 비비는 형식으로 술을 빚기도 한다. 이럴 경우 거칠게 거르면 복분자막걸리가 되고, 막걸리의 맑은 부분을 떠내면 복분자약주가 된다.

키위를 뉴질랜드에서 수입한 과일로 알고 있는 경우가 많은데, 키위의 원산지는 중국이다.『세종실록』지리지에 황해도 토산물로 기록하고 있는 토종과일 다래[怛艾; 達愛]가 사실 키위이다. 다래를 중국에서는 원숭이[獼猴]가 먹는 과일이라고 해서 미후도(獼猴桃), 따뜻한 곳에서 자라는 복숭아라고 해서 양도(陽桃)로 불렀다. 우리는 다래 외 등리(藤梨)·미후리(獼猴梨)·목자(木子)·대홍포(大紅袍)·양도(楊桃)·등천료(藤天蓼) 등으로도 불렀다.

고려가요 청산별곡(靑山別曲)의 "멀위랑 도래랑 먹고 청산애 살어리랏다"라는 구절을 통해 고려시대 다래를 먹었음을 알 수 있다. 연산군은 1502년과 1503년 다래를 올릴 것을 명했다. 조일전쟁 중에는 명의 장수 이여송에게 다래로 만든 정과를 대접하였다. 이로 보아 조선시대 다래는 귀한 과일이었던 것 같다.

우리는 왜 다래를 뉴질랜드의 키위로 알고 있는 것일까? 1906년 뉴질랜드인 이사벨 프레이저(Isabel Fraser)가 중국을 방문했다가, 양도의 씨앗을 뉴질랜드에 전했다. 이후 뉴질랜드에서 양도가 재배되었는데, 중국에서 전해졌다는 뜻에서 차이니즈 구즈베리(Chinese gooseberry)로 불렸다. 1924년 원예학자 헤이워드 라이트(Hayward Wright)는 품종개량을 통해 지금의 그린키위를 개발하였다.

2차 세계대전 중 차이니즈 구즈베리 농장 주변에 미군이 주둔하면서 미국에 차이니즈 구즈베리가 알려졌다. 종전 후 뉴질랜드는 차이니즈 구즈베리를 미국에 수출했다. 그런데 차이니즈 구즈베리라는 이름은 당시 미국과 사이가 좋지 않은 중국을 연상시켰다. 때문에 뉴질랜드를 대표하는 새 키위에서 이름을 따서 키위프루트(Kiwi fruit)라는 새로운 이름을 붙였다. 1974년 우리나라에 키위가 도입되었는데, 서양에서 들어왔다고 해서 양다래 또는 참다래로 부르기도 했다. 그러던 것이 이제는 키위로 완전히 정착된 것 같다.

서양에서 평화와 번영을 상징하는 무화과(無花果)가 우리에게 언제 전래되었는지 확실하지 않다. 무화과와 관련된 기록은 『열하일기』에서 찾을 수 있다. 1780년 6월 박지원은 청에서 무화과를 처음 보고 무척 신기하게 여겼고, 꽃이 없이 열매가 열리기 때문에 무화과라는 이름이 붙여졌다고 설명했다. 그러나 실제로는 꽃이 과실 안에서 피어 밖으로 보이지 않을 뿐이다.

박지원은 청에서 처음 무화과를 보았지만, 『동의보감』에는 무화과가 각혈·신경통·피부질환·빈혈 등에 효능이 있다고 기록했다. 그렇다면 늦어도 16세기에는 무화과가 전래되었을 가능성이 높다. 하지만 박지원이 신기하게 여겼던 것으로 보아 무화과의 존재가 많이 알려지지는 않았던 것 같다.

핵과류

씨방이 발달하여 과일이 된 것으로, 중앙에 단단한 씨가 들어 있는 것이 핵과류이다. 여름에 많이 생산되는 복숭아·매실·자두·살구 등이 핵과류에 속한다.

신석기~청동기시대 유적지인 충주 조동리와 안면도 고남리, 청동기~초기 철기시대 유적인 논산 원북리 등에서 복숭아씨가 출토되었다. 선사시대 이미 우리는 복숭아를 먹었던 것이다. 신라의 남도원궁(南桃園宮)은 복숭아 재배를 담당했다. 복숭아 재배를 관리하는 관청이 있었다는 사실은 신라인들이 복숭아를 귀하게 여기고, 다른 한편으로는 무척 좋아했던 사실을 보여준다.

우리는 복숭아가 귀신을 물리치는 것으로 여겼다. 때문에 제사상에는 복숭아를 올리지 않았고, 복숭아나무를 신선나무라고 불렀다. 신령스러운 나무인 만큼 집 안에는 심지 않았다. 『부인필지(婦人必知)』에는 복숭아를 먹은 후 목욕하면 임질(淋疾)에 걸린다고 기록하고 있다. 아마도 복숭아가 여성의 성기를 상징했기 때문인 것 같다. 중국 설화에는 동방삭(東方朔)이 서왕모(西王母)의 복숭아를 훔쳐 먹고 3천 년을 살았다고 해서 '삼천갑자 동방삭'으로 일컬어졌다고 한다. 이런 이유로 복숭아는 장수를 상징하기도 한다.

복숭아는 과육이 흰색인 백도와 황색인 황도로 나뉜다. 천상[天]에서 열리는 복숭아[桃]라는 의미의 천도복숭아는 스님의 머리처럼 반질반질하다고 해서 승도(僧桃)로도 부른다. 복숭아는 숙취 해소에 도움이 될 뿐 아니라 니코틴을 배출시킨다. 때문에 술과 담배를 즐기는 사람에게는 도움이 되는 과일이다. 복숭아씨 도인(桃仁)은 한약재로 활용되었다.

매화나무에서 열리는 열매가 매실(梅實)이다. 매화나무의 원산지는 중국의 쓰촨(四川)인데 고대국가단계에 우리에게 전래된 것으로 여겨지고 있다. 그러나 이때 매화나무는 주로 정원수로 활용되었고, 고려시대부터 매실을 식용과 약용으로 이용한 것 같다.

매실은 해열·진통·기침·설사·치질·갈증해소·피로회복·소화촉진 등에 탁월한 효능이 있다. 그러나 매화나무는 남부 지방에 주로 분포했고, 매실이 적게 열려 많이 활용되지는 않았다. 1970년대 농가에 유실수나무 심기 운동이 펼쳐질 때, 일본에서 매실이 많이 열리는 품종이 들어오면서 매실은 점차 대중화되기 시작했다.

매실은 색깔에 따라 녹색의 청매(靑梅)와 노란색의 황매(黃梅)로 구분된다. 5월 말부터 수확하는 청매는 과육이 단단하여 절임 등을 하면 아삭한 식감이 난다. 6월 중순이 되면 매실이 노랗게 익는다. 이것이 황매인데 향이 짙어 매실주나 매실농축액을 만들면 좋다고 한다. 그런데 우리는 청매를 선호해 황매는 거의 유통되지 않는다.

덜 익은 푸른 매실을 따서 씨를 제거한 후 과육을 연기에 훈제해 건조시켜 만든 것이 오매(烏梅)이다. 『동의보감』에서는 오매가 가래를 삭이고, 구토와 갈증을 멎게 하고 술독을 풀어주며, 이질(痢疾)·곽난(霍亂)·노열(勞熱) 등을 치료하는 약재라고 설명하고 있다. 실제로 우리는 오매가루를 꿀에 담근 후 차로 마셨는데, 갈증 해소에 탁월한 효능이 있다고 한다.

창덕궁 인정전 용마루에 장식된 오얏꽃 문양
(공공누리 제1유형 국립중앙박물관 공공저작물)

우리가 자두로 부르는 과일의 원래 이름은 오얏이다. 고려 후기 '이씨가 남경(南京)에 도읍을 정할 것이다'라는 말이 돌자, 고려 정부는 남경의 오얏나무가 무성한 곳에 벌리사(伐李使)를 파견하여 오얏나무를 베었다고 한다. 때문에 그곳은 벌리(伐里)로 불리다가 번리(樊里)로 바뀌었는데, 그곳이 지금의 번동이라는 이야기가 전한다. 실제로 오얏꽃[李花]은 조선 왕조를 상징하는 문양으로 왕실의 소품과 건축물에 장식되었다.

오얏이 어떻게 자두가 된 것일까? 오얏나무의 열매는 붉은 색[紫]이며 모양이 복숭아[桃]와 비슷하다. 때문에 오얏을 자도라고 부르다가 자두가 된 것이다. 이처럼 자두의 기원은 오래 된 것이지만, 지금 우리가 먹는 자두는 예전의 그것이 아니다. 지금의 자두는 1920년대부터 서양과 일본 등지에서 들어온 개량품종이다.

살구(殺狗)는 중국이 원산지인데, 삼국시대 이전 전래되었을 것으로 여겨지고 있다. 살구는 한자로 행(杏)으로 표기하는데, 씨가 개를 죽일 만큼 독성이 강하다고 해서 살구라는 이름이 붙여졌다고 한다.

지금은 살구를 많이 먹지 않지만, 예전 살구는 대추·자두·밤·복숭아와 함께 오과(五果) 중 하나였다. 조선시대에는 살구를 종묘 등에 천신했고, 궁중의 잔칫상이나 차례상에도 올렸다. 그 외 정과나 떡을 만들기도 했다.

살구의 씨를 말린 행인(杏仁)은 기관지와 관련된 질병을 다스리는 한약재로 사용되었다. 부모님이 주무시는 머리맡에 행인 다섯 알을 놓아드리고, 경(更)이 바뀔 때마다 한 알씩 드시게 했다. 이것이 행인효도이다. 살구를 불로장생의 음식으로 여겼던 것이다.

견과류

견과류(堅果類)는 단단한 껍질에 쌓여 있는 열매로 각과(殼果)라고도 부른다. 잣·밤·은행·대추·땅콩 등이 견과류에 속한다. 견과류는 그 자체로도 먹을 수 있지만, 반찬이나 안주 등 다양하게 활용되고 있다.

우리를 대표하는 견과류는 잣이다. 잣나무는 중국·일본·시베리아 등지에도 있지만, 원산지는 우리나라이다. 때문에 잣나무는 영어로 'Korean Pine'이다. 잣나무는 잎이 다섯 갈래여서 오엽송(五葉松)이라고도 한다. 열매인 잣은 해송자(海松子)·송백(松柏)·송실(松實)·백자(柏子)·실백(實柏)·실백자(實柏子) 등으로 부른다. 껍질을 까지 않은 잣은 피송자(皮松子), 껍질을 깐 잣은 실송자(實松子)로 구분하기도 했다. 『동의보감』에서는 잣을 먹으면 배고픈 줄 모르고 늙지 않는다고 하였다. 잣은 불로장생의 약효가 있는 것으로 여겨졌던 것이다.

신라의 잣은 중국으로 수출되었다. 때문에 중국에서는 잣나무를 바다를 건너온 소나무라는 뜻으로 해송, 신라에서 수입했기에 신라송(新羅松)으로 불렀다. 신라촌락문서에 잣나무의 수를 파악하고 있던 것으로 보아 통일신라시대 잣은 중요한 식재료였음을 알 수 있다.

고려시대 충렬왕의 비인 제국대장공주(齊國大長公主; 忽都魯揭里迷失)가 잣을 몽골에 보내기 위해 강제 징수하여 민폐를 끼친 일이 있었다. 조선시대에도 잣은 명 또는 일본에 선물로 보내졌다. 궁중이나 양반가에서는 잣을 갈아 만든 잣국수를 먹었고, 잣죽을 쒀 먹었다. 또 지금과 마찬가지로 각종 음식의 고명으로도 사용되었다.

전국에는 밤을 나타내는 한자 율(栗)이 들어간 지명이 많이 남아 있다. 이를 통해서도 알 수 있듯이 가장 흔하게 볼 수 있는 견과류가 밤이었다. 『후한서(後漢書)』에는 마한에서 나는 밤의 크기가 배만하다[出大栗如梨]고 설명했고, 『삼국유사』에는 주지가 절의 종에게 끼니로 밤 두 개씩을 주었는데, 밤의 크기가 바루 하나에 가득차서 관에서 한 개만 주라고 한 사실이 기록되어 있다. 다소 과장된 표현이겠지만 과거 밤은 지금보다 크기가 컸던 것 같으며, 밤으로 밥을 대신하기도 했음을 알 수 있다.

『선화봉사고려도경』에는 고려의 "밤은 크기가 복숭아만 하며 맛이 달다[栗大如桃 甘美可愛].", "질그릇에 담아 흙 속에 묻으면 해를 넘겨도 상하지 않는다[乃盛以陶器 埋土中 故經歲不損]."고 설명했다. 고려시대에도 밤의 인기는 여전했던 것이다.

밤은 씨를 심으면 떡잎부터 나는 것이 아니라, 뿌리부터 내리고 줄기와 떡잎이 차례로 올라온다. 우리는 이를 부모와 자식의 천륜을 상징하는 것으로 여겼다. 또 싹을 틔우고도 오랫동안 껍질을 달고 있는 것은 조상을 잊지 않기 때문이라 생각했다. 밤을 조상과 자식의 연결로 여겼기에, 신주를 밤나무로 만들고 제사상에 반드시 밤을 놓았다. 뿐만 아니라 밤은 신장의 기운이 허한 것을 치료할 수 있는 약재로 여겨지기도 했다.

겨울철 별미인 군밤은 일제강점기에 등장한 것으로 알려지고 있다. 일본에서 철망으로 된 쥐 잡는 틀을 이용하여 밤을 구워 팔면서 거리에서 군밤이 판매되기 시작했다는 것이다. 그러나 『임원경제지』에는 냄비에 밤을 담고 숯불로 밤을 굽는 외율(煨栗), 밤의 껍질에 칼로 십자를 그어 솥에 넣고 구워 먹는 방법, 다리미 안의 숯불에 밤을 굽는 방법 등이 소개되어 있다. 우리 역사에서 온돌이 대중화된 것은 조일전쟁과 조청전쟁 이후의 일이며, 그전에는 난방을 위해 화로를 사용했다. 그렇다면 온돌이 대중화되기 이전에는 화로, 온돌이 대중화된 이후에는 아궁이에서 밤을 구워 먹었을 것이다. 군밤이 판매되기 시작한 것은 일제강점기일지 몰라도, 우리가 군밤의 존재를 알았던 것을 훨씬 이전이었을 가능성이 높다.

은행은 열매가 은빛[銀] 살구[杏]같다고 해서 붙여진 이름이다. 은행은 나무를 심어 열매를 맺기까지 30년이 걸린다. 때문에 할아버지가 심은 나무의 열매를 손자가 얻을 수 있다고 해서 공손수(公孫樹)로 부르기도 한다. 은행나무는 생명력이 강해서 3억 년 전에도 존재해 화석나무라고도 한다. 그런 만큼 우리의 역사가 시작되면서부터 은행나무가 있었을 가능성이 높다. 은행은 맛이 좋은 반면 냄새는 고약하다. 그 냄새는 곤충이나 동물로부터 씨앗을 보호하기 위한 것이다.

조선시대 은행은 종묘에 천신되고, 청에 진상되던 품목 중 하나였다. 주로 굽거나 볶아서 먹었고, 전골에 들어가는 식재료 중 하나였다. 다만 한 번에 많이 먹으면 기절할 수 있다고 여겨 조심했던 음식이었다.

대추는 금관가야의 수로왕과 혼인한 아유타국의 공주 허황옥이 가져왔다는 기록이 있다. 하지만 이때 그녀가 가지고 온 대추는 널리 전파되지는 않았을 것이다. 그 이유는 대추의 원산지는 인도와 중국인데, 인도의 대추는 아열대기후에서만 자라기 때문이다. 그렇다면 우리가 볼 수 있는 대추는 중국에서 전래되었을 가능성이 크다.

대추는 복숭아·자두·살구·밤과 함께 오과로 여겼다. 그렇다면 허황옥이 가져온 대추가 전파되지 않았다 해도, 일찍부터 대추를 재배했을 가능성이 높다. 『고려사』에는 1188년 명종이 과실수로 대추나무의 보급을 권장한 기사가 수록되어 있다. 그렇다면 늦어도 고려시대에는 대추가 전국적으로 재배되기 시작했을 것이다.

대추는 한자로 조(棗)인데, 붉은 색이어서 홍조(紅棗)라고도 했다. 『지봉유설』에서는 이를 대추나무에 가시가 많아 찌르기 때문에 '가시 극(棘)'자를 따와서 만들어진 글자라고 설명했다. 그렇다면 대조(大棗)가 대초, 대초가 다시 대추로 불리게 되었을 가능성이 높다.

대추의 씨는 자손을 의미하는데, 꽃이 피면 반드시 열매를 맺으며, 모진 비바람에도 잘 익는다. 이처럼 대추는 자손의 번영을 상징하기 때문에 제사상이나 혼례에 빠지지 않는다. 떡이나 한과 등에 모양을 내기 위해 빠지지 않고 들어간다. 한방에서는 경맥의 기가 부족한 것을 도와주는 약재로도 이용되었다.

단옷날에는 대추나무 가지 사이에 돌을 끼우는 풍습이 있었다. 이것이 '대추나무 시집보내기'이다. 나무는 열매를 맺기에 여성으로 생각했고, 돌은 남성을 상징했다. 대추는 백가지에 유익하다고 해서 백익홍(百益紅)으로도 불렀다. 때문에 대추나무 가지에 돌을 끼워 대추가 많이 열리기를 기원했던 것이다.

땅콩은 브라질과 페루를 중심으로 하는 남아메리카가 원산지로 명대 포르투갈 상인에 의해 중국에 전래되었다. 우리에게 땅콩이 알려진 것은 조선 정조대 청에 파견된 사신들을 통해서이다. 이들은 땅콩의 꽃이 떨어져 땅

속에 묻히면 열매로 변한다며 매우 놀라워했다. 땅콩을 낙화생(落花生)·낙화송(落花松)·낙화삼(落花蔘)·지두(地豆)라고 하는 것도 이런 이유 때문이다.

땅콩은 몸에 좋다고 해서 만세과(萬歲果)·장생과(長生果)로도 불렸다. 또 남경두(南京豆) 또는 당인두(唐人豆)라고도 했는데, 이는 중국에서 전래되었기 때문인 것 같다. 그 외 향두(香豆)·번두(蕃豆)·호콩·왜콩 등 다양한 이름으로 불렸다.

정조대 이후 땅콩을 재배하려 노력했고, 19세기 무렵 마침내 재배에 성공한 것 같다. 그렇다면 우리가 정월 대보름에 부럼으로 땅콩을 먹기 시작한 것은 19세기 이후의 일인 것이다.

과일 또는 채소

열매를 먹는 채소가 과채류이다. 앞에서 살펴본 가지·오이·호박·콩 등이 여기에 속한다. 그런데 과채류는 과일과 채소의 중간 형태의 채소 또는 과일을 가리키는 말이기도 하다. 참외와 수박도 그렇지만, 토마토는 시각에 따라 과일이 될 수도 있고 채소가 될 수도 있는 것 같다.

참외는 인도에서 중국을 거쳐 우리에게 전래된 것으로 여겨지고 있다. 외는 오이의 준말인 만큼, 참외는 진짜 오이이다. 때문에 한자로는 진과(眞瓜)로 표기했다. 그 외 달콤한 오이라고 해서 감과(甘瓜) 또는 첨과(甜瓜)로도 불렀다.

경주 교동유적에서 참외씨가 출토된 것으로 보아, 고대국가 단계 이미 참외를 먹었음이 확실하다. 조선시대에는 밥 대신 참외를 먹었다고 한다. 그만큼 참외가 흔했던 것이다. 일제강점기 출간된 『조선만화』에서도 참외가 나오면 쌀집의 매상이 70% 정도 줄어든다고 설명했다.

우리가 먹는 노란색 참외를 본격적으로 재배하는 나라는 대한민국뿐이다. 때문에 참외를 영어로 'Korean melon' 또는 'chamoe'로 표기하기도 한다. 예전에도 참외는 민에게 무척 친숙한 과일이었다. 종류도 많아 알록달록한 개구리참외, 노란 꾀꼬리참외, 검은 먹통참외, 속이 빨간 감참외, 모양이 길쭉한 술통참외, 배꼽이 쑥 나온 배꼽참외, 둥그런 모양의 수박참외 등이 있었다.

우리가 즐겨 먹는 참외는 갈증을 멎게 하며 변비를 치료하는 약재로도 사용되었고, 간장에 절여서 먹거나 된장에 박아 장아찌로 만들어 먹던 음식이기도 했다. 야생종인 쥐똥참외는 맛이 없어 아이들의 놀잇감이었다고 한다. 장난감이 될 정도로 참외는 사랑을 받았던 것이다.

신사임당의 초충도 수박
(선문대학교박물관 제공)

여름에 많이 찾는 과일 중 하나가 수박이다. 중국에 수박이 전해진 것은 12세기경인데, 우리는 몽골에 귀화해 고려를 괴롭힌 홍다구(洪茶丘)가 개성에 처음으로 심었다고 한다. 서쪽에서 왔다고 해서 서과(西瓜: 西果), 안에 시원한 물이 많다고 해서 수과(水瓜), 찬 성질이 있다고 해서 한과(寒果)라고 적었다. 실제로 우리는 여름에 수박을 먹으면서 더위를 이겨낸다. 그렇다면 서과·수과·한과는 어떻게 수박이 되었을까? 우리는 크고 동그랗고 단단한 것을 박으로 표현한다. 아마도 크고 동그랗고 단단한데 수분이 많아 수박으로 부르게 되었을 것이다.

조선 초기까지 수박은 천대받는 과일이었다. 그 이유는 오랑캐가 먹는 과일을 반역자가 전한 것으로 여겼기 때문이다. 그러나 1423년 내시 한문직(韓文直)은 수박을 훔친 죄로 장(杖) 100대를 맞고 영해로 귀양 갔다. 1430년에도 궁궐 내 음식을 관리하는 내섬시의 종 소근동(小斤同)이 수박을 훔친 일이 있었다. 이때는 수박이 상해 천신할 수 없다는 이유로 장 80대를 때렸다. 궁중에서 수박을 훔칠 정도라면

이제 수박은 귀한 과일이 되었던 것 같다.

신사임당은 수박과 관련된 그림을 많이 그렸다. 그렇다면 16세기 수박 재배는 일반적인 모습이었을 것이다. 19세기 조선의 모습을 그린 『조선잡기』에서는 수박과 참외가 나는 철이면 조선인들은 수박과 참외만 먹어 쌀값이 떨어진다고 설명했다. 수박은 점차 대중화되었던 것이다.

수박은 여름에 많이 찾는 과일이지만, 참외와 마찬가지로 반찬으로 만들어지기도 했다. 1970년대만 해도 수박을 먹고 난 후 수박 껍질의 하얀 속살을 썰어 고추장과 식초를 넣고 버무려 반찬으로 먹었다. 조선 세종대 수박 한 통 값은 쌀 다섯 말[斗]이었다. 조선시대 쌀 한 말이 4.8kg인 만큼 수박 한 통은 쌀 24kg에 해당한다. 이처럼 수박은 귀한 과일이었던 만큼, 껍질도 음식으로 활용했던 것이다. 전근대시대 수박은 분명히 지금보다 당도가 떨어졌을 것이다. 그런 만큼 과일로서의 역할뿐 아니라 반찬으로서의 비중 역시 컸을 가능성이 높다.

토마토의 원산지는 남아메리카 안데스산맥 고원지대로 여겨지고 있다. 16세기 초 이탈리아에 전파된 후 점차 유럽으로 전래되었다. 그러나 유럽인들은 토마토는 독이 있는 식물로 여겨 관상용으로만 키웠다. 토마토를 먹기 시작한 것은 18세기 이탈리아 나폴리에서 토마토를 소스에 사용하면서부터이다.

1614년 편찬된 『지봉유설』에 토마토인 남만시(南蠻枾)가 기록된 것으로 보아, 토마토는 17세기 초반 이전 전래되었음이 확실하다. 최남선은 토마토가 중국을 거쳐 전해졌기 때문에 남만시로 부른다고 설명했다. 그 외 번가(番茄) 또는 서홍시(西紅枾)로도 불렀던 토마토는 조선시대에는 땅위에서 나는 감이라는 뜻에서 땅감, 1년 밖에 못사는 감이란 뜻에서 1년감이라고도 했다. 그러던 것이 일제강점기 토마토로 불리기 시작해서 이제는 토마토로 완전히 정착했다.

방울토마토는 항공기의 기내식용으로 공항 주변에서 소규모로 재배되다

가, 1980년대부터 일반적으로 보급되기 시작했다. 색깔과 모양이 다양할 뿐
만 아니라 크기가 작아 한입에 먹기 좋고, 단맛이 나서 아이들이 좋아한다.
우리에게는 방울토마토가 친숙하지만, 일본에서는 미니토마토(ミニトマト),
서양에서는 체리토마토(Cherry tomato)로 부른다.

토마토는 음식 재료로도 이용되고, 간식이나 후식으로도 먹는다. 때문에
채소인지 과일인지 혼동이 오기도 한다. 서양에서는 토마토를 음식에 많이
이용한다. 중국에서는 토마토에 열을 가해 음식을 만든다. 때문에 채소로
분류하고 있다. 그러나 우리는 토마토를 야채가게가 아닌 과일가게에서 판매
한다. 식물의 열매라는 점에서 과일이라 할 수 있고, 토마토로 음식을 만드는
경우도 거의 없다. 이런 점에서 우리에게 토마토는 식재료라기보다는 과일로
서의 비중이 훨씬 높은 것 같다.

예전에는 과일이었지만 지금은 과일도 아니고 채소도 아닌 것이 앵두이다.
앵두라는 이름은 꾀꼬리가 먹는데 생김새가 복숭아와 비슷하다고 해서 앵도
(鶯桃)라고 했다가, '앵도(櫻桃)'가 되었다고 한다. 앵두나무는 열매가 왕성하
지 않으면 옮겨 심었다. 때문에 옮겨 심는 것[移徙]을 좋아하여[樂] 이사락이라
고 했고, 또 낭떠러지[崖]에서 양봉한 꿀[蜜]과 같다고 해서 애밀로도 불렀다.

우리가 언제부터 앵두를 먹기 시작했는지는 확실하지 않지만, 『선화봉사
고려도경』에 앵두를 나타내는 함도(含桃)가 소개되어 있다. 『선화봉사고려도
경』의 저자 서긍이 고려에 사신으로 온 것이 1123년인 만큼, 그 이전 이미
앵두를 먹었던 것이다.

왕실에서 앵두는 종묘의 천신, 각전의 진상, 잔치음식, 하사품 등으로 쓰였
다. 그 외 앵두편·앵두정과·앵두화채 등을 만들어 먹기도 했다. 조선 문종은
경복궁 후원에 직접 앵두나무를 심고 길러, 앵두가 익으면 세종께 올렸다.
이런 이유에서 앵두나무는 효자나무로 불렸고, 효자에게는 경복궁에서 자라
는 앵두나무 묘목을 하사하기도 했다.

참고문헌

사서

『高麗史』(1983, 亞細亞文化社)

『高麗史節要』(2004, 신서원)

『古事記』(2007, 고즈윈)

『三國史記』(1988, 明文堂)

『三國遺事』(1989, 서문문화사)

『日本書紀』(1989, 一志社)

≪朝鮮王朝實錄≫

관찬서

『新增東國輿地勝覽』(1985, 민족문화추진회)

『園幸乙卯整理儀軌』(1996, 수원시)

≪海行摠載≫(1977, 민족문화추진회)

의약서

『東醫寶鑑』(2015, 법인문화사)

『食療纂要』(2014, 진한엠앤비)

『鄕藥救急方』(2018, 역사공간)

조리서

金綏, 『需雲雜方』(2006, 백산출판사)

方信榮, 『朝鮮料理製法』(2011, 悅話堂)

憑虛閣 李氏, 『閨閣叢書』(1975, 寶晉齋)

李時弼, 『謏聞事說』(2012, 모던플러스)

李用基, 『朝鮮無雙新式料理製法』(2001, 궁중음식연구원)

張桂香, 『음식디미방』(2003, 경북대학교출판부)

全循義, 『山家要錄』(2007, 궁중음식연구원)

趙慈鎬, 『朝鮮料理法』(2014, 책미래)

『要錄』(2008, 질시루)

문집 및 저서

金鑪, 『牛海異魚譜』(2004, 다운샘)

徐有榘, 『林園經濟志』(2020, 풍석문화재단)

吳希文, 『瑣尾錄』(1962, 國史編纂委員會)

柳重臨, 『增補山林經濟』(2003, 농촌진흥청)

李圭景, 『五洲衍文長箋散稿』(1981, 민족문화추진회)

李奎報, 『東國李相國集』(1980, 民族文化推進會)

李德懋, 『靑莊館全書』(1997, 솔)

李晬光, 『芝峰類說』(1994, 乙酉文化社)

李裕元, 『林下筆記』(1999, 민족문화추진회)

李瀷, 『星湖僿說』(1979, 民族文化推進會)

丁若銓, 『玆山魚譜』(2016, 서해문집)

韓致奫, 『海東繹史』(1998, 민족문화추진회)

許筠, 『惺所覆瓿藁』(1989, 민족문화추진회)

洪萬選, 『山林經濟』(1982, 민족문화추진회)

洪錫謨, 『東國歲時記』(1972, 大洋書籍)

기타

『宣和奉使高麗圖經』(2005, 황소자리)

『說文解字』(2016, 자유문고)

『禮記』(1984, 保景文化社)

『齊民要術』(2007, 한국농업사학회)

연구서

국사편찬위원회(2006), 『자연과 정성의 산물, 우리 음식』, 두산동아.

국사편찬위원회(2009), 『쌀은 우리에게 무엇이었나』, 두산동아.

권대영·정경란·양혜정·장대자(2011), 『고추이야기』, 효일.

기태완(2016), 『물고기, 뛰어오르다』, 푸른지식.

김경은(2012), 『한·중·일 밥상문화』, 이가서.

김동진(2017), 『조선의 생태환경사』, 푸른역사.

김동진(2018), 『조선, 소고기 맛에 빠지다』, 위즈덤하우스.

김만조·이규태·이어령(1996), 『김치 천년의 맛』(상·하), 디자인하우스.

김만조·이규태(2008), 『김치견문록』, 디자인하우스.

金尙寶(1997), 『한국의 음식생활문화사』, 光文閣.

김상보(2004), 『조선시대 궁중음식』, 修學社.

김상보(2006), 『조선시대 음식문화』, 가람기획.

김상보(2013), 『우리음식문화이야기』, 북마루지.

김상보(2015), 『사상으로 만나는 조선왕조 음식문화』, 북마루지.

김상보(2017), 『한식의 道를 담다』, 와이즈북.

김수희(2015), 『근대의 멸치, 제국의 멸치』, 아카넷.

김숙희(2010), 『한국의 음식 김치』, 이화여자대학교 출판부.

김양희(2020), 『평량랭면, 멀리서 왔다고 하면 안되갔구나』, 폭스코너.

김영복(2008), 『한국음식의 뿌리를 찾아서』, 백산출판사.

김재민(2014), 『닭고기가 식탁에 오르기까지』, 시대의창.

김재민·김태경·황병무·옥미영·박현욱 공저(2019), 『대한민국 돼지산업史』, 팜커
    뮤니케이션.

김준(2013·2015·2018), 『바다맛 기행』 1·2·3, 자연과생태.

김진백(2016)(장수호 감수), 『조선왕조실록상의 수산업』, 블루앤노트.

김태경·연승우(2019), 『삼겹살의 시작』, 팜커뮤니케이션.

김태호(2017), 『근현대 한국 쌀의 사회사』, 들녘.

김환표(2006), 『쌀밥전쟁』, 인물과사상사.

남기현(2015), 『음식에 담아낸 인문학』, 매일경제신문사.

농촌진흥청(2014), 『규곤요람·음식방문·주방문·술빚는법·감저경장설·월여농
    가』, 진한엠앤비.

다나카 마사타케 지음, 신영범 옮김(2016), 『재배식물의 기원』, 전파과학사.

다케추니 도모야스 지음, 오근영 옮김(2014), 『한일피시로드, 흥남에서 교토까지』,
    따비.

미나가키 히데히로 지음, 서수지 옮김(2019), 『세계사를 바꾼 13가지 식물』, 사람
    과나무사이.

문순덕(2011), 『섬사람들의 음식 연구』, 學古房.

문화동력연구팀(2019), 『음식문화와 문화동력』, 민속원.

박상욱(2014), 『우리가 즐겨먹는 음식의 유래와 영양이야기』, 형설출판사.

박용운(2019), 『고려시대 사람들의 식음 생활』, 경인문화사.

박정배(2013·2015), 『음식강산』 1·2·3, 한길사.

박정배(2016), 『푸드인더시티』, 깊은나무.

박정배(2016), 『한식의 탄생』, 세종서적.

박채린(2013), 『통김치, 탄생의 역사』, 민속원.

박채린(2013), 『조선시대 김치의 탄생』, 민속원.

박현진(2018), 『밥상 위에 차려진 역사 한 숟갈』, 책들의정원.

백헌석·최혜림(2014), 『냉면열전』, 인물과사상사.

부경대학교 해양문화연구소(2009), 『조선시대 해양환경과 명태』, 국학자료원.

손종연(2009), 『한국食문화사』, 진로.

쓰지하라 야스오 지음, 이정환 옮김(2002), 『음식, 그 상식을 뒤엎는 역사』, 창해.

신숙정 외(2016), 『맛있는 역사』, 서경문화사.

윤덕노(2007), 『음식잡학사전』, 북로드.

윤덕노(2010), 『장모님은 왜 씨암탉을 잡아주실까?』, 청보리.

윤덕노(2011), 『붕어빵에도 족보가 있다』, 청보리.

윤덕노(2011), 『신의 선물 밥』, 청보리.

윤덕노(2011), 『떡국을 먹으면 부자된다』, 청보리.

윤덕노(2014), 『음식으로 읽는 한국생활사』, 깊은나무.

윤덕노(2017), 『종횡무진 밥상견문록』, 깊은나무.

윤덕인·홍미숙·김문경·박수금(2020), 『근현대 김치와 김장문화』, 지식인.

윤서석·윤숙경·조후종·이효지·안명수·윤덕인·임희수(2015), 『맛·격·과학이 아
    우러진 한국음식문화』, 교문사.

이규진·조미숙(2021), 『불고기』, 따비.

李盛雨(1984), 『한국식품사회사』, 敎文社.

李盛雨(1985), 『韓國料理文化史』, 敎文社.

李盛雨(1992), 『東아시아 속의 古代韓國食生活史硏究』, 鄕文社.

이숙인·김미영·김종덕·주영하·정혜경(2012), 『선비의 멋 규방의 맛』, 글항아리.

이애란(2012), 『통일을 꿈꾸는 밥상 북한식객』, 웅진리빙하우스.

이우철(2005), 『한국 식물명의 유래』, 일조각.

이춘호(2016), 『달성의 먹거리』, 민속원.

이태원(2002), 『현산어보를 찾아서』 1~5, 청어람미디어.

林孝宰 編著(2001), 『韓國 古代 稻作文化의 起源』, 학연문화사.

정대성 지음, 김경자 옮김(2001), 『우리 음식문화의 지혜』, 역사비평사.

정혜경(2007), 『한국음식 오디세이』, 생각의나무.

정혜경(2013), 『천년한식견문록』, 파프리카.

정혜경(2015), 『밥의 인문학』, 따비.

정혜경(2017), 『채소의 인문학』, 따비.

정혜경(2018), 『조선왕실의 밥상』, 푸른역사.

정혜경(2019), 『고기의 인문학』, 따비.

정혜경·이정혜(1996), 『서울의 음식문화』, 서울학연구소.

주영하(2000), 『음식전쟁 문화전쟁』, 사계절.

주영하(2005), 『그림 속의 음식, 음식 속의 역사』, 사계절.

주영하(2011), 『음식인문학』, Humanist.

주영하(2013), 『식탁위의 한국사』, Humanist.

주영하(2014), 『장수한 영조의 식생활』, 한국학중앙연구원 출판부.

주영하(2014), 『서울의 전통 음식』, 서울특별시 시사편찬위원회.

주영하(2014), 『서울의 근현대 음식』, 서울특별시 시사편찬위원회.

주영하(2018), 『한국인은 왜 이렇게 먹을까?』, 휴머니스트.

주영하(2020), 『백년식사』, 휴머니스트.

주영하·김혜숙·양미경(2017), 『한국인, 무엇을 먹고 살았나』, 한국학중앙연구원
    출판부.

차가성(2021), 『알수록 맛있는 음식이야기』 2, 북랩.

하상도·김태민(2018), 『과학과 역사로 풀어본 진짜 식품이야기』, 좋은땅.

한국음식문화포럼(2019), 『국밥』, 따비.

한복진 글(1998)(한복려 사진, 황혜성 감수), 『우리가 정말 알아야 할 우리음식백
    가지』 1·2, 현암사.

한복진(2001), 『우리생활 100년 음식』, 현암사.

한복진(2005), 『조선시대 궁중의 식생활문화』, 서울대학교 출판문화원.

한복진(2009), 『우리 음식의 맛을 만나다』, 서울대학교 출판문화원.

한성우(2016), 『우리 음식의 언어』, 어크로스.

한식재단(2013), 『맛있고 재미있는 한식이야기』, 한국외식정보.

한식재단(2013), 『숨겨진 맛 북한전통음식』, 한국외식정보.

한식재단(2014), 『조선 백성의 밥상』, 한림출판사.

한식재단(2014), 『조선 왕실의 식탁』, 한림출판사.

한식재단(2014), 『근대 한식의 풍경』, 한림출판사.

한식재단(2014), 『화폭에 담긴 한식』, 한림출판사.

한영실(2012), 『우리가 정말 알아야 할 음식상식 백가지』, 현암사.

함규진(2010), 『왕의 밥상』, 21세기북스.

혼마 규스케 지음, 최혜주 역주(2008), 『조선잡기』, 김영사.

황광해(2017), 『食史』, 하빌리스.

황광해(2019), 『한식을 위한 변명』, 하빌리스.

황교익(2010), 『미각의 제국』, 따비.

황교익(2011), 『한국음식문화 박물지』, 따비.

연구논문

姜春基(1990), 「高麗時代 園藝食品類에 關한 硏究」, 『韓國食生活文化學會誌』 3(1), 韓國食生活文化學會.

姜春基(1990), 「우리나라 果實類의 歷史的 考察」, 『韓國食生活文化學會誌』 5(3), 韓國食生活文化學會.

고경희(2003), 「조선시대 한국풍속화에 나타난 식생활문화에 관한 연구」, 『한국식생활문화학회지』 16(3), 한국식생활문화학회.

고경희(2009), 「韓國 술의 飮食文化的 考察」, 『한국식생활문화학회지』 24(1), 한국식생활문화학회.

고동환(1994), 「조선 후기 장빙역(藏氷役)의 변화와 장빙업(藏氷業)의 발달」, 『역사와 현실』 14, 한국역사연구회.

구천서(1995), 「불교(佛敎)가 우리나라 식생활문화(食生活文化)에 미친 영향」, 『韓國食生活文化學會誌』 10(5), 韓國食生活文化學會.

국경덕·권용석·정혜정(2011), 「꿩고기 조리법의 문헌적 고찰: 1800년대 말~1990년대까지의 조리서들을 중심으로」, 『한국식생활문화학회지』 26(5), 한국식생활문화학회.

권주현(2012), 「통일신라시대의 食文化 연구: 왕궁의 식문화를 중심으로」, 『한국고대사연구』 68, 한국고대사학회.

김기선(1997), 「설렁탕, 수라상의 어원 고찰」, 『韓國食生活文化學會誌』 12(1), 한국식생활문화학회.

김기은·임재각·임승택(1999), 「한국 당면과 일본 당면의 비교」, 『식품과학과 산업』 32(4), 한국식품과학회.

金大吉(1996), 「조선 후기 牛禁에 관한 연구」, 『史學硏究』 52, 韓國史學會.

金東實·朴仙姬(2010), 「한국 고대 전통음식의 형성과 발달」, 『단군학연구』 23, 고조선단군학회.

김문기(2014), 「청어, 대구, 명태: 소빙기와 한류성어류의 박물학」, 『大丘史學』 115, 大丘史學會.

김미혜·정혜경(2007), 「民俗畵에 나타난 18世紀 朝鮮時代 食器와 飮食文化 연구: 단원 김홍도의 작품을 중심으로」, 『학국식생활문화학회지』 22(6), 한국식생활문화학회.

김상보(2004), 「조선통신사를 통해서 본 한국과 일본의 음식문화」, 『文化傳統論叢』 21, 慶星大學校 韓國學硏究所.

김상보(2007), 「통일신라시대의 식생활문화」, 『신라문화제학술발표논문집』 28, 동국대학교 신라문화연구소.

金聲振(2007), 「『瑣尾錄』을 통해 본 士族의 生活文化: 음식문화를 중심으로」, 『東

洋漢文學硏究』 24, 東洋漢文學會.

김수민(2013), 「신라고분에 보이는 음식공헌과 生死觀」, 『慶州史學』, 慶州史學會.

김승우·차경희(2015), 「조선시대 고문헌에 나타난 소고기의 식용과 금지에 관한 고찰」, 『한국식생활문화학회지』 30(1), 한국식생활문화학회.

김양섭(2016), 「임연수어·도루묵·명태의 한자표기와 설화에 대한 고증」, 『민속학 연구』 38, 국립민속박물관.

김종덕(2009), 「'고죠'에 대한 논쟁」, 『농업사연구』 8(1), 한국농업사학회.

金鍾德·高炳熙(1997), 「마늘(大蒜)에 대한 문헌학적 고찰: 大蒜, 小蒜의 비교 고찰을 통하여」, 『사상의학회지』 9(2), 사상의학회.

金鍾德·高炳熙(1998), 「사과, 능금에 대한 문헌학적 고찰: 林檎, 柰, 蘋果의 비교 고찰을 통하여」, 『대한한의학회지』 19(1), 대한한의사협회.

김종덕·이은희(2007), 「배추(菘)의 語源 연구」, 『사상체질의학회지』 19(3), 한국사상체질의학회.

김종덕(2009), 「무의 품성과 효능에 대한 문헌연구」, 『농업사연구』 8(2), 한국농업사학회.

김종덕(2011), 「고구마의 語源과 品性에 對한 文獻硏究」, 『농업사연구』 10(1), 한국농업사학회.

김종덕(2011), 「옥수수[玉蜀黍]의 語源과 效能에 對한 文獻硏究」, 『농업사연구』 10(2), 한국농업사학회.

김종덕(2013), 「앵두[櫻桃]의 품성과 효능에 대한 고문헌연구」, 『농업사연구』 12(1·2), 한국농업사학회.

김종덕(2014), 「葡萄의 品性과 效能에 對한 文獻硏究」, 『농업사연구』 13(1), 한국농업사학회.

김종덕(2015), 「胡桃의 品性과 效能에 對한 古文獻考察」, 『농업사연구』 14(1), 한국농업사학회.

김종덕(2018), 「살구의 어원과 효능에 대한 문헌연구」, 『농업사연구』 7(1), 한국농업사학회.

김종엽(2016), 「80년대 먹거리 문화, 삼겹살과 양념통닭」, 『한국현대생활문화사』 (1980년대), 창비.

김정옥·신말식(2007), 「한국 음식문화에서 매실과 매화」, 『호남문화연구』 40, 전 남대학교 호남학연구원.

김지숙·홍기옥(2009), 「김치 관련 명칭 연구: 경북과 경남의 비교를 중심으로」, 『韓民族語文學』 54, 韓民族語文學會.

金天浩(1997), 「몽골인의 식생활문화와 한·몽 간의 육식문화 비교」, 『民族과 文化』 6, 漢陽大學校 民族文化研究所.

金天浩(2003), 「Mongol 秘史의 飮食文化」, 『몽골학』 15, 한국몽골학회.

김태홍(1995), 「牛肉調理法의 歷史的 考察: 熟肉과 片肉」, 『韓國食生活文化學會志』 9(5), 韓國食生活文化學會.

김태홍(1996), 「우리나라 꿩고기 調理法의 歷史的 考察」, 『韓國食生活文化學會志』 11(1), 韓國食生活文化學會.

김태홍(1997), 「우리나라 사슴고기와 노루고기 調理法의 歷史的 考察」, 『韓國食生活文化學會志』 12(3), 韓國食生活文化學會.

金洪錫(2000), 「魚名의 命名法에 대한 語彙論的 考察」, 『國文學論叢』 17, 단국대학 교 국어국문학과.

金希鮮·金淑喜(1987), 「朝鮮後期 饑饉 慢性化와 救荒食品 開發의 社會·經濟的 考察」, 『韓國食文化學會誌』 2(1), 韓國食文化學會.

南都泳(1994), 「마정」, 『한국사』 24, 국사편찬위원회.

노혜경(2015), 「조선 후기 어염업의 경영방식 연구: 국영, 관영, 민영론을 중심으로」, 『경영사학』 30, 한국경영사학회.

민윤숙(2009), 「제주도 말고기 식용 전통과 말고기 식용 부정(不淨) 관념 분석」, 『민속학연구』 24, 국립민속박물관.

朴九秉(1994), 「수산업」, 『한국사』 24, 국사편찬위원회.

朴九秉(2003), 「어업」, 『한국사』 33, 국사편찬위원회.

박유미(2012), 「고구려 음식의 추이와 식재료 연구」, 『한국학논총』 38, 국민대학교 한국학연구소.

박유미(2013), 「맥적(貊炙)의 요리법과 연원」, 『先史와 古代』 38, 한국고대학회.

박유미(2015), 「고구려 육류음식문화의 실재와 양상」, 『고조선단군학』 33, 고조선 단군학회.

박준모(2010), 「조기의 생산 및 이용에 관한 역사적 고찰」, 『농업사연구』 9(1), 한국농업사학회.

박채린·권용석·정혜정(2011), 「냉면의 조리사적 변화 양상에 관한 고찰: 1800년 대~1980년대까지 조리법 자료를 중심으로」, 『한국식생활문화학회지』 26(2), 한국식생활문화학회.

박채린·권용석·정혜정(2011), 「설하멱적을 통해서 본 쇠고기 구이 조리법 변화에 대한 역사적 고찰 I : 1950년대 이전의 문헌을 중심으로」, 『한국식생활문화 학회지』 26(6), 한국식생활문화학회.

박채린·정혜정(2011), 「비빔냉면 관련 조리법에 관한 문헌적 고찰: 1800년대~1980 까지 조리법 자료를 중심으로」, 『한국식생활문화학회지』 26(4), 한국식생활 문화학회.

박채린·권용민(2017), 「「주초침저방(酒醋沈菹方)」에 수록된 조선 전기(前期) 김 치 제법 연구: 현전 최초 젓갈김치 기록 내용과 가치를 중심으로」, 『한국식 생활문화학회지』 32(5), 한국식생활문화학회.

裵樹奐(1982), 「우리나라 김養殖業의 發祥과 發達過程 1」, 『群山水産專門大學研究 報告』 16(2), 群山大學校.

裵樹奐(1983), 「우리나라 김養殖業의 發祥과 發達過程 2」, 『群山水産專門大學研究 報告』 17(2), 群山大學校.

裵樹奐(1985), 「우리나라 굴養殖業의 發祥과 發達過程」, 『한국수산과학학회지』 17(6), 한국수산과학회.

裵樹奐(1986), 「우리나라 꼬막養殖業의 發祥과 發達過程」, 『한국수산과학지』 19
(1), 한국수산학회.

복혜자(2007), 「조선시대 밥류의 종류와 조리방법에 대한 문헌적 고찰: 1400년
대~1900년대까지」, 『한국식생활문화학회지』 22(6), 한국식생활문화학회.

송주은·한재숙(1995), 「남북한의 통배추김치와 보쌈김치에 대한 비교 연구」, 『자
원문제연구논문집』 14(1), 영남대학교 자원문제연구소.

여찬영(1994), 「우리말 물고기 명칭어 연구」, 『韓國傳統文化研究』 9, 효성여자대
학교 한국전통문화연구소.

염정섭(2006), 「조선 후기 고구마의 도입과 재배법의 정리 과정」, 『韓國史研究』
134, 韓國史研究會.

吳成東(2003), 「韓國 燒酒産業發展에 관한 史的 考察」, 『經營史學』 30, 韓國經營史
學會.

오순덕(2012), 「조선시대 순대의 종류 및 조리방법에 대한 문헌적 고찰」, 『한국식
생활문화학회지』 27(4), 한국식생활문화학회.

오순덕·유영준(2015), 「조선왕조 궁중음식(宮中飮食) 중 편육류(片肉類)의 문헌
적 고찰」, 『The Journal of the Convergence on Culture Technology(JCCT)』
1, 국제문화기술진흥원.

오인택(2015), 「조선 후기의 고구마 전래와 정착 과정」, 『역사와 경계』 97, 부산경
남사학회.

유애령(1999), 「몽고가 고려 육류 식용에 미친 영향」, 『國史館論叢』 87, 國史編纂委
員會.

유창현(2003), 「한국 버섯산업의 발전사」, 『한국버섯학회지』 1, 한국버섯학회.

尹瑞石(1980), 「新羅時代 飮食의 研究: 三國遺事를 중심으로」, 『신라문화제학술발
표논문집』 1(1), 新羅文化宣揚會.

윤서석(1986), 「한국 식생활문화의 고찰」, 『韓國營養學會誌』 19(2), 韓國營養學會.

윤서석(1991), 「한국의 국수문화의 역사」, 『韓國食生活文化學會誌』 6(1), 韓國食生

活文化學會.

윤서석(1991), 「한국 김치의 역사적 고찰」, 『韓國食生活文化學會誌』 6(4), 韓國食生活文化學會.

원선임·조신호·정낙원·최영진·김은미·차경희·김현숙·이효지(2008), 「17세기 이전 조선시대 떡류의 문헌적 고찰」, 『한국식품조리과학회지』 24(4), 한국식품조리과학회.

위은숙(2018), 「고려중·후기 채소생산의 발전」, 『民族文化論叢』 69, 영남대학교 민족문화연구소.

이경애(2012), 「조선시대 및 근대문헌에 나타난 잡채의 조리과학적 고찰」, 『한국생활과학학회학술대회』, 한국생활과학회.

이경애(2013), 「1600년대~1960년대 조리서에 수록된 잡채의 문헌고찰」, 『한국식품조리과학회지』 29(4), 한국식품조리과학회.

이미순·이성우(1986), 「韓國 園藝食品史의 歷史的 考察」, 『韓國食生活文化學會誌』 1(2), 韓國食生活文化學會.

이성희(1995), 「사과 品種의 時代的 變遷에 관하여」, 『最古農業經營者課程論文集』 1, 경북대학교 농업개발대학원.

이신재(2020), 「베트남전쟁기 한국형 전투식량 개발과정 고찰」, 『軍史』 114, 국방부 군사편찬연구소.

이영학(2000), 「조선 후기 어업에 대한 연구」, 『역사와 현실』 35, 한국역사연구회.

이윤정·최덕주·안형기·최소례·최재영·윤예리(2016), 「냉면(冷麵)의 형성과 분화 고찰」, 『외식경영연구』 19(6), 한국외식경영학회.

李元正(2002), 「우리나라의 古代·現代의 채소류의 종류 및 이용」, 淑明女子大學校 碩士學位論文.

이종수(2014), 「인천과 개성, 한양의 탕(湯) 음식문화 유래와 변동 분석」, 『東亞研究』 67, 서강대학교 동아연구소.

이종수(2015), 「13세기 고려의 탕 음식문화 변동 분석: 개성, 안동, 탐라 음식문화를 중심으로」, 『전통문화논총』 16, 전통문화연구소.

임희수(2002), 「우리나라 전래 장아찌에 관한 연구」, 『産業技術硏究』 11, 安東專門
　　大學 産業技術硏究所.

장갑열·전창성·공원식·유영복·김규현·성재모(2008), 「느타리버섯 재배의 기원
　　과 역사에 관한 고찰」, 『한국버섯학회지』 6(3·4), 한국버섯학회.

전경목(2014), 「조선 후기 소 도살의 실상」, 『朝鮮時代史學報』 70, 朝鮮時代史學會.

전경수(2009), 「아시아의 神들은 빨간쌀을 좋아한다: 儀禮用 赤米와 赤米撲滅의
　　植民政策」, 『한국문화인류학』 42(1), 한국문화인류학회.

전호태(2013), 「고구려의 음식문화」, 『역사와 현실』 89, 한국역사연구회.,

정경란(2015), 「비빔밥의 역사」, 『한국콘텐츠학회논문지』 15(11), 한국콘텐츠학
　　회.

鄭演植(2001), 「조선시대의 끼니」, 『韓國史硏究』 112, 韓國史硏究會.

정연식(2008), 「조선시대 이후 벼와 쌀의 상대적 가치와 용량」, 『역사와 현실』
　　69, 한국역사연구회.

조미숙(2003), 「韓國의 菜蔬 飮食 文化」, 『韓國食生活文化學會誌』 18(6), 韓國食生
　　活文化學會.

조미숙·이경란(2011), 「근대 이후 죽의 조리과정 변화 연구: 팥죽, 잣죽, 타락죽을
　　중심으로」, 『韓國食品營養學會誌』 24(4), 韓國食品營養學會.

조우균(2010), 「한국의 무김치에 관한 역사적 고찰」, 『한국식생활문화학회지』
　　25(4), 한국식생활문화학회.

조재선·최익순(2014), 「김치재료의 변천에 관한 문헌적 고찰」, 『외식산업경영연
　　구』 10(1), 한국외식산업경영학회.

진경혜(2007), 「서울시 음식거리의 형성배경과 발달과정에 관한 연구」, 『地理學論
　　叢』 49, 서울대학교 지리학과.

차경희(2005), 「조선 중기 외래식품의 도입과 그 영향: 薯類·豆類·菜蔬類를 중심
　　으로」, 『韓國食生活文化學會誌』 20(4), 韓國食生活文化學會.

차경희(2007), 「『쇄미록(鎖尾錄)』을 통해본 16세기 동물성 식품의 소비 현황」, 『한국식품조리과학회지』 23(5), 한국식품조리과학회.

차경희·김승우(2013), 「조선조 계란의 문화적 의미와 조리법 분석」, 『한국식생활 문화학회지』 28(6), 한국식생활문화학회.

최래옥(1995), 「돼지文化 解釋論 試考: 그 生態와 文獻을 중심으로」, 『比較民俗學』 12, 比較民俗學會.

최은정(1997), 「18세기 懸房의 商業活動과 運營」, 『梨花史學研究』 23·24合輯, 梨花 女子大學校 史學研究所.

홍기옥(2016), 「김치류 관련 어휘 연구」, 『방언학』 24, 한국방언학회.